高等院校计算机应用系列教材

软件工程实用教程
(微课版)

和孟佯　主　编
赵国桦　副主编

清华大学出版社
北　京

内 容 简 介

本书系统全面地介绍了软件工程的基本原理与核心技术，章节安排合理有序。每章均设有学习目标、主要内容、小结以及思考与练习，旨在帮助读者理解软件工程的关键知识，并初步掌握基本的软件开发方法。全书共分为 10 章，内容包括软件工程概述、软件过程、需求分析与软件需求规约、结构化分析、结构化设计、面向对象分析、面向对象设计、统一建模语言、编码与测试及软件项目管理。

本书力求语言通俗易懂，采用大量案例分析并配备教学 PPT 和教学视频，帮助读者快速掌握软件工程的基础知识与项目管理技能，为实际应用打下坚实基础。本书适合作为高等院校计算机与信息类相关专业的教材或教学参考书，也可作为研究生及软件工程从业者的参考资料。

本书配套的电子课件和习题答案可以通过 http://www.tupwk.com.cn/downpage 网站下载，也可以扫描前言中的二维码获取。扫描前言中的视频二维码可以直接观看教学视频。

本书封面贴有清华大学出版社防伪标签，无标签者不得销售。
版权所有，侵权必究。举报：010-62782989，beiqinquan@tup.tsinghua.edu.cn。

图书在版编目（CIP）数据

软件工程实用教程：微课版 / 和孟佯主编.
北京：清华大学出版社，2025.4. -- (高等院校计算机应用系列教材).
ISBN 978-7-302-68218-9
Ⅰ. TP311.5
中国国家版本馆 CIP 数据核字第 20254F3V22 号

责任编辑：胡辰浩
封面设计：高娟妮
版式设计：恒复文化
责任校对：马遥遥
责任印制：丛怀宇

出版发行：清华大学出版社
    网　　址：https://www.tup.com.cn，https://www.wqxuetang.com
    地　　址：北京清华大学学研大厦 A 座　　邮　　编：100084
    社 总 机：010-83470000　　邮　　购：010-62786544
    投稿与读者服务：010-62776969，c-service@tup.tsinghua.edu.cn
    质 量 反 馈：010-62772015，zhiliang@tup.tsinghua.edu.cn

印 装 者：河北盛世彩捷印刷有限公司
经　　销：全国新华书店
开　　本：185mm×260mm　　印　　张：14.25　　字　　数：346 千字
版　　次：2025 年 4 月第 1 版　　印　　次：2025 年 4 月第 1 次印刷
定　　价：69.00 元

产品编号：104843-01

前　言

软件工程(Software Engineering，SE)是一门通过工程化方法构建和维护高效、实用且高质量软件的学科。它涉及程序设计语言、数据库、软件开发工具、系统平台、标准及设计模式等多个领域。掌握先进的软件开发工具及软件工程管理理论与方法，不仅能显著提高工作效率，还能增强软件系统设计与项目实施的能力。

本书从软件危机的起源讲起，遵循"从简单到复杂"和"从抽象到具体"的原则，系统介绍软件开发过程的基本原理及核心技术。本书共分为10章，第1章是软件工程概述，介绍软件危机的起源及软件工程的基本原理；第2章介绍软件过程中涉及的不同软件生命周期模型；第3章讲解软件需求分析中的相关知识及常用的需求记录与分析方法；第4章介绍常见的结构化分析工具；第5章讲解结构化设计中的常用规则；第6章介绍面向对象分析方法；第7章讲解面向对象设计的基本原则；第8章重点介绍统一建模语言；第9章讲解编码与测试方法；第10章介绍常见的软件项目管理方法。

本书内容丰富、结构合理、思路清晰、语言简练流畅、示例翔实并配有教学视频。每章开篇提供内容概述和学习目标，引导读者了解本章的学习方向。正文部分结合每章的知识点和关键技术，使用通俗易懂的语言进行介绍。每章的末尾设有本章小结，总结本章的内容、重点和难点。除此之外，每章还安排了针对性的思考题和练习题，帮助读者巩固所学知识。同时，配套的教学视频对每章的知识点进行了讲解和总结。

本书主要面向计算机相关专业的初学者，适合作为高等院校计算机与信息类相关专业的教材或教学参考书，也可作为研究生及软件工程从业者的参考资料。

除封面署名的作者外，参与本书编写的人员还有陈超、贾中海、刘璐豪、穆阳茜、杨超霞(排名不分先后)。

由于作者水平有限，书中难免存在不足，恳请专家及广大读者批评指正。在编写本书的过程中参考了相关文献，在此向这些文献的作者深表感谢。我们的电话是010-62796045，信箱是992116@qq.com。

本书配套的电子课件和习题答案可以通过 http://www.tupwk.com.cn/downpage 网站下载,也可以扫描下方左侧的二维码获取。扫描下方右侧的视频二维码可以直接观看微课视频。

扫描下载　　　　　　　　扫一扫

配套资源　　　　　　　　看视频

作　者

2024 年 10 月

目 录

- 第1章 软件工程概述 ………………………… 1
  - 1.1 软件危机 ………………………………… 2
    - 1.1.1 工程学科的发展历程 ………… 2
    - 1.1.2 软件危机的介绍 ………………… 3
    - 1.1.3 软件危机的原因 ………………… 5
    - 1.1.4 消除软件危机的途径 …………… 6
  - 1.2 软件工程 ………………………………… 6
    - 1.2.1 软件工程的出现 ………………… 7
    - 1.2.2 软件工程的基本原理 ………… 12
  - 1.3 本章小结 ……………………………… 14
  - 1.4 思考与练习 …………………………… 15
- 第2章 软件过程 ……………………………… 16
  - 2.1 软件生命周期 ………………………… 16
    - 2.1.1 为什么使用软件生命周期 …… 16
    - 2.1.2 软件生命周期的各个阶段 …… 17
    - 2.1.3 阶段出入标准 ………………… 17
  - 2.2 瀑布模型 ……………………………… 18
  - 2.3 迭代模型 ……………………………… 20
  - 2.4 增量模型 ……………………………… 21
  - 2.5 螺旋模型 ……………………………… 23
  - 2.6 喷泉模型 ……………………………… 24
  - 2.7 敏捷软件开发 ………………………… 26
    - 2.7.1 敏捷过程概述 ………………… 26
    - 2.7.2 极限编程 ……………………… 27
  - 2.8 本章小结 ……………………………… 29
  - 2.9 思考与练习 …………………………… 30
- 第3章 需求分析与软件需求规约 ………… 31
  - 3.1 需求定义 ……………………………… 32
    - 3.1.1 清晰明确 ……………………… 32
    - 3.1.2 没有歧义 ……………………… 32
    - 3.1.3 一致 …………………………… 32
    - 3.1.4 具有优先级 …………………… 33
    - 3.1.5 可验证 ………………………… 34
    - 3.1.6 应避免使用的词 ……………… 34
  - 3.2 需求分类 ……………………………… 35
    - 3.2.1 受众导向的需求 ……………… 35
    - 3.2.2 FURPS ………………………… 36
    - 3.2.3 FURPS+ ……………………… 37
    - 3.2.4 通用需求 ……………………… 38
  - 3.3 需求记录与分析 ……………………… 39
    - 3.3.1 UML记录 ……………………… 39
    - 3.3.2 用户故事记录 ………………… 39
    - 3.3.3 原型记录 ……………………… 40
    - 3.3.4 需求说明 ……………………… 41
    - 3.3.5 需求分析 ……………………… 41
  - 3.4 软件需求规约 ………………………… 42
    - 3.4.1 SRS文档内容 ………………… 42
    - 3.4.2 功能需求 ……………………… 43
    - 3.4.3 如何识别功能需求 …………… 44
    - 3.4.4 可追踪性 ……………………… 45
    - 3.4.5 优质SRS文档的特征 ………… 45
  - 3.5 本章小结 ……………………………… 46
  - 3.6 思考与练习 …………………………… 46
- 第4章 结构化分析 …………………………… 47
  - 4.1 概述 …………………………………… 47
  - 4.2 实体-关系图 ………………………… 48
    - 4.2.1 E-R图 ………………………… 49

	4.2.2	实体之间的联系	51
	4.2.3	案例分析-图书借阅管理系统	53
4.3	数据流图		54
	4.3.1	数据流图及符号	54
	4.3.2	同步和异步操作	55
	4.3.3	气泡的编号	56
	4.3.4	范围图	56
	4.3.5	开发一个系统的DFD模型	56
	4.3.6	案例分析-学籍管理系统	57
4.4	状态转换图		59
	4.4.1	状态转换图概述	59
	4.4.2	状态转换图的符号表示	60
	4.4.3	案例分析-机票预定系统	60
4.5	数据字典		61
4.6	本章小结		62
4.7	思考与练习		63

第5章 结构化设计

5.1	结构化设计与结构化分析的关系	64
5.2	结构化设计的概念和原理	66
	5.2.1 模块化	67
	5.2.2 抽象	67
	5.2.3 逐步求精	68
	5.2.4 信息隐藏	68
5.3	度量模块独立性的标准	69
	5.3.1 内聚	69
	5.3.2 耦合	70
5.4	启发规则	71
	5.4.1 什么是启发式?	71
	5.4.2 典型的启发式规则	72
5.5	体系结构设计	73
	5.5.1 典型的数据流类型和体系结构	73
	5.5.2 基于数据流方法的设计过程	74
	5.5.3 映射方法	76
5.6	接口设计	77
	5.6.1 接口设计的分类	77
	5.6.2 人机交互界面	78
	5.6.3 设计原则	78

5.7	数据设计		79
	5.7.1	文件设计	79
	5.7.2	数据库设计	80
5.8	过程设计		80
	5.8.1	结构化程序设计语言与伪代码	81
	5.8.2	程序流程图	82
	5.8.3	盒图	83
	5.8.4	PAD图	84
	5.8.5	判定表与判定树	84
5.9	面向数据结构的设计方法		85
	5.9.1	Jackson方法	85
	5.9.2	Jackson图及其优缺点	86
	5.9.3	改进Jackson图	87
5.10	本章小结		90
5.11	思考与练习		91

第6章 面向对象分析

6.1	面向对象方法学概述		92
6.2	面向对象方法学的优点		94
6.3	面向对象分析过程		94
	6.3.1	概述	94
	6.3.2	三个子模型	95
	6.3.3	五个层次	96
6.4	需求陈述		96
6.5	建立对象模型		97
	6.5.1	创建对象模型	97
	6.5.2	确定类与对象	97
	6.5.3	确定关联	98
	6.5.4	划分主题	99
	6.5.5	确定属性	100
	6.5.6	识别继承关系	101
6.6	建立动态模型		101
	6.6.1	编写脚本	101
	6.6.2	设计用户界面	102
	6.6.3	确定时间跟踪图	102
	6.6.4	确定状态图	103
	6.6.5	审查动态模型	104
6.7	建立功能模型		104
6.8	定义服务		105

6.9 本章小结·············105
6.10 思考与练习·············106

第7章 面向对象设计·············108
7.1 面向对象设计原则·············108
7.2 启发规则·············123
7.3 系统分解·············125
    7.3.1 分解思想及子系统相关概念·············126
    7.3.2 面向对象的设计模型·············126
    7.3.3 子系统之间的交互方式·············128
    7.3.4 组织系统的方案·············129
7.4 设计问题域子系统·············129
7.5 设计人-机交互子系统·············130
    7.5.1 设计人-机交互界面的概念·············131
    7.5.2 设计人-机交互界面的准则·············131
    7.5.3 设计人-机交互子系统的策略·············132
7.6 设计任务管理子系统·············133
    7.6.1 设计任务管理子系统的必要性·············133
    7.6.2 设计步骤·············134
7.7 设计数据管理子系统·············135
    7.7.1 选择数据存储管理模式·············135
    7.7.2 设计数据库管理子系统·············136
7.8 设计类中的服务·············137
    7.8.1 确定类中应有的服务·············137
    7.8.2 设计实现服务的方法·············138
7.9 设计关联·············139
7.10 设计优化·············140
    7.10.1 确定优先级·············140
    7.10.2 提高效率的技术·············141
    7.10.3 调整继承关系·············141
7.11 本章小结·············142
7.12 思考与练习·············143

第8章 统一建模语言·············144
8.1 概述·············144
    8.1.1 UML产生·············144
    8.1.2 UML图·············146
    8.1.3 UML的应用领域·············148
8.2 静态建模机制·············149
    8.2.1 用例图·············149
    8.2.2 类图·············156
8.3 动态建模机制·············161
    8.3.1 消息·············161
    8.3.2 顺序图·············162
    8.3.3 协作图·············163
    8.3.4 状态图·············164
    8.3.5 活动图·············165
8.4 本章小结·············166
8.5 思考与练习·············167

第9章 编码与测试·············168
9.1 编码概述·············169
9.2 测试目的·············171
9.3 bug产生的原因·············171
9.4 测试级别·············174
    9.4.1 单元测试·············174
    9.4.2 集成测试·············176
    9.4.3 自动化测试·············177
    9.4.4 组件接口测试·············178
    9.4.5 系统测试·············178
    9.4.6 验收性测试·············179
    9.4.7 其他测试类型·············179
9.5 测试技术·············181
    9.5.1 穷举测试·············181
    9.5.2 黑盒测试·············182
    9.5.3 白盒测试·············183
    9.5.4 灰盒测试·············188
9.6 调试·············188
    9.6.1 调试方法·············189
    9.6.2 调试指南·············189
9.7 程序分析工具·············190
    9.7.1 静态分析工具·············190
    9.7.2 动态分析工具·············190
9.8 本章小结·············191
9.9 思考与练习·············191

第10章 软件项目管理·············193
10.1 项目管理概述·············193
10.2 估算软件规模·············196
    10.2.1 代码行技术·············196

- 10.2.2 功能点技术 197
- 10.3 估算工作量 198
  - 10.3.1 静态单变量模型 199
  - 10.3.2 动态多变量模型 199
  - 10.3.3 COCOMO II模型 200
- 10.4 进度管理 201
  - 10.4.1 PERT图 201
  - 10.4.2 关键路径 205
  - 10.4.3 甘特图 208
  - 10.4.4 软件日程安排 209
  - 10.4.5 估算时间 209
- 10.5 质量保证 211
  - 10.5.1 软件质量 212
  - 10.5.2 软件质量管理体系 212
- 10.6 ISO 9000 213
  - 10.6.1 什么是ISO 9000认证 213
  - 10.6.2 软件行业的ISO 9000 214
  - 10.6.3 为什么要获得ISO 9000认证 214
  - 10.6.4 如何获得ISO 9000认证 215
  - 10.6.5 ISO 9001需求的显著特征 215
  - 10.6.6 ISO 9000认证的缺点 216
- 10.7 能力成熟度模型 216
- 10.8 本章小结 218
- 10.9 思考与练习 219

参考文献 220

第 1 章
软件工程概述

在过去的半个世纪里,计算机在商业领域的应用不断扩大和深化。最初,计算机的运行速度较慢,结构也较为简单。然而,随着科技的持续进步与创新,计算机的运算能力显著提升,结构变得更加复杂和精密。与此同时,生产成本的降低和市场竞争的加剧,使得计算机的价格逐渐变得更加亲民。多次重大的技术突破为计算机的发展注入了强大动力,不仅显著提升了运行速度,还大幅降低了制造成本,推动了计算机的广泛应用和快速发展。

随着计算机性能的不断提升,其处理复杂程序的能力也在不断增强。因此,软件工程师们必须以最高且最具成本效益的方式来应对愈发庞大和复杂的挑战。值得钦佩的是,软件工程师们不仅通过创新来应对这些挑战,还积极借鉴过去的编程经验和其他专业领域的规范化工程方法,从中汲取智慧。在追求最佳成本效益和最高效率的过程中,积累的创新经验以及编写高质量程序的心得,逐步被系统化并整合为一个完善的知识体系,构成了软件工程方法论的核心思想。具体叙述如下:

- 应依托正确扎实的理论依据,确保每一项决策都建立在科学的依据之上。同时,在面临理论知识支撑不足的情况下,应充分吸收并借鉴以往的经验教训,并对其进行系统整理与归纳,从而形成一套切实可行的指导准则。
- 在系统设计过程中,需要全面权衡各个目标之间的利益,确保所选方案既能满足系统需求,又能兼顾各方的利益诉求。
- 为实现成本效益的优化,应采取务实的策略,深入考虑经济成本因素。在提升整体效益的同时,确保资源的合理分配与高效利用。

总之,软件工程是一种用于开发软件的系统化、规范化的工程方法,其主要目的是提高软件产品的质量和开发效率,并减少维护的难度。本章将从工程学科的发展历程开始,全面而详细地描述软件工程的起源及其基本原理。

本章的学习目标:
- 了解工程学科的发展历程
- 了解软件危机出现的原因
- 掌握软件工程的基本原理

1.1 软件危机

1.1.1 工程学科的发展历程

在本节中,我们将简要回顾软件工程学科的发展历程,探索其如何从大约半个世纪前的微小起点,逐步发展成为如今的庞大体系。同时需要指出,尽管软件工程学科仍存在诸多不足之处,但它无疑是应对软件危机最有效的解决方案之一,其重要性和价值不容忽视。

在过去的半个世纪里,得益于众多研究人员和软件专业人士的不懈努力,软件工程理论取得了显著的进步与发展。早期的程序员往往采用探索性的编程方式。在这种风格下,每个程序员独立探索软件开发技术,依靠直觉、经验、灵感和个人偏好进行操作。对于那些对软件工程原理了解不足的人来说,他们在编写程序时也多倾向于采用这种试探性的编程风格。我们可以将这种"试探性"程序开发风格类比为艺术创作,因为艺术在很大程度上也是由直觉引导的。过去,众多关于程序员的故事展现了他们如同艺术家般,能够运用一些深奥的知识创作出卓越的程序。

回顾并分析过去50年软件开发风格的演变,可以发现编程工作已从早期的一种高深的"艺术形式"逐渐转变为一种更为普遍的"工艺形式",并最终发展为一门工程学科。实际上,这种演进模式与其他工程学科相比并没有显著区别。无论其所涉及的领域如何,技术的发展普遍遵循着相似的路径和模式。图1-1展示了各种技术发展的普遍演进规律。

以玻璃生产技术的发展来举例说明:在远古时期,与玻璃制造相关的技术鲜为人知且被高度保密,那些掌握技术奥秘的人往往将其视为家族秘密,代代相传。然而,随着时间的推移,玻璃生产逐渐从"艺术"转变为"工艺",技工与学徒之间开始分享知识与经验,从而使得知识库得以不断积累和扩展。再经过一个阶段的发展,通过系统的知识整合,以及科学原理的融入,最终形成了现代玻璃制造技术,促进了技术的飞跃与发展。

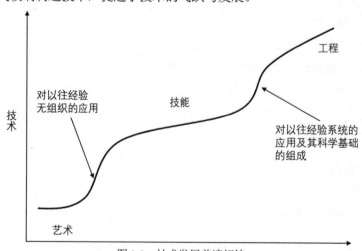

图1-1 技术发展普遍规律

当然，时至今日，依然存在一些不同的声音对软件工程学科中的某些方法论和指导方针提出质疑，认为它们缺乏充分的科学依据且过于主观。然而，必须指出的是，这些质疑并未否定采用软件工程技术在实际应用中的价值。实际上，软件工程技术对于低成本、高效率开发高质量软件具有显著的促进作用。软件工程实践已经被广泛证明是大型软件开发项目中不可或缺的一环，它为项目的顺利开展提供了有力的保障。虽然在某些小型项目的开发中，"探索性"的开发方式仍然能够取得成功，但软件工程技术的运用无疑为这些项目的成功提供了更多的保障和支持。因此，不能简单地将软件工程学科中的方法论和指导方针视为缺乏科学依据和主观性过强的存在，而应客观辩证地看待其在软件开发实践中的重要作用。

1.1.2 软件危机的介绍

自第一台计算机问世以来，软件的开发应运而生。随着计算机技术的迅猛发展和应用领域的不断拓宽，自20世纪60年代中期起，软件需求激增，软件的数量也大幅增加。这种趋势推动了软件产业的发展。为了更好地理解软件产业的演变过程，可以将软件开发的发展历程划分为以下三个时代。

1. 程序设计时代(1946—1956年)

在程序设计时代，软件的开发主要依赖于个体的手工操作。程序设计者使用机器语言和汇编语言作为工具，专注于提升编程技巧和优化程序运行效率。

然而，在程序设计的过程中，他们并未充分重视其他辅助手段的作用，导致所设计的程序往往难以阅读、理解和修改。在这个时期，软件的特征主要表现为单一的程序和程序设计概念，而对程序设计方法的重要性并未给予足够的重视。随着技术的进步，这种生产方式逐渐暴露出其局限性和不足，为后续的软件发展带来了新的挑战与机遇。

2. 程序系统时代(1956—1968年)

随着计算机技术的广泛应用，其应用领域不断扩展，软件需求呈现出持续增长的趋势。随着软件所需处理的问题领域不断扩大，程序的复杂性也随之增强。面对这些挑战，软件设计者逐渐放弃了传统的个体手工开发方式，转而采用小团队协作的生产模式，这标志着软件开发正式进入作坊式生产方式的程序系统时代。

这种生产方式虽然在一定程度上提高了软件开发效率，但仍然面临诸多挑战和限制，需要不断探索和改进。随着大型程序的复杂度不断提升，合作开发逐渐成为程序设计中的关键环节。与此同时，软件行业的飞速发展吸引了众多其他行业人才涌入，程序员数量急剧增加。在这一热潮中，一方面，软件开发的需求日益旺盛，软件的规模不断扩大，结构日益复杂；另一方面，当发现错误必须需要修改程序时，软件维护所需的资源耗费变得极为严重，甚至导致许多软件最终无法维护。除此以外，由于缺乏统一的开发规范和方法论指导，开发人员的技术水平参差不齐，难以应对大规模、结构复杂的软件开发任务。这些尖锐的矛盾直接引发了软件危机。

3. 软件工程时代(1968年至今)

1968年,在联邦德国召开的国际会议上,软件危机问题成为讨论的焦点。这次会议不仅正式提出并使用了"软件工程"这一术语,还标志着这一新兴工程科学的诞生。软件工程时代的生产方式引入了工程领域的概念、原理、技术和方法,并结合数据库、开发工具、开发环境、网络、分布式系统以及面向对象技术,以实现更加高效的软件开发。

尽管软件的特性推动了开发技术的显著进步,但尚未取得突破性进展,导致软件价格持续攀升,软件危机的问题仍未得到根本解决。

在软件发展的第二阶段末期,得益于计算机硬件技术的飞速进步,计算机的运行速度、存储容量和可靠性显著提升,生产成本则大幅度下降,这为计算机的广泛应用奠定了坚实基础。随之而来的是一系列复杂且规模庞大的软件开发项目的涌现。然而,尽管软件开发技术不断进步,却始终未能完全满足日益增长的发展需求。在软件开发过程中,许多难题难以解决,这些问题不断积累起来,最终形成了尖锐的矛盾,最终引发了软件危机。所谓软件危机,是指在计算机软件的开发和维护过程中所遇到的一系列严峻挑战。这些挑战远非"无法正常运行"那么简单。实际上,几乎所有的软件都或多或少地存在某种问题。软件危机主要聚焦于软件开发的策略,如何满足日益增长的软件需求,以及如何有效维护数量庞大的现有软件。

软件危机的具体表现主要集中在以下几个方面。

(1) 软件危机在经费预算和完成时间方面表现为:预算经常超出预期,项目完成时间不断推迟。这主要是因为缺乏丰富的软件开发经验和数据积累,导致计划制订困难。主观制订的计划往往与实际执行情况存在较大偏差,从而使得开发经费频繁超出预算。同时,由于对工作量以及开发难度的估计不足,进度计划往往难以按时完成,开发时间不断延迟,给项目带来了巨大的压力。

(2) 软件危机在满足用户需求方面表现为:开发的软件常常无法满足用户的期望。这主要是因为在开发初期,对用户的需求了解不够明确和具体,导致需求描述不精确。随着开发工作的推进,软件开发人员与用户之间的沟通不充分,使得问题无法及时得到解决,最终导致开发的软件与用户的实际需求差距较大,甚至导致项目开发失败。

(3) 软件危机在软件可维护性方面表现为:开发的软件往往难以维护。由于缺乏统一的、公认的开发规范,软件开发人员各自为政,导致开发过程缺乏完整且规范的文档记录。这使得在软件出现问题时难以进行有针对性的修改。此外,程序结构的不合理也增加了维护的难度,一旦在运行时发现错误,通常难以进行有效的修复,从而严重影响了软件的可维护性。

(4) 软件危机在软件可靠性方面表现为:开发的软件往往缺乏足够的可靠性。这主要源于开发过程中缺乏有效的质量保障体系和措施,导致软件质量无法得到有效的保障。同时,在软件测试阶段,由于缺乏严格、充分且全面的测试,使得提交给用户的软件存在大量潜在问题。这些问题在软件运行过程中逐渐暴露,严重影响了软件的可靠性和稳定性。

1.1.3 软件危机的原因

软件作为逻辑部件而非物理部件，其进度和质量的控制与维护难度较高。由于软件规模庞大且需要多人协作开发，实施严格、科学的管理至关重要。然而，软件开发过于依赖于个人的智力劳动与经验，且往往在没有完整、准确地理解用户需求的情况下匆忙展开，进一步增加了软件开发的复杂性和风险。在软件的开发和维护过程中之所以存在诸多问题，一方面与软件本身的特性有关，另一方面与软件开发和维护的方法不当有关。客观原因包括软件需求量大、规模庞大等；主观原因则涉及软件本身的特性以及开发、维护方法的不足。综上所述，软件危机的原因可归结为多方面因素共同作用的结果。

(1) 随着技术的进步，软件的规模持续扩大，结构日益复杂。举例来说，1968 年美国航空公司的订票系统已包含 30 万条指令，IBM 360 OS 的第 16 版更是达到 100 万条指令。到 1973 年，美国阿波罗计划的软件规模更是突破了千万条指令。这些大型软件不仅功能丰富，还需适应多样性化的运行环境。随着计算机应用的日益普及，软件开发的规模不断膨胀，软件的结构也日趋复杂。相比硬件设计，软件设计的逻辑复杂度估计高出 10 至 100 倍。对于如此庞大的软件规模，其调用关系、接口信息及数据结构都异常复杂，这种复杂程度已经超出了人类所能轻松处理的范围。

(2) 软件开发管理是一项既困难又复杂的任务。与硬件有着显著不同，软件作为计算机系统中的逻辑部件，具有无形性。在代码编写和计算机试运行之前，由于其庞大的规模和复杂的结构，使得开发进度的度量与质量评估变得异常困难。这些因素共同导致了管理难度的提升，使得进度控制、质量控制以及可靠性的保障都面临巨大挑战。此外，软件在运行过程中不会因为长期运行而损坏。如果在运行过程中出现问题，通常是由于在开发阶段引入的缺陷且在测试阶段未被发现所导致的。因此，软件维护通常需要对原有设计进行改进，以确保其稳定性和可靠性。

(3) 软件开发费用的持续上涨是业界的一大难题。作为资金和人力密集型的产业，大型软件的开发需要投入大量的人力资源，且开发周期较长，导致费用快速上升。由于软件生产仍主要依赖手工方式，且软件作为高度密集化的知识和技术的综合产物，现有的人力资源难以满足社会对该领域迅速增长的需求。因此，软件开发成本上升的趋势预计将持续下去。

(4) 软件开发技术相对滞后。在 20 世纪 60 年代，计算机理论问题的研究受到人们广泛关注，包括编译原理、操作系统原理、数据库原理、人工智能原理、形式语言理论等。然而，相比之下，软件开发技术的研究进展较为缓慢，这导致用户所需的软件复杂性与软件技术解决复杂性的能力之间存在巨大差距，并且这一差距仍在不断扩大。

(5) 生产方式落后，亟待改进。软件开发仍然依赖于个体手工操作，缺乏统一的标准和规范，缺少明确和系统性的指导。开发过程中主要依赖于个人的习惯和喜好，流程无章可循，无规范可遵循。此外，传承方式主要依赖言传身教，缺乏系统性和科学性。

(6) 开发工具亟待更新,生产效率提升缓慢。软件开发工具相对落后,缺乏高效率的开发工具的支持,因而导致软件生产率低下,难以满足市场需求。在 1960 年至 1980 年间,计算机硬件的生产因为采用计算机辅助设计、自动生产线等先进工具,生产效率显著提高,提升幅度高达 100 万倍。然而,同期软件生产率仅提升了 2 倍,两者相差悬殊。这种情况显然不利于软件产业的健康发展。

1.1.4　消除软件危机的途径

软件工程逐渐成为应对软件危机的关键解决方案之一。图 1-2 展示了硬件成本与软件成本的比值随时间变化的曲线,从图中曲线可以看出,越来越多的企业将更多的预算用于软件的购买之上。软件产品不仅价格日益昂贵,而且给用户带来了一系列问题,如修改、诊断错误和增强软件产品功能变得异常困难,难以满足用户需求,可靠性差,甚至延迟交付等。在这些问题中,软件成本的持续增长无疑是软件危机最为严重的表现形式之一。过去在购买硬件时附带的软件通常是免费提供的。然而,如今软件成本已远超硬件,这不仅改变了市场格局,也凸显了软件危机带来的深远影响。

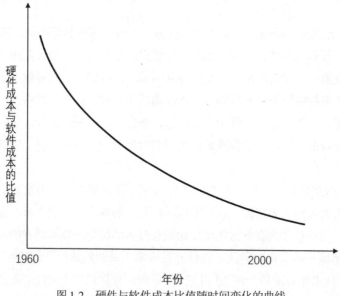

图 1-2　硬件与软件成本比值随时间变化的曲线

1.2　软件工程

软件工程是一门指导计算机软件开发和维护的工程科学,研究并应用系统化、规范化和可量化的流程化方法来开发和维护软件。它涉及的知识领域十分广泛,包含程序设计语言、数据库、软件开发工具、系统平台、标准及设计模式等多个方面,旨在提高软件生产效率、提升软件质量并降低开发成本。为了应对软件危机,软件工程借鉴了其他产业的工程化生产经验,运用工程的概念、原理、技术和方法,并结合经过时间考验而验证正确的管理技术与方法,共同推动软件工程的发展。1968 年,"软件工程"这一术语在北大西洋公约组织的一次计算机学术会议上首次正式提出。这次会议聚焦于探讨软件危机问题,在软件发展史上具有重要的里程碑意义。

1.2.1 软件工程的出现

基于持续的创新和编写高质量程序所累积的丰富经验,近年来软件工程技术不断进步与发展。逐渐形成以下创新成果和编程经验,并共同推动了软件工程学科的发展。

1. 早期"探索式"编程

以当今的技术标准来衡量,早期的商业计算机运行速度和功能都显得相对滞后。在那个时期,即便是简单地处理一些紧急任务,也需要耗费大量的计算时间。因此,当时的程序规模都较小,复杂度也相对较低。这些程序通常采用汇编语言编写而成,代码的长度往往仅限于几百行的汇编指令。每位程序员在编程过程中都会展现出自己独特的编程风格,甚至会根据不同程序进行调整。这种个性化的编程方式被称为"探索式"编程风格。

2. 高级语言编程

随着半导体技术的应用,计算机的运行速度显著提升,使得人们能够利用更强大的计算机来解决更大、更复杂的问题。与此同时,FORTRAN、ALGOL 和 COBOL 等高级语言的问世,显著降低了开发软件产品所需的工作量,并帮助程序员编写更大规模的程序。然而,这类程序的源代码通常达到数十万行,反映出当时的软件开发风格仍处于较为初级的阶段。

3. 基于流程控制的设计

随着程序规模和复杂性的不断增长,传统探索性编程风格已无法满足日益增长的需求。程序员逐渐发现,编写低成本且正确的程序变得愈发困难,而理解和维护他人编写的程序也变得更具有挑战性。为了解决上述问题,资深程序员建议其他程序员,要特别重视程序的控制流结构的设计。一个程序的控制流结构能够清晰地展示程序的执行顺序,对于提高程序质量和可维护性至关重要。为了帮助开发出具备优良的控制流结构的程序,流程图技术应运而生并不断发展。时至今日,流程图技术仍然被广泛应用于算法的描述和设计中。图 1-3 展示了为同一问题编写程序代码的两种不同方法。相比图 1-3(a),图 1-3(b)中的程序段具有更为简洁的控制流结构。

```
if(customer_savings_balance>withdrawal_request){
100:            issue_money=TRUE;
                GOTO 110;
        }
        else if(privileged_customer==TRUE)
                GOTO 100;
        else GOTO 120;
110:            activate_cash_dispenser(withdrawal_request);
                GOTO 130;
120:    print(error);
130:    end-transaction();
```
(a)

```
if(privileged_customer(customer_savings_balance>withdrawal_request)){
        activate cash dispenser(withdrawal request);
}
else print(error);
end-transaction();
```
(b)

图 1-3　非结构化程序示例与结构化程序示例

图 1-4 展示了图 1-3 中的两个程序段的流程图。通过为多个问题绘制流程图，可以得出一个结论：如果一个程序的流程图表示起来很复杂，那么该程序的理解和维护难度必然增加。复杂的流程图导致其所表示的程序难以理解的主要原因在于，通常人们在理解一个程序时，需要追踪其所有执行路径上的执行序列，这显著增加了理解的难度。以图 1-3(a)中的程序为例，需要追踪多条执行路径，如 1-2-3-7-8-10、1-4-5-6-9-10 和 1-4-5-2-3-7-8-10 等，导致程序的理解过程变得复杂。如果程序的控制流结构比较混乱，那么确定其所有的执行路径就会异常复杂，同时以此为基础追踪这些路径上的执行顺序则更加困难。因此，混乱的流程图会使要表示的程序难以理解和维护。此外，滥用 GOTO 语句是导致程序的控制结构变得混乱的主要原因，因为 GOTO 语句可以随意改变控制流。因此，一个优秀的程序应该具备清晰的控制结构。

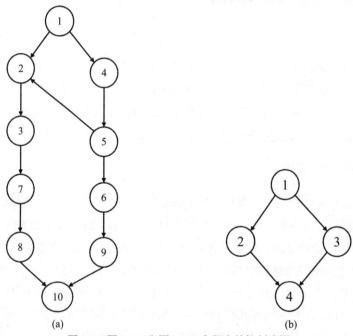

图 1-4　图 1-3(a)和图 1-3(b)中程序的控制流图

因此，高效的程序应当尽量限制 GOTO 语句的使用。然而，许多程序员仍然使用汇编语言。在汇编语言中，跳转指令是常用的分支工具。因此，具有汇编语言编程背景的程序员常认为在编程中使用 GOTO 语句是不可避免的。针对这一问题，Dijkstra 发表了一篇著名的论文"*GOTO*

Statements Considered Harmful"，指出"GOTO 语句是有害的"。正如预料的那样，在阅读了 Dijkstra 的文章之后，许多程序员发表文章进行反驳，强调 GOTO 语句的优势及其必要性。然后，随着研究的深入，逐渐达成共识：只需要顺序、选择和迭代这三种编程结构就足以表达任何程序逻辑。随着时间的推移，越来越多的程序员开始认同一个观点，即不使用 GOTO 语句同样也可以解决编程中的任何问题，并且应当尽量避免滥用 GOTO 语句。这一理念逐渐成为结构化编程方法的核心基础，推动了编程实践向更加规范、清晰的方向发展。

当一个程序完全采用顺序、选择和迭代等结构化逻辑来构建时，它即被视作结构化程序。结构化编程强调限制 GOTO 语句的使用，以此避免非结构化的控制流，从而提升程序的清晰性和可维护性。如果编程语言支持单入单出结构的程序构建，如 if-then-else 和 do-while 等控制结构，那么它将极大促进结构化编程的实现，有助于编写逻辑清晰、易于维护的程序。因此，结构化编程的原则着重于为程序构建精巧且高效的控制结构方案。以图 1-4 为例，该图清晰地揭示了结构化和非结构化程序之间的本质区别。除此以外，结构化程序这一术语并不仅限于控制结构方面，它还涵盖其他编程特性，这些特性共同构成了结构化编程的丰富内涵。例如，结构化程序的核心特性之一在于其模块化设计。通过将模块化的程序分解为多个相互独立且依赖度低的模块，能够显著提升代码的可读性、可维护性及可重用性。这种模块化结构不仅有助于降低程序复杂性，提高开发效率，还使程序更易于理解和调试。

与非结构化程序相比，编写结构化程序的主要优势表现在以下几点。

(1) 显著提升代码质量并减少错误率。研究表明，程序员在使用结构化的 if-then-else 和 do-while 语句时，通常比使用 test-and-branch 代码构建时犯的错误更少。

(2) 显著提升代码可读性和开发效率。除显著减少错误率外，结构化程序还具备诸多优势。其高可读性使得代码更易于理解，从而提升了开发的整体效率。

(3) 显著提升代码代码的可维护性，并降低后期修改和扩展的难度。与非结构化程序相比，结构化程序通常所需要的工作量更少，这得益于其清晰的控制结构和模块化的设计，使得开发过程更加高效有序。

尽管结构化编程的诸多益处已得到人们的广泛认可。但在实际应用中，有时出于特定需求(例如处理异常情况或支持非正常循环退出等)的考虑，程序员可能无法完全严格遵循结构化编程的原则。这体现了在实际编程过程中，灵活性和适应性同样重要，需要根据具体场景权衡和选择最合适的编程方法。

为了支持结构化编程，PASCAL、MODULA 和 C 等语言应运而生，这些语言的出现极大地推动了结构化编程的普及和应用，旨在提供结构化编程所需的特性和工具。这些编程语言不仅支持编写模块化程序，还具备出色的控制结构特性，从而有效解决了混乱的控制结构所带来的常见问题。随着编程技术的发展，关注点逐渐从优化控制结构转向设计优质的数据结构方案，以进一步提升程序性能和代码质量。

4. 面向数据结构的设计

随着集成电路技术的不断发展，计算机性能显著提升，使得解决复杂问题变得更加高效。

这一进步为软件工程师们提供了更广阔的发展空间，使他们能够开发出规模更大、功能更复杂的软件产品，这往往需要编写数万行甚至更多的源代码。传统的基于控制流的软件开发技术在处理大规模、复杂软件产品的问题时显得力不从心。因此，迫切地需要寻求更为高效的软件开发技术，来应对日益增长的软件规模和复杂性带来的种种挑战。

在开发程序的过程中，人们逐渐意识到，相比于其控制结构的设计，程序的核心数据结构设计显得更为重要。良好的数据结构设计能够显著提高程序的效率和可读性，从而优化整个软件系统的性能。遵循这一原则的设计技术被称为面向数据结构的设计技术。它强调以数据结构为核心，通过精心设计数据结构来优化程序性能并提升代码质量。在应用这些技术时，我们首先关注于设计程序的核心数据结构，然后根据这一数据结构来开展程序设计。

面向数据结构的设计技术中，JSP (Jackson Structured Programming)技术是一个典型案例，它为程序设计提供了新的视角和方法。在 JSP 方法中，首先利用顺序、选择和迭代符号来精心设计一个程序的数据结构。该方法的亮点在于能够从数据结构表示中巧妙地推导出程序结构，为开发者提供了一种新颖且高效的程序设计思路。随后，基于数据结构的设计技术得到了进一步发展，多种新方法应运而生。其中一些技术因其高效性和实用性而广受欢迎，并在实际项目中得到了广泛应用。由于篇幅限制，本文不会深入探讨论这些技术细节。随着技术的不断进步，这些方法在工业界的应用逐渐减少，并被更先进的技术所取代。

5. 面向数据流的设计

随着超大规模集成电路技术的革新及新结构概念的引入，计算机性能得到了显著提升。为了应对日益复杂和有挑战性的问题，开发更复杂、更先进的软件产品来满足日益增长的需求变得尤为重要。因此，软件工程师们一直在探索更高效的技术来优化软件产品的设计。很快，就有人提出了面向数据流的技术，这一创新性的方法引起了广泛关注。这些技术强调在设计系统时，应首先明确主要的数据项，然后确定对这些数据项的处理流程，以实现预期的输出。在这个过程中，函数(或称为过程)与数据项在不同的函数间进行交换，并通过数据流图(Data Flow Diagram, DFD)进行可视化表达。最终，根据数据流图的设计，构建出相应的程序结构。

DFD 已被广泛验证为一种通用性极强的技术，它不仅可以用于模拟软件系统，还适用于各种不同类型的系统模拟。例如，图 1-5 直观地展示了自动化汽车装配厂的数据流动情况。对于那些未曾亲身体验过自动化汽车装配厂的人而言，对其运作流程进行简要介绍是非常有必要的。在自动化汽车装配厂中，输送带(也称为装配线)沿侧设有多个处理站(也称为工作站)，每个工作站都有其特定任务，如加装轮子、装配发动机和喷漆等。随着部分组装完成的汽车沿着流水线移动，各个不同的工作站便在其上依次执行各自相应的工作任务。图 1-5 中的 DFD 模型将每个过程(以圆形表示)视作一个工作站，这些工作站接收特定的投入项目，并产生相应的输出项目。即使对 DFD 一无所知，理解如图 1-5 所示的汽车装配厂的 DFD 模型也是相当直观的。这正是 DFD 的一大优势——其简洁性使得用户能够轻松理解复杂的系统过程。一旦建立了一个问题的 DFD 模型，面向数据流的设计技术便能够提供一种有效的方法，直接根据 DFD 模型推导出相应的软件设计。

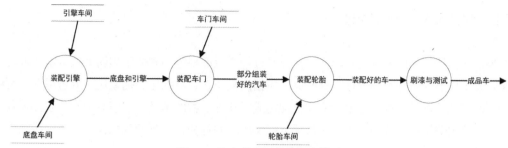

图 1-5　汽车装配厂的数据流模型

6. 面向对象的设计

随着技术的不断进步，面向数据流的技术逐渐演变为面向对象的设计技术。面向对象的程序设计技术提供了一种直观易懂的方法，其核心在于首先识别出一个问题中的自然对象，然后确定这些对象之间的组成、引用和继承等关系。每个对象本质上都是一个数据隐藏或数据抽象的实体。由于其自身的简洁性、代码和设计重用的广泛可能性、缩短的产品开发周期、降低的开发成本、增强的代码健壮性以及维护的便捷性等因素，面向对象技术已经得到了广泛的认可和应用。关于面向对象设计(OOD)技术的深入讨论将会在后续章节中展开。

7. 其他发展

在本节中，我们已经深入探讨并回顾了自早期编程时代以来，软件设计技术是如何逐步发展并经历深刻变化的。图 1-6 展示了软件设计技术的发展历程，总结了该领域的演进轨迹。回顾过去 40 年，软件设计技术飞速发展，并指明了未来发展的方向。除在软件设计技术方面取得显著进展外，还引入多个新的概念和技术，以确保软件开发的高效性和有效性，包括生命周期模型、规范技术、项目管理技术、软件测试技术、调试技术、质量保证技术及计算机辅助软件工程技术等。这些技术的综合应用为软件开发的整个过程提供了有力的支持和保障，极大地推动了软件工程学科的成熟与进步。在本书后面的章节中，我们将对这些技术进行深入讨论和探索，以掌握它们在软件工程实践中的应用和价值。

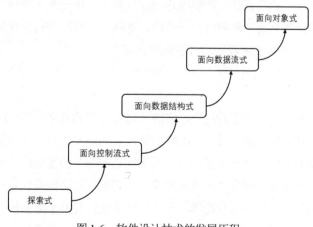

图 1-6　软件设计技术的发展历程

1.2.2 软件工程的基本原理

为了达到软件系统的开发目标，软件开发过程需要严格遵循软件工程的七大基本原理，以确保开发工作的规范性和高效性。这些原理包括：模块化、结构化、抽象化、可重用性、可维护性、可测试性及可靠性。这七大原理共同构成了软件工程的基础，它们对于提升软件开发的效率和品质起着至关重要的作用，确保项目能够顺利进行并达到预期目标。以下是这些原理的详细描述。

1. 模块化

模块化是软件工程中的关键步骤，其核心思想是将复杂的软件系统细分为一系列相互独立、功能明确的模块或组件。这些模块都拥有各自独特的接口和功能，使得它们可以独立开发、测试和维护，这种划分方法极大地优化了开发流程，为软件工程的顺利进行提供了有利的支撑。模块化提升了开发的并行性，使得多个团队或开发者能够同时处理不同的模块，从而显著加快了开发速度。此外，通过将系统细分为更小、更易于管理的模块，模块化简化了复杂问题，降低了开发难度。更重要的是，模块化促进了代码的复用。一旦某个模块经过验证并稳定运行，便可以被轻松地集合到其他项目中，几乎无需进行烦琐的修改或重构。这不仅显著减少了重复性劳动，还提高了程序开发效率，更有助于保障代码的质量和可靠性。这种可复用性的模块化为软件工程的长期发展奠定了坚实基础，并为未来的软件创新提供了有力支持。

2. 结构化

结构化是软件系统设计和实现的重要原则，它强调系统应该按照清晰、明确、有序的结构和规范进行组织。结构化的设计方法使得软件系统的各个组成部分之间的层次关系和交互方式更加明确，极大地增强了系统的可读性和可维护性。同时，结构化的编程方法要求程序员遵循一定的编程规范，确保代码逻辑清晰、结构紧凑，有助于减少错误和缺陷，提高代码的可靠性和稳定性，是软件开发中不可或缺的一环。此外，结构化思维在软件开发的完整流程中同样发挥着作用。从需求分析、构思设计、代码编写到测试验证，每一个环节都需要贯彻结构化的理念，以确保软件系统的整体协调性和内在一致性。这种全方位的结构化方法不仅提升了软件开发的效率和客观理性，还有效降低了项目面临的风险。

3. 抽象化

抽象化是软件工程中至关重要的过程，它涉及将系统中的复杂实体、行为和关系提炼为更为高级和简洁的概念和模型。这一过程犹如将纷繁复杂的现实世界简化为易于理解的地图，使我们能够专注于系统的核心特性和功能，而无须深究底层细节的复杂性。通过抽象化，我们不仅能屏蔽掉不必要的复杂性，简化复杂系统的设计和实现，还能提高开发效率，使开发者能够更快速地掌握系统的整体架构和运行逻辑。此外，抽象化还有助于增强代码的可读性，使得其他开发者能够更容易地理解和维护代码，从而促进团队协作和知识共享。在实际应用中，抽象化表现为类、接口、函数等形式。这些抽象元素在构建模块化、结构化的软件系统中起到关键作用,通过将复杂的功能或数据结构进行抽象化,我们可以将其拆分成更小、更易于管理的模块,从而提升软件系统的可维护性和可扩展性。抽象化设计将系统的共性与个性部分进行分离,使系统在面对需求变更或功能扩展时更加灵活和便捷。因此,在软件设计和开发过程中,应当充分认识抽象化应用的重要性,通过合理的抽象设计,打造出更易于理解、高效、稳定且易于维护的软件系统,从而为用户提供更加优质、稳定的软件体验。

4. 可重用性

可重用性是软件工程中的关键特性,它指的是软件系统中的组件、模块或代码能够在不同的系统或项目中重复使用的能力。首先,通过重用已有的组件和代码,不仅可以显著减少开发工作量,提高开发效率,还降低了开发成本,提升项目的整体效益。开发团队可以避免重复开发,将更多精力聚焦于创新和解决新问题。其次,重用的组件和代码经过充分测试和验证,具有较高的可靠性。这意味着在重用这些组件和代码时,可以有效降低潜在风险,减少错误和缺陷的发生。这对于保证软件系统的质量和稳定性至关重要。此外,可重用性还促进了知识共享和团队之间的协同作业。通过重用已有的组件和代码,团队成员可以迅速了解并把握彼此的工作内容,减少了沟通障碍,增强团队协作的紧密度。同时,这种重用机制也推动了知识的传承与积累,为软件工程的持续进步和发展注入了新的活力。

因此,在软件设计和开发过程中,积极追求并实践可重用性至关重要,通过精心设计和构建合理的软件架构,打造出易于重用、易于维护的软件系统。可重用性不仅为软件系统的长期稳定运行和维护奠定了坚实基础,也推动了软件工程领域的不断发展和进步。

5. 可维护性

可维护性在软件工程中具有举足轻重的作用,是衡量软件系统在发布后是否便于修改、扩展和修复的重要指标。可维护性涵盖了代码的可读性、可理解性和可修改性等多个方面。具备良好可维护性的软件系统,其代码结构清晰、逻辑明确,使得开发人员能够轻松理解并快速定位问题。同时,这样的系统也更容易适应需求变化和技术更新,可以通过简单的修改或扩展来满足新的业务需求。提高软件系统的可维护性不仅能够降低维护成本,还能显著提高系统的可靠性和可用性。当系统出现问题时,维护人员能够迅速定位并修复故障,确保系统的稳定运行。此外,良好的可维护性对于软件系统的长远发展至关重要,它不仅能够延长软件系统的生命周期,还能显著减少因技术更新换代或需求变化所带来的系统重构风险。

因此,在软件设计和开发过程中,关注并致力于提升软件的可维护性具有重要意义。通过运用模块化、结构化等先进的设计原理,以及严格遵循良好的编码规范和标准,能够构建出易于维护的软件系统。这样的系统不仅具备更强的稳定性和可靠性,还能为软件的长期稳定运行和持续发展提供坚实的支撑和保障。

6. 可测试性

可测试性是指确保软件系统的代码和功能能够被有效且高效地测试和验证的能力。通过提高可测试性，能够在早期开发阶段发现并修复潜在问题，从而显著提升系统的质量和稳定性。具备良好可测试性的代码通常拥有清晰的模块划分和结构布局，这使得测试用例的编写和执行变得更加简便、直观。在实际开发中，重视可测试性对于降低后期维护难度、加速开发迭代和版本更新具有重要意义。通过引入自动化测试工具和方法，可以对软件系统进行全面的测试，确保每次代码变更都不会导致新的错误或问题产生。这种持续且自动化的测试流程极大地增强了软件系统的健壮性和可靠性，为用户提供了更加稳定、优质的软件体验。因此，在软件开发的每一个环节，都应该充分考虑到可测试性的重要性，并在设计和编码实施过程中予以充分保障。通过合理的架构设计和遵循严格的编码规范，确保软件系统的可测试性得到有效实现，从而为软件质量的不断提升奠定坚实的基础。

7. 可靠性

可靠性是软件系统的核心属性，反映了软件系统在特定环境下能够稳定运行并输出正确结果的能力。可靠性涵盖了系统的稳定性、容错性以及可恢复性等关键方面。稳定性确保了软件在长时间运行中不会出现无故崩溃或产生异常行为；容错性则使软件在面对异常情况或错误输入时能够保持正常运行，并尽可能减小错误对系统的影响；可恢复性则保证了软件在发生故障后能够迅速恢复到正常状态，避免数据丢失或业务中断。在软件开发过程中，通过采用合适的设计和实现方法可以显著提高软件系统的可靠性。这包括使用健壮的算法和数据结构，进行充分的测试和验证，以及实施有效的错误处理和恢复机制。同时，持续监控和收集软件的运行数据，能够帮助用户及时发现并解决潜在问题，减少系统故障和错误的发生，从而为用户提供更加稳定、可靠的软件服务。

1.3 本章小结

软件工程作为一门学科，其范畴广泛而深远。它不仅是收集几十年来优秀编程经验的结晶，更是研究者们为了以更低成本开发高质量软件而进行的不懈创新的体现。从最初的新手"探索式"编程风格，到如今的结构化编程、需求说明、测试和项目管理等技术的形成，软件工程始终在不断地发展完善中。

过去的近50年中，软件开发技术经历了翻天覆地的变化。这些变化不仅体现在技术革新上，更体现在对软件开发过程的深入理解和认知上。需求说明的精确化、测试的规范化、项目管理的科学化，都是推动软件工程学科得以发展的基石。同时，从过去的错误中吸取教训，不断修正和完善软件开发的方法论，也为软件工程学科注入了持续的创新活力。结构化编程是软件工程中的一个重要概念。通过将程序分解为多个模块，每个模块都能独立且正确地工作，极大地提高了程序的可靠性和可维护性。同时，避免使用 GOTO 语句等可能导致程序流程混乱的指令，也是结构化编程的重要原则。计算机系统工程作为处理软硬件集成的系统开发学科，涵盖了软件工程的相关内容。这意味着在开发复杂的系统时，不仅需要关注软件的设计和实现，还需要考虑硬件的特性和限制，实现软硬件的协同工作。对于大型软件产品的开发来说，软件工程技术是不可或缺的。工程师团队需要协同工作，运用软件工程的原理和方法，确保软件的质量、进度和成本得到有效控制。即使是开发小型程序，软件工程的大多数原理依然具有显著的指导意义，能够帮助开发者更加高效地编写、测试和维护代码。然而，对于缺乏编程经验的学生来说，理解软件工程的原理和方法可能会存在一定的困难。因此，通过实践、学习和经验的积累，逐步加深对软件工程的理解和应用是非常重要的。在软件危机背景下，软件工程的出现和发展显得尤为重要。软件危机的成因复杂，包括需求不明确、开发过程不规范、缺乏有效的项目管理等。而消除软件危机的途径之一就是加强软件工程的理论研究和实践应用，提高软件开发的效率和质量。软件工程的基本原理包括模块化、结构化、抽象化、可重用性、可维护性、可测试性及可靠性等。这些原理为软件开发提供了指导，帮助开发者更好地应对开发过程中的各种挑战。

综上所述，软件工程是一门综合性、实践性很强的学科，其发展历程充满了挑战和机遇。通过不断地学习和实践，用户可以更深入地理解并应用软件工程的原理和方法，为开发高质量、高效率的软件产品做出贡献。

1.4 思考与练习

1. 什么是软件危机？
2. 软件危机有什么表现？
3. 软件危机产生的原因是什么？
4. 消除软件危机的途径是什么？
5. 软件开发的发展分为哪三个时代？
6. 软件工程的七条基本原理是什么？
7. 什么是软件工程？它是如何克服软件危机的？
8. 流程图是什么？流程图技术为什么对软件开发有用？
9. "结构化编程"是什么？PASCAL 和 C 等现代编程语言如何有助于编写结构化程序？与非结构化程序相比，结构化程序的优点在哪里？
10. 讨论面向对象设计方法对于面向数据流的设计方法的主要优势。
11. 简述软件工程在软件开发中的作用和意义。

第 2 章

软件过程

随着软件开发领域的不断发展，掌握各种软件生命周期模型及其对项目管理的影响已成为软件工程师必备的技能。软件生命周期过程定义了从概念化、需求收集到软件设计、实现、测试、部署及维护的一系列阶段。不同的生命周期模型为项目提供了结构化的开发路径，确保了项目能够按照预定的时间和预算顺利完成。本章将探讨几种核心的软件生命周期模型，包含其特点、适用场景及如何根据项目需求选择合适的模型。

从传统的瀑布模型到更为灵活的敏捷开发方法，每种模型都代表了一套独特的开发理念及实践思路，旨在解决软件开发过程中遇到的特定问题。本章将详细讨论瀑布模型的严格顺序性、迭代模型的灵活性、增量模型的逐步构建方式、螺旋模型的风险驱动特性及喷泉模型的无缝迭代特点。此外，还将深入分析敏捷开发方法，作为应对快速变化需求的有效手段，探讨其核心原则以及具体的实践技术，如极限编程等。

本章旨在为读者提供一个全面的视角，了解各种软件生命周期模型的理论基础及其实际应用，帮助读者在面对不同的项目挑战时，能够选择并实施最合适的模型。通过本章的学习，读者能够掌握如何在项目管理中有效应用不同的生命周期模型，为提高项目成功率及团队效率奠定坚实的基础。

本章的学习目标：
- 了解软件生命周期的各个阶段
- 掌握常见的软件生命周期模型
- 了解敏捷软件开发过程

2.1 软件生命周期

2.1.1 为什么使用软件生命周期

在现代软件开发实践中，遵循清晰定义的生命周期模型已经成为业界共识。生命周期模型不仅帮助开发团队以系统化和规范化的方式开发软件，还为整个开发过程提供必要的结构和顺序，确保各个阶段的顺利过渡。软件生命周期模型的核心优势在于其提供了一个清晰的框架，使得软件开发过程可预测且可管理。当软件项目仅由个别程序员负责时，项目管理和进度追踪相对简单。然而，随着项目规模不断扩大，特别是需要团队协作来完成项目时，情况则大不相同。如果没有统一的开发框架，团队成员各自为战，很可能会引发混乱，甚至导致项目失败。例如，如果一个团队成员开始编写代码，另一个编写测试文档，第三个则专注于设计工作，缺乏协调的工作方式可能导致接口不兼容、工作冗余和进度延误。生命周期模型通过设定每个阶段的具体任务和责任，确保所有团队成员都在相同的进度上，从而降低了项目失败的风险。

2.1.2 软件生命周期的各个阶段

软件生命周期包括软件定义、软件开发及运行维护三个主要阶段。

在软件定义阶段，主要任务包括确定软件开发工程总目标、研究项目可行性、分析客户需求、预估所需资源和成本，并制定项目进度表。此阶段的工作称为系统分析，由系统分析员负责完成。

软件定义阶段进一步细分为需求分析、问题定义和可行性研究三个阶段。其中，在需求分析阶段，首先进行需求获取或收集，明确客户需求。接着，这些需求被进一步细化和扩展，并通过软件需求规格说明书准确地记录，这个过程称为需求分析；问题定义阶段按照软件系统工程需求来确定问题空间的性质；可行性研究确定问题是否可以解决以及解决方案的可行性。

软件开发阶段，团队根据软件定义阶段明确的需求进行具体设计和软件实现。此阶段通常包含总体设计(也称为结构设计)、详细设计、编码和单元测试，以及综合测试。前两个阶段称为系统设计，后两个阶段称为系统实现。

运行维护阶段主要对现有的软件做必要的修改，以确保软件持续满足客户需求。包括对软件使用过程中发现的错误的修正，适应环境变化时进行的修改，以及根据用户新需求进行必要的软件改进或扩展。虽然维护阶段通常没有明确的细分，但每次维护活动本质上都是一个简化版的定义和开发过程。

在采用结构化方法开发软件的过程中，软件生命周期的每个阶段都有明显不同的概念及任务性质。需求分析的主要任务是确定软件需要实现的功能，设计阶段则聚焦于软件的具体实现方式。在设计阶段，结构设计的目标是将软件分解为多个模块，而详细设计则涉及为每个模块设计必要的数据结构和算法。

2.1.3 阶段出入标准

在软件生命周期模型中，除了明确软件产品的不同阶段外，通常还会为每个阶段定义具体的进入和退出标准。这些标准设定了每个阶段的具体条件，是确保项目按预定质量和时间顺利进展的关键。阶段进入标准确定了开始任何给定阶段之前必须满足的条件。这些条件可能包括前一阶段的完成文档、资源分配、工具和技术的准备以及必要的批准条件；阶段退出标准则定义了一个阶段视为完成的条件。这些条件通常涉及阶段成果的质量审核、内部和客户的批准以及完成度的验证。这些标准为各个阶段明确入口和出口条件，帮助团队管理过渡，确保每个阶段的完成度。

清晰的进入和退出标准不仅有助于确保各阶段的顺利进行，还可以作为项目进度的实际指标。如果每个阶段的标准不够明确，项目团队可能会过分乐观地评估完成度，这通常会导致所谓的 99%完成综合症——即项目看似接近完成，实际上却存在大量未解决的问题。通过设定并遵守严格的进入和退出标准，项目经理可以更准确地跟踪项目状态，避免因误解进度而导致的时间和预算超支。

2.2 瀑布模型

瀑布模型是软件开发中最早采用的生命周期模型之一，其名称源于模型的阶段性流程，类似于瀑布水流从高处向下流动的方式。该模型将软件开发过程划分为严格线性和顺序的阶段，每个阶段完成后必须经过验证才能进入下一个阶段。这些阶段通常包括需求分析、系统设计、编码实现、集成和测试、维护。实际的瀑布模型如图 2-1 所示。

- 需求分析：在这个阶段，开发团队与客户沟通，明确软件必须满足的需求和功能。
- 系统设计：基于已定义的需求，设计团队制定软件的架构与组件设计方案。
- 编码实现：开发人员根据设计文档编写代码，实现软件功能。
- 集成和测试：测试团队对软件进行集成和测试，以确保其满足所有需求并且没有缺陷。
- 维护：在软件交付后，进行持续的维护，以解决后续出现的任何问题或进行必要的更新。

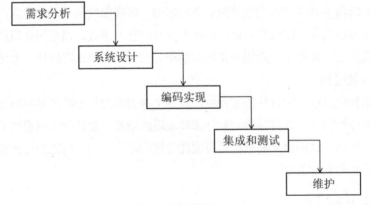

图 2-1 瀑布模型

瀑布模型包含以下重要特点。

瀑布模型的每个阶段都有明确的起点和终点，每个阶段完成后都需要进行严格的审查和验证，确保可以进入下一阶段。开发过程严格按照顺序进行，不允许跳过任何阶段，且每个阶段依赖于前一个阶段的完成。此外，每个阶段都必须产生详细的文档，这些文档为项目的后续阶段提供必要的基础和指导。

瀑布模型的主要优点如下。

- 简单易理解：瀑布模型的线性和顺序结构使其易于理解和实施，尤其适合新加入的项目管理者和团队成员。
- 文档化：该模型强调文档重要性，有助于确保所有团队成员和利益相关者都清楚项目的每一个细节。
- 易于理解和实施：新团队成员容易理解项目流程，从而减少了培训成本。

瀑布模型的主要缺点如下。

- 缺乏灵活性：瀑布模型对需求变更的处理非常困难。一旦需求在项目开始后发生变化，返回之前的阶段进行修改将变得异常复杂且成本高昂。
- 发现问题可能滞后：由于测试通常安排在开发过程的后期，这可能导致问题较晚被发现，修复问题的成本和难度也随之增加。
- 高风险和不确定性：瀑布模型假设所有需求在项目开始时都能完全定义且不会改变，然而这在许多实际情况下是不现实的，从而增加了项目失败的风险。
- 用户反馈获取延迟：用户只能在最后阶段看到成品，这可能导致最终产品不能满足用户的实际需求。

当软件需求明确且稳定时，可以采用瀑布模型按部就班地进行开发。然而，当软件需求不明确或变动剧烈时，瀑布模型中往往要到测试阶段才会暴露出需求的缺陷，这可能导致后期修改代价太大，并且难以控制开发风险。

瀑布模型还有一个扩展版本，称为瀑布 V 模型(简称为 V 模型)，它在瀑布模型的基础上增加了对测试阶段的重视，如图 2-2 所示。

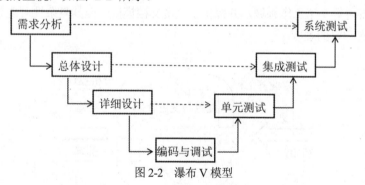

图 2-2　瀑布 V 模型

V 模型是一种常用的软件开发方法，尤其在需要高级别系统验证的环境中，如在安全或关键任务的系统开发中非常流行。V 模型的核心特点是其"V"形结构，通过一条虚线把 V 模型左侧的开发活动和右侧对应的测试活动关联起来，从而增强开发过程中的质量控制。

- 左侧下降分支：代表软件开发的各个阶段，包括需求分析、总体设计、详细设计等。这部分与传统瀑布模型相似，每一步都基于前一步的完成情况进行。
- 底部的最低点：表示实际的编码过程，这是从上层设计转向具体实现的关键转换点。

- 右侧上升分支：与左侧的每一个开始阶段相对应的测试阶段，包括单元测试、集成测试、系统测试。这些测试阶段都是为了验证和确认左侧阶段定义的设计和需求是否得到了正确实现。

V 模型适用于需求明确且不易更改的项目，如制造行业、汽车行业和供应链管理行业等。它同样适合那些对质量控制要求极高的项目，因为通过与开发活动并行的测试活动，V 模型能够最大限度地提高缺陷的发现率。

2.3 迭代模型

迭代模型是一种灵活的软件开发方法，它允许项目在整个开发周期中逐步改进和完善。这种模型最早起源于 20 世纪 50 年代末期，最初被称为分段模型。随着时间的推移，迭代模型不断演变，并被统一软件开发过程(Rational Unified Process，RUP)和极限编程(XP)在内的现代软件开发过程广泛采用。

迭代模型将整个开发过程划分为多个小而易于管理的阶段，每个阶段都包括需求分析、设计、实现和测试等环节，并产生一个稳定且可执行的产品版本。这意味着每次迭代都会通过所有必要的工作流程，逐步产生部分完成的产品，直到最终产品完全实现。迭代的理念如图 2-3 所示。

在现代软件开发实践中，XP 和 RUP 等方法均推荐采用迭代模型，其目的是显著降低项目风险。在评估各种开发模型和过程方法时，企业应从多个方面谨慎选择适合的开发模型。虽然 RUP 模型非常详尽，定义了先启、精化、构建、产品化 4 个阶段和业务建模、需求分析、设计、实现、测试、部署等 9 个工作领域，并提供了众多文档模板，但其复杂性可能导致误解，使得实施和推广具有一定的难度。

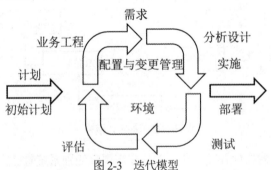

图 2-3 迭代模型

在质量管理方面，以实现系统架构和核心功能为目标，将每次迭代生成的工作成果作为质量控制的重点。通过每次迭代进行系统集成和系统测试，实现软件质量的持续验证。对于每次系统测试，需要对前一次迭代中遗留的问题进行回归测试。每次迭代发布的小版本需要组织客户(包括内部客户和外部客户)进行评价，以此判断是否达到了预定目标，并据此规划下一次迭代。

在其他方面，每次迭代的成果均纳入配置管理，以强调版本控制的重要性。风险管理应贯穿整个迭代过程，建议每周进行一次风险跟踪。通过密切关注进度、工作量、满意度、缺陷等数据的收集，监控每次迭代的表现，确保项目按预期推进。

总之，选定合适的生命周期模型并采用恰当的方法对于软件项目的成功至关重要。企业在选择开发模型时，应根据项目的时间要求、需求的明确程度和风险状况等因素做出明智的选择。

迭代模型适用的条件如下。

(1) 项目初期需求可能变更的情况。
(2) 分析设计人员对应用领域有深入了解。
(3) 项目存在较高的风险。
(4) 用户能够参与整个项目的开发过程。
(5) 使用面向对象的语言或统一建模语言(UML)。
(6) 项目管理者和开发团队具备较高的专业技能。

与传统的瀑布模型相比，迭代过程具有以下优点。

- 降低风险：每个迭代的规模较小，即使失败也只影响该迭代的成本，显著减少了整个项目的风险。
- 提高市场响应速度：通过在开发早期识别并解决风险，避免了开发后期的仓促和潜在问题，提高了产品按计划上市的可能性。
- 提升开发效率：开发人员能够集中精力解决当前迭代中的关键问题，从而提高工作效率。
- 适应需求变更：用户需求通常在项目进行中逐步明确，迭代模型允许开发团队灵活调整，以更好地适应变更并满足用户需求。

2.4 增量模型

增量是指在数量或程度上的增加或变化，特别是在软件开发过程中，它指软件功能数量的逐步增加。在增量式开发中，开发团队首先实现软件的核心功能，例如文件管理、文件保存与读取、基本编辑功能以及打印功能等，然后逐步开发其他辅助或更复杂的功能。例如，在开发一个类似 Word 的软件时，最初可能只包括最基础的文本处理功能，随后逐渐添加如图表插入、高级格式设置等功能。增量式开发的核心理念是将大型程序分解成若干小模块，然后对每个模块按照某种过程模型进行开发，最后把这些模块逐步集成为完整的软件产品。

在增量开发模型中，软件被视为一系列小模块的集合，每个模块按照确定的过程模型独立开发，最终这些模块被整合成一个完整的软件产品。这种方法强调逐步构建，通常伴随着持续的代码评估和频繁的小规模调整，而不是一次性大规模的代码编写。通过这种方式，可以持续优化软件结构并提高代码质量。

增量模型也称为渐增模型，它将整个开发过程分解为多个较小且可管理的增量(或构件)。每个构件分别设计、编码、集成和测试，并且具备独立运行的功能。这种模型结合了瀑布模型的顺序性和快速原型的迭代性，优化了开发流程，并逐步向用户交付功能。

在增量模型中,首个构件通常包含软件的核心功能。随后,每个增量构件将添加新的功能或进行改进,逐步构建出完整的软件产品。每个增量都是在前一个增量的基础上增加新的功能,每次增量都会产生一个可测试和可操作的产品。增量模型的开发过程如图2-4示。

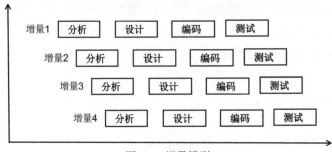

图2-4 增量模型

增量模型是一种结合了瀑布模型的顺序开发特征与快速原型法的迭代特征的软件开发方法。在该模型中,软件被视为可以独立开发和测试的增量。每个增量实现软件的一部分功能,允许按需逐步开发各个功能模块。这种方式使得项目可以灵活应对需求变化,同时每个增量的完成允许早期交付基本功能,并根据用户反馈进行迭代优化。通过限定每个增量的开发和测试范围,增量模型能有效分散风险,提高用户满意度和项目可控性,适用于需求变化频繁和需要快速交付的项目。

增量模型的优点如下。

- 灵活性:该模型允许在项目进行中调整需求和功能。如果初始需求发生变化,可以在不影响已完成工作的基础上,调整或添加新的增量。
- 逐步交付功能:增量模型使开发团队能够逐步交付功能,用户可以早期使用并测试已完成的功能模块。这有助于快速获取用户反馈,并据此改进后续的开发工作。
- 提高产品质量:由于每个增量在集成前都会进行彻底的测试,因此整体的软件质量得到持续的监控和提升。这种定期的测试和验证有助于确保每个增量的稳定性和性能。
- 风险管理:通过将大型项目分解成多个小模块,每个模块的风险更容易管理和缓解。此外,早期发现问题和缺陷的可能性增加,从而减少了整个项目失败的风险。

增量模型存在以下缺陷。

- 模块划分困难:正确地划分功能模块并非易事。如果划分不当,可能会导致功能重叠或模块间依赖复杂,从而增加集成和测试的难度。
- 架构适应性问题:如果项目初期的系统架构设计不够灵活,后续增量的集成可能变得困难,可能需要进行昂贵的架构调整或重构。
- 集成风险:随着增量的不断添加,每个新集成的增量都有可能引入新的问题,进而影响整个系统的稳定性和功能。

增量模型适用于那些需求在项目开始时尚未完全明确的情况,或者需要在开发过程中逐步展示和评估功能的项目。这种模型允许开发者分步骤提交工作成果,从而使得客户可以逐步了解产品,并提出新要求或修改现有需求。以下是增量模型适用的一些具体情景。

- 需求动态变化的项目：当项目需求预期会频繁变更或逐步明确时，增量模型允许开发团队集中精力先完成核心功能，然后根据反馈和新的需求继续开发。
- 需要快速市场反应的产品：对于需要快速上市的产品，增量模型能够通过逐步发布可用的功能版本，快速满足市场需求并对市场反馈做出响应。
- 大型复杂系统：在大型项目中，通过增量开发可以将复杂的系统分解成更小、更易管理的部分，逐步构建最终系统，从而降低风险，提高管理的可控性。
- 资源限制严格的项目：当项目的资源(如时间、预算或人力)受到严格限制时，采用增量模型可以优先开发最关键的功能，确保核心价值最大化。
- 客户需要持续参与的项目：增量模型通过迭代的交付和评估过程，可以更好地吸纳客户的反馈和建议，确保最终产品能够更好地符合用户的期望和需求。

总之，增量模型可以比作一幅逐步完善的山水画。最初，画家勾勒出山川的基本轮廓，这个阶段的作品虽简单，却已足以表达基本意境，具备展示价值。随后，画家逐步丰富画面，添加云雾、树木等元素，每一次增添的细节都相当于一个增量，逐渐丰富和完善整幅画作。这些增量犹如汽车组装过程中加入的零部件，每增加一部分，画作就更接近完整。初版的画虽已能表达主旨，但随着每次增量的加入，其表现力和细节都得到显著提升。增量模型的核心在于，初步版本必须具备基本功能，确保其可用性，而后续的增量则持续优化和增强产品，使其最终版本既完整又精致。

2.5 螺旋模型

螺旋模型由巴里·勃姆于 1988 年提出，强调风险分析，是高风险项目的理想选择。该模型在每个开发阶段都进行风险分析和控制，使其在处理不确定性和复杂性方面表现尤为出色。

在螺旋模型中，开发过程被视为一个不断扩展的螺旋。每一圈螺旋代表项目开发的一个阶段。这些阶段包括计划、风险分析、实际开发和客户评估。每个阶段都分为 4 个象限，如图 2-5 所示。

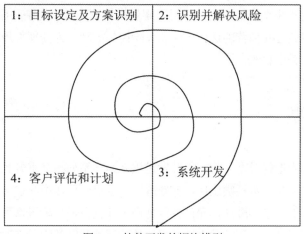

图 2-5　软件开发的螺旋模型

(1) 目标设定及方案识别：在第一象限，项目团队确定阶段性目标，识别可行的解决方案，并为接下来的风险分析做好准备。

(2) 识别并解决风险：第二象限专注于评估解决方案的潜在风险，并通过开发原型等方法处理这些风险，以确保解决方案的可行性。

(3) 系统开发：在第三象限，团队着手开发软件产品的下一个版本，包括设计、编码和测试。

(4) 客户评估和计划：在第四象限中，软件产品被呈现给客户以获取反馈，结果将用于规划下一次螺旋的迭代。

螺旋模型的一个显著特点是灵活性，它允许根据项目需要增加或减少迭代次数。在开发过程中，某些阶段可能需要多次迭代来完善，而在其他项目可能只需一次迭代。

螺旋模型在软件开发中着重强调了风险管理。与其他模型不同，螺旋模型将风险处理嵌入到每一个开发阶段。通常，初期会采用基本的模型结构，随后根据发现的特定风险，增加额外的迭代阶段。这种模型的显著特点在于其系统化的风险处理能力，每一次迭代都通过构建原型进行风险分析，使团队能够评估不同的解决方案，以应对潜在风险。

螺旋模型也被视为一个元模型，因为它整合了多种现有的开发模型。例如，螺旋模型的一个迭代环可以代表传统的瀑布模型。螺旋模型中也使用了原型方法：在开发的正式阶段之前先建立一个原型，这有助于早期识别和解决问题。同时，螺旋模型支持逐步演化的发展方式，每次迭代都可以视为一个新的演化级别，通过这些连续的改进，系统逐渐成熟，从而降低了开发过程中的风险，同时保留了瀑布模型中逐步推进的特性。

螺旋模型的优点如下。
- 强化风险管理：通过在每次迭代前进行风险分析和管理，显著降低了项目失败的可能性。
- 适应性和灵活性：项目可以根据实际情况和客户反馈灵活调整开发策略和功能实现。
- 早期客户参与：客户在每个迭代后都有机会评估产品，确保产品更加符合其期望和需求。

然而，螺旋模型也存在以下一些缺点。

成本和时间要求较高：频繁的风险分析和原型开发可能导致较高的成本和较长的开发周期。

管理复杂性：需要高度专业的管理能力来处理迭代过程中的各种复杂情况。

适用性有限：对于小型或低风险的项目，螺旋模型可能过于复杂和昂贵。

总之，螺旋模型通过其独特的迭代方法和风险控制机制，为处理大规模和高风险的软件开发项目提供了一个有效的框架。

2.6 喷泉模型

喷泉模型，又称为迭代模型，将软件开发过程视为一系列相互重叠且频繁循环的阶段。该模型将软件开发比作喷泉：水柱喷出后可重新落回，落点既可在中间也可在底部。在喷泉模型中，各个开发阶段并无严格的顺序，允许并行处理，并且在任一阶段都可补充前一阶段遗漏的需求。这种模型强调了开发过程的动态性和灵活性，使得开发各阶段能够根据项目需求的变化进行适时调整。

喷泉模型是一种专门面向对象的软件开发模型，其核心在于没有固定的开发阶段界限，而是强调了开发过程中活动的连续性和迭代性。该模型以用户需求为驱动力，以对象为核心驱动要素，从而有效支持面向对象开发过程的动态性和灵活性。

图2-6展示了喷泉模型的基本框架，作为一种典型的面向对象生命周期模型，喷泉模型充分体现了面向对象软件开发过程的动态迭代和无缝连接特性。

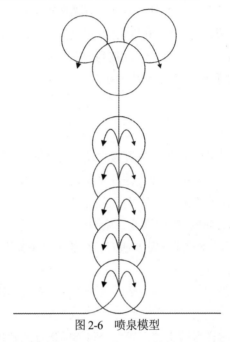

图2-6 喷泉模型

在喷泉模型中，软件开发过程被视为一个连续流动的过程，类似于水从喷泉中喷出然后再回落的循环。该模型不仅支持阶段之间的重叠和多次迭代，而且允许在项目的任何阶段根据需要嵌入子生命周期。这种流动性主要体现在以下几个方面。

- 动态迭代：开发过程中的定义和细化对象是一个持续的活动，随着项目的推进，各类对象不断得到完善和扩充。
- 无缝连接：由于采用统一的概念和表示方法，喷泉模型确保了生命周期各阶段的无缝连接。面向对象方法的一致性，保证了各项开发活动之间顺畅过渡。

灵活的线性过程：虽然整个开发过程保持流动性，但为了避免过度复杂和混乱，喷泉模型采用线性过程作为总体目标的指导，确保开发活动有序进行。

与瀑布模型不同，喷泉模型的各个阶段没有明显的界限，阶段的重叠和同步开发使项目能够在较短的时间内完成，从而节省开发时间。由于模型的灵活性，它能够轻松应对需求的变化，尤其适合需求不断变化的项目环境。在这种模型下，开发人员可以在不同阶段同步展开工作，促进团队协作和知识共享。然而，阶段的重叠也增加项目管理的复杂性，对项目经理的协调和沟通能力提出了更高要求。由于多个阶段可能同时进行，往往需要更多的人力资源投入。喷泉模型特别适用于面向对象的软件开发项目，尤其是那些需求频繁变更的大型项目。它的灵活性和迭代特性使得开发团队能够更有效地应对项目需求的演变，同时确保软件质量在开发过程中得到持续提升。

2.7 敏捷软件开发

敏捷软件开发是一种灵活且迭代的开发方法，强调在整个开发过程中与客户的密切合作以及对变化的快速响应。这种方法起源于20世纪90年代末，旨在解决传统瀑布模型在快速变化的市场环境中的局限性。敏捷方法将软件开发视为一个具有高度适应性且以人为中心的过程，注重个体之间的互动，优先于流程和工具的使用。

2.7.1 敏捷过程概述

敏捷过程是一种灵活和适应性强的软件开发方法，旨在通过快速迭代和增量发布以更加动态和互动的方式来管理软件开发项目。该方法注重团队合作、客户参与、积极响应变化，并致力于交付高质量的软件产品。在2001年，软件开发行业的先驱者们共同创立了敏捷联盟，并起草了敏捷软件开发宣言。该宣言旨在应对快速变化的市场需求和提高软件开发的效率与适应性，明确提出了四个核心价值观以及敏捷开发方法应遵循的十二条原则。

敏捷开发的四个核心价值观如下。

(1) 个人和交互胜过过程和工具：强调团队成员之间的有效沟通比依赖固定流程和工具更为重要。

(2) 可以运行的软件胜过详尽的文档：优先交付能够运行的软件，而非耗费时间在过度的文档编写上。

(3) 客户合作胜过合同谈判：与客户的密切合作比单纯依赖合同条款更能确保项目的成功。

(4) 响应变化胜过遵循计划：对变化的快速响应比固守原有计划更为关键。

敏捷宣言的十二条原则如下。

(1) 最优先的任务是通过及早并持续地交付有价值的软件来满足客户需求。

(2) 即使在开发后期，也欢迎需求的变化。

(3) 经常交付可运行的软件，周期从几周到几个月，以较短的周期为佳。

(4) 业务人员和开发者必须在项目中日常紧密合作。

(5) 激发个体的斗志，提供他们所需的环境和支持，并信任他们能够完成工作。

(6) 最有效的沟通方式是面对面的交流。

(7) 可工作的软件是衡量进度的主要标准。

(8) 敏捷过程提倡可持续开发。发起人、开发者和用户应该能够保持恒定的开发节奏。

(9) 持续关注技术卓越和良好设计。

(10) 简洁是最大限度减少不必要工作的艺术。

(11) 最佳的架构、需求和设计来自组织团队。

(12) 团队定期地反思如何提高效率，并相应地调整和优化其行为。

敏捷开发宣言及其原则为软件开发团队提供了一种快速适应变化的方法，使他们能够在不断变化的环境中高效、有效地工作，同时确保项目与市场需求保持同步。这种方法论的推广极大地改变了软件开发行业的格局，使得开发过程更加人性化，并更加注重实际效果。

在现代软件开发实践中，敏捷方法论已经成为推动项目快速交付和响应市场变化的重要手段。敏捷开发通过其迭代和增量的交付方式，帮助团队在较短的周期内持续提供有价值的软件，同时能够根据项目进展灵活调整方向，优化产品功能。

敏捷开发的优点如下。

- 快速交付价值：敏捷强调快速、频繁地向客户交付最有价值的功能，缩短产品上市时间，并快速验证商业模型。
- 降低风险：通过优先处理高风险和高价值的需求，敏捷帮助团队在项目早期发现并解决问题，降低项目失败的风险。
- 拥抱变化：敏捷团队能够灵活应对市场和客户需求的变化，确保产品和服务的持续竞争力。
- 保证质量：通过持续集成和频繁测试，敏捷开发有助于提高产品质量，减少缺陷率。
- 持续改进：敏捷鼓励团队反思和优化工作流程，不断提高效率和效果。
- 提高客户满意度：频繁的交付和客户的持续参与确保产品更贴合用户需求，从而提升客户满意度和忠诚度。
- 增强团队士气：敏捷的自组织特性赋予团队成员更大的参与感和满足感，进而提升团队的整体士气和生产力。
- 灵活性和适应性：敏捷的范围灵活性允许团队根据项目的实际情况调整工作重点，有效应对不断变化的市场。

敏捷开发也存在以下缺陷。

- 资源规划挑战：敏捷项目的不确定性使得长期资源和成本的规划变得困难。
- 文档缺失：敏捷倾向于最小化文档工作，这可能增加知识传递的难度，并对未来的维护产生不利影响。
- 产品一致性问题：频繁的变更可能影响产品的整体一致性，特别是在大型或分布式团队中更为明显。
- 无明确终点：敏捷项目可能因持续的变更和需求演进而缺乏明确的完成点，使得项目难以彻底完成。
- 度量难度：敏捷的动态性使得固定的性能指标和进度跟踪变得复杂。

2.7.2 极限编程

极限编程(Extreme Programming，XP)是一种特别强调技术卓越和良好的开发实践的敏捷开发方法。它由 Kent Beck 在 20 世纪 90 年代末提出，XP 主要适用于小型到中型团队的软件开发项目，尤其在需求不断变化的环境中表现出色。

XP 是一种面向对象的系统开发方法，并围绕四个主要活动框架展开：策划、设计、编码和测试。

(1) 策划。策划始于倾听，是一项积极的需求收集活动，旨在帮助技术团队深入理解软件的商业背景、关键功能和主要特性。需求通过"用户故事"形式进行记录，每个故事简洁地描述了软件需求的输出、特性以及功能，并由客户记录在索引卡。每个故事都被赋予优先级，反映其商业价值，并由 XP 估算开发成本。如果故事的成本超过三周，将要求客户进一步细分该故事。新故事可以随时添加，从而增加项目的灵活性和适应性。

在策划过程中，故事被分组并规划进下一个发行版本中。基于故事的价值和风险进行优先级排序，开发顺序可能根据这些因素进行调整。项目速度由第一个发行版本完成的故事数量决定，用于估计后续版本的发布日期和进度。

(2) 设计。XP 的设计原则是"保持简单"，避免过度复杂化，确保设计仅满足当前故事的需求。遇到设计困难时，XP 建议建立设计原型，以降低风险并验证初步的设计和成本估算。

(3) 编码。XP 推荐在设计后建立单元测试，然后开始编码。编码过程中提倡结对编程，两个开发者共同解决问题并即时进行代码审查。编码完成后，代码立即执行单元测试，提供即时反馈。

(4) 测试。在 XP 中，测试通过自动化测试框架执行，支持代码修改后的即时回归测试，确保任何代码变更后系统能够快速、可靠地验证。所有单元测试被整合成全面的测试套件，并且每天进行集成和测试，以监控进度并预警潜在问题。

极限编程通过一系列特定的实践和原则来优化开发过程，确保软件项目能够快速响应客户需求的变化。下面是极限编程的主要优缺点。

极限编程的优点如下。

- 提高软件质量：XP 通过持续的测试和重构确保软件质量。测试先行确保每个功能在开发前就有相应的测试，从而有助于早期发现错误并进行修正。
- 适应需求变化：XP 鼓励频繁的反馈和迭代开发，使项目能够灵活地适应需求变化。这对于需求不断演化的项目是一个显著的优势。
- 提升开发速度：结对编程和持续集成等实践能够减少项目中的缺陷和开发延误，加快开发进度。
- 增强团队合作：XP 倡导的结对编程和共有代码库增加了团队成员间的交流和协作，有助于知识共享和技能提升。
- 提高客户满意度：通过持续交付功能完善的软件，以及与客户的紧密合作和沟通，XP 能够显著提高客户的满意度。

极限编程也存在以下缺点。

- 资源消耗较高：结对编程可能会降低人力资源的使用效率，特别是在开发人员不愿意或不习惯与他人紧密合作的情况下。

- 难以规模化：XP 的一些实践(如结对编程和全体参与)在大型项目或分散的团队中难以有效实施，这限制了它的适用范围。
- 对文档的轻视：XP 强调代码和测试的重要性，而对文档的关注较少，可能导致项目文档不足，进而在后期的维护和迭代过程中带来风险。
- 依赖高质量的团队沟通：XP 需要团队成员之间具备非常高效的沟通，如果沟通不畅，项目可能会遇到困难。
- 文化适应性问题：XP 要求的开放性、灵活性和快速响应变化的文化可能不适用于所有组织，特别是那些文化较为保守或流程更为严格的传统组织。

工业极限编程(Industrial XP，IXP)是对传统极限编程(XP)的一种有机进化，它在传统 XP 实践的基础上进行了调整和扩展，以适应更大规模的项目和更为严格的工业标准。IXP 的提出是为了解决 XP 在大型企业环境中实施时可能面临的一些限制和挑战，例如需求规模化、团队协作，以及与现有企业流程的整合等问题。

IXP 的主要补充实践包括以下几个方面。

(1) 更强的项目管理。IXP 强调项目管理的重要性，特别是在多团队协作的环境中。它采用更加结构化的项目管理方法，确保项目的顺利推进，同时使用敏捷项目管理工具和技术来协调大团队的工作。

(2) 强化架构设计。虽然传统 XP 鼓励简单设计，但 IXP 在项目初期就强调建立稳健的架构来支持项目的可扩展性和维护性。从而确保软件能够在企业级的应用中保持高效和稳定。

(3) 持续集成的扩展。IXP 扩展了持续集成的概念，不仅仅局限于代码的集成，还包括数据库、服务器和其他关键基础设施的集成，确保所有部分可以无缝工作。

(4) 可持续性的关注。工业级的项目需要长时间运行和维护，IXP 特别关注软件设计和实现的可持续性，包括代码的可维护性、测试的覆盖率和文档的完整性。

(5) 风险管理的强调。IXP 加强了对项目风险管理的重视，采用系统化的风险评估和应对策略，确保在项目的各个阶段都能及时识别和处理潜在的风险。

(6) 客户和利益相关者的深度参与。IXP 要求客户和其他利益相关者在整个开发过程中更加积极地参与，通过定期的会议和反馈机制，确保他们的需求和期望得到满足。

总之，IXP 是在 XP 的基础上增加或强化这些实践的，使得敏捷方法可以更有效地应用于大规模、复杂的工业级软件项目中。IXP 提供了一个框架，使大企业能够利用 XP 的敏捷性和效率，同时确保项目的可管理性和质量标准符合工业级的要求。

2.8 本章小结

本章深入探讨了几种核心的软件开发过程模型，每种模型都旨在解决特定类型项目的需求和挑战。这些模型从传统的瀑布模型到现代的敏捷开发方法，各自具有独特的优点和局限性，适用于不同的开发环境和项目规模。

(1) 瀑布模型。这是最古老和最简单的一种顺序开发模型，该模型强调严格的阶段划分，每个阶段必须完成后才能进入下一阶段。尽管瀑布模型因其预见性和结构性而适用于需求明确且不太可能变更的项目，但其对需求变化的适应能力较差。

(2) V 模型。作为瀑布模型的改进版本，V 模型在每个开发阶段引入了对应的测试阶段，强调了开发和测试的并行进行。这种模型特别适用于对质量控制要求极高的项目。

(3) 迭代模型和增量模型。这两种模型通过迭代开发逐步构建最终产品，允许在开发过程中逐渐完善和调整软件。它们具有更高的灵活性，适合需求不完全确定或可能变化的项目。

(4) 螺旋模型。螺旋模型结合了迭代开发的灵活性和系统化风险管理的优势，适用于大规模、高风险的项目。它通过在每次迭代中进行风险分析和项目评估，确保项目的持续适应和改进。

(5) 喷泉模型。专为面向对象开发设计，喷泉模型强调开发活动的连续性和重复性，没有固定的开始和结束阶段。这种模型支持在开发过程中灵活地添加或调整需求。

(6) 敏捷软件开发。敏捷开发强调快速反应、持续交付和高度的客户参与。这种方法适合快速变化的开发环境，能够快速应对用户需求的变化。

(7) 工业极限编程。作为极限编程(XP)的一种扩展，IXP 适用于更大规模的项目。它通过强化项目管理和架构设计来满足大型企业的需求。

2.9 思考与练习

1. 瀑布模型是怎样的一个开发过程？
2. V 模型与瀑布模型有什么主要区别？
3. 什么是迭代模型，并举例说明其优点。
4. 增量模型是如何工作的？
5. 描述螺旋模型的基本组成部分，并解释其如何管理风险。
6. 喷泉模型适合哪种类型的软件开发项目？
7. 极限编程(XP)鼓励使用哪些核心实践？
8. 敏捷软件开发的四个核心价值观是什么？
9. 如何定义工业极限编程(IXP)？
10. 敏捷过程和传统的瀑布模型在项目管理中有何不同？

第 3 章
需求分析与软件需求规约

在当今数字化时代，软件应用已经成为企业和组织运营的核心组成部分。然而，成功的软件项目不仅依赖于技术实现，更关键的是对用户以及利益相关者需求的深刻理解。这就引出了软件工程中至关重要的一个环节——需求。

那么，什么是需求？需求是提供给用户使用的应用程序应当提供的功能特性和性能要求。在项目的启动阶段，需求收集是确保理解客户需求及其重要性的一个环节。这个环节包括与客户进行沟通，了解其各方面的需求和期望，以便确立项目开发的方向。在开发阶段，需要通过用户的需求来指导开发的方向，确保项目能够朝着正确方向推进。在项目结束阶段，同样需要使用需求来验证已完成的应用程序是否能实际满足用户的需求。

根据项目的范围和复杂度，需求的数量可能从少量到数百页不等。需求的类型和数量也取决于客户对正式化程度的要求。例如，对于一个小型网站开发项目，客户可能只需要几个简单的需求，比如首页设计、产品展示页面和联系表单。在这种情况下，需求可能无需正式文档，而是可以通过会议口头沟通或者通过简短的电子邮件进行交流。只要最终产品能够满足实际用途，就可以被视为一个合格的项目。

相反，对于一个大型的企业软件项目，客户可能需要数百页的详细需求文档，其中包括功能列表、用户角色、数据流程图、用例场景以及其他的非功能需求等。在这种情况下，需求文档通常需要更高级别的形式化，因此需要专业人员和项目经理来编写和管理。

本章的学习目标：
- 了解需求的定义
- 掌握有用的需求应具备的基本属性
- 了解需求的分类
- 熟悉常见需求记录与分析方法
- 理解软件需求规约(SRS)文档的重要分类及其必要性

3.1 需求定义

3.1.1 清晰明确

需求应该清晰明确地描述系统或产品的功能、性能、界面等方面的要求。这有助于避免歧义和误解，并确保开发团队和利益相关者对需求的理解一致。

如果在其他地方已经定义了项目领域内广为人知的基础概念，可以使用相关的技术术语和缩略词，以提高文档的紧凑性和清晰度。这有助于避免冗余性，使文档更加简洁。例如，在软件开发需求文档中，可以简洁地表述："用户必须通过LDAP(轻量级目录访问协议)认证来访问系统"。在这个例子中，"LDAP"作为一个常见的技术术语，通常不需要详细解释，因为客户和开发团队成员已经事先了解这些术语，所以在需求中使用它们是合适的，也更加明确。

为确保清晰，需求不能含糊不清或不完善。每个需求必须使用精炼、严谨的语言进行陈述。例如，如果用户提出一个模糊的需求："系统应该让用户方便地分享信息"。这样的描述太过宽泛，缺乏实际价值。"方便地分享信息"没有具体说明如何分享信息。也没有指明可以分享哪些类型的信息(如文本、图片等)。未说明是否需要用户登录、分享后信息如何展示给其他用户，以及是否有权限设置等问题。一个好的需求应该是"系统必须允许所有注册用户通过内置消息系统发送文本和图片给其他用户。用户必须登录才能发送消息，且能够在发送前预览消息内容。接收方应在收到新消息时通过电子邮件获得通知"。这样的描述具体明确，有助于项目开发过程中的有效沟通和执行。

3.1.2 没有歧义

除清晰明确外，需求不能有歧义。如果需求的描述不能让人确定到底需要什么，那么就难以构建满足需求的系统。尽管这看似是任何良好的需求必须具备的明显特征，但在实际操作中，确保无歧义往往比预想中更具挑战性。例如，一个系统要求具有"快速查看信息"的功能，但没有说明"信息"的具体内容、用户按下按钮后期望的结果或快速查看的方式。这种情况下，开发团队中的成员可能会有不同的理解，有些人可能会设计一个弹出窗口显示用户个人信息，而另一些人则可能会认为应该显示最近收到的系统消息。这种歧义会导致沟通问题和开发方向不一致，最终可能导致使项目进度延迟和产品质量下降。

因此，在撰写需求时，应该尽最大努力消除歧义。撰写完成后，需要仔细阅读这些需求，确保其描述清楚明了，且不会产生除原意之外的其他解读。

3.1.3 一致

项目的需求必须相互一致。这意味着项目各个部分的需求之间不仅不能自相矛盾，而且当问题没有解决时，不能引入不必要的限制。每个需求需要保证前后一致(换言之，必须可能实现)。例如，一个需求要求实现高度安全的用户身份验证，而另一个需求则要求用户能够方便快速地访问个人信息，很显然这两个目标之间存在冲突。高度安全的验证通常会涉及复杂的步骤，而方便快速的访问则需要简化流程，这可能导致安全性和用户体验之间的取舍。为了解决这一冲突，可以改进需求，要求系统提供灵活的身份验证机制，在安全性和方便性之间取得平衡，根据访问敏感级别进行灵活调整，以确保安全性的同时提升用户体验。这样做不仅保证了项目各部分需求的一致性，也避免了潜在的限制和冲突。

在引入需求时，应尽量保持新需求和现有需求一致，或在必要时修改之前的需求。在需求收集完成后，应仔细检查所有需求，确保没有不一致之处。

3.1.4 具有优先级

当开始着手项目规划时，众多需求摆在眼前，若缺乏对需求的优先级划分，可能会影响项目的开发方向。例如，当界面的美观需求和稳定性需求同时出现在需求文档中而没有区分优先级的时候，团队可能在短时间内花费了大量时间和资源来设计一个漂亮而复杂的用户界面，而忽略了确保系统基础设施的稳定性和安全性。因此，明确区分各个需求之间的优先级至关重要。如果已经指定了成本(通常体现在实现时间上)和需求的优先关系，就可以将高成本、低优先级的需求推迟至后续版本，优先完成高优先级的需求。

优先级的确定并非易事。因为客户可能很难对需求进行取舍。他们会抱怨，会觉得难以抉择。但是这样的抱怨不能解决问题，除非有足够的预算及时间表。因此，每当出现这种情况，客户需要做出权衡，决定需求的优先级取舍。

在开发一些重大且关系到生命安全的应用程序时，例如核反应堆冷却系统、空中交通管制以及航天飞机飞行管理软件，情况有所不同。此类应用程序中很多需求是"必须有"的，无法妥协。如果这些需求不影响应用程序的核心功能和安全性，那么它们就不应该被忽略。但如果这些需求并不直接与程序的安全、可用性相关，例如软件界面的美观设计，则可以考虑忽略。举例来说，核反应堆冷却系统的界面外观并不重要，但是系统涉及的核反应堆的安全功能是一定不能忽略的。

项目中的需求优先级通常通过 MoSCoW 方法来划分，其中各个字母的含义如下。

- M——Must(必须)：这些需要的功能必须包括在内。对于那些被认为是成功的项目而言，它们是必不可少的。
- S——Should(应该)：说如果可能，重要的功能应当包括在内。但如果同时有另一个方案，同时早期版本的计划中没有余地，则可以将这些重要的功能推迟到下一迭代版本中。
- C——Could(可以)：如果一些值得要的功能并不适合项目，那么可以将它们忽略。也可以将它们推迟到后续的版本中，优先级低于"Should"功能。
- W——Won't(不会)：某些客户已经允许的可选的功能将不被包含在当前版本中。如果成本允许，则可以包含在未来的版本中。

如果某个功能不是"Must"或"Should",那么它被实现的机会非常小。在当前版本使用一段时间后,预计会收到大量的bug报告、修改请求以及对新功能的需求,因此在下一个版本中,可能仍将没有足够的时间实现"Could"和"Won't"类别的功能。

3.1.5 可验证

需求必须具备可验证性。所谓需求的可验证性是指需求是否能够被明确地验证和检查,以确保软件系统在开发过程中符合这些需求。这是一个关键的属性,用于确保项目开发团队和用户对于需求的理解达成一致。

可验证的需求必须精确定义。不能使用任何开放性的表达方式,如"每秒处理很多请求"。这里的"很多请求"具体是指多少呢?从开发者的视角来看,每秒处理100个请求即为高标准。但从用户视角来看,或许需要每秒处理1000个以上请求。显然,这种十倍的相差会让用户感到不满。因此,需求必须要具有明确的度量标准(如每秒处理1000个请求),这样才能相对简单地验证应用程序是否满足需求。

即便是经过改进的需求,验证起来也可能存在困难,这是由于某些需求总是依赖于一些没有经过定义的假设。例如,某需求可能假定在一个典型的工作日中进行处理,而非在类似清仓大甩卖、双十一大促销或停电期间,而不同时期所需要应对的用户需求可能大相径庭。因此可以进一步改进需求为:"在周末的高峰时段,软件应用需要达到每秒处理1000个用户的请求。"此外,可以更加具体地说明1000个用户请求是指什么类型的请求,如数据查询、登录请求或用户注册等。当然,越精确的需求对于非专业客户来说越难理解。因此,需要在精确和客户能接受的范围之间做一定的平衡和取舍。

3.1.6 应避免使用的词

在需求描述中,一些词的含义很模糊或很主观,把它们添加到需求中,可能导致整个表达不清晰且不准确。以下列出一些可能导致需求不准确的词汇示例。

- **比较型词语**:"更快""更好""更多"以及"更亮"等。这些词语的具体含义不明确,比如"更快"是多快?"更好"是多好?"更多"是多少?这些都需要被量化。因此在使用时尽量不要出现这样的词语。
- **不够精确的形容词**:例如"快的""健壮的""用户友好的""有效的""灵活的""光荣的"。这些词本质上是其他形式的比较型单词,主观性太强,缺乏明确性。如果在需求报告中使用,就显得表达不精确。
- **模糊的命令词**:例如"最小化""最大化""提高"以及"优化"。除非这些词语能够被清晰地转化为具体的数字或标准,否则它们只是一些空泛的目标,难以衡量。即使是在算法层面,这类词汇通常也只适用于解决困难的问题(通常并无明确的解决方案)。因此,需求目标应尽量具体,提供具体的数字或标准,用以确定是否满足需求。

3.2 需求分类

好的需求应具备上述提到的共同特征,并且通常面向不同的受众,或侧重于应用程序的不同方面。例如,用户体验需求关注于确保应用程序提供出色的用户界面和交互体验;安全需求专注于保护系统免受潜在威胁;性能需求则专注于确保系统在各种负载条件下的高效运行。

需求的分类并不仅仅是为了组织和划分,它真正的意义在于利用这些分类作为检查清单,以确保没有遗漏项目中最重要的部分。例如,如果在检查需求时发现与可靠性或安全性有关的分类目录是空的,就需要考虑增加一些新的需求。

需求包含多种分类方法,常见的需求分类方法有以下几种。

3.2.1 受众导向的需求

受众导向的需求主要根据不同的受众以及每个受众的不同特点,使用业务导向的视角对需求进行分类。下面展示常见的基于行业导向的需求分类。

1. 业务需求

业务需求规定了项目的高层次目标,并解释了客户期望实现的项目功能。

"期望"的含义是:除了可验证的目标外,客户有时试图在业务需求中包含他们所有的期望和梦想。例如,他们可能"期望"通过该软件项目"增加50%的营业额",或"增加需求量,获得 10 000 个新客户"。尽管这些目标中都带有数字,也比较精确,但这更像是对市场前景的一种期待,而无法通过软件工程的方法实现。

2. 用户需求

用户需求与业务需求不同,它详细描述了终端用户如何使用软件项目。用户需求通常包括如表格、脚本等示意图,用于显示完成特定任务、用例以及原型等步骤。

以开发电子商务网站为例,用户需求可能包括以下内容:

- 用户能够注册账户并登录。
- 用户可以浏览产品目录,并根据不同的类别和筛选条件查找产品。
- 用户可以将产品添加到购物车,并在结账时输入送货地址和付款信息。
- 用户可以查看订单历史记录并追踪订单的配送状态。
- 管理员用户具有管理产品、订单和用户账户的权限,包括添加新产品、更新库存、处理退款等功能。

这些用户需求清晰地说明了在不同情况下应用程序必须执行的操作,例如用户注册、浏览产品、管理购物车等,并指定了用户希望实现的功能,例如查看订单历史记录、管理产品库存等。然而,它们并未深入讨论如何实现这些功能。

3. 功能性需求

功能性需求是在软件开发或系统设计中定义的一种需求类型，用于描述系统或应用程序应该提供的具体功能或行为。这种类型的需求明确规定了系统需要执行的任务、处理的数据以及用户与系统之间的交互。功能性需求通常以明确、可测量的方式陈述，以便开发团队能够理解、实现和验证系统的各项功能。虽然它们和用户需求类似，但可能包含用户看不到的一些东西。例如，它们可能描述应用程序生成的一些报告、与其他应用程序的接口，以及处理订单时如何按照特定流程从一个用户发送到另一个用户。

功能性需求可以包括用户对系统的期望、特定的用例场景、输入和输出的条件，以及系统在各种操作下的预期行为。例如，一个在线购物系统的功能性需求可能包括用户能够浏览产品、将商品添加到购物车、进行结账等功能。这些需求为开发团队提供了明确的目标，确保他们构建的系统符合用户的期望，并在操作和交互方面表现出一致性和可靠性。

需要注意的是，一些需求可能属于多个类别。例如，大多数用户需求可以被视为功能性需求，因为功能性需求不仅描述了用户将要执行的任务，还对应用程序要做的一些事情进行了解释。

4. 非功能性需求

与功能性需求不同的是，非功能性需求是系统或软件的质量属性、性能特征或约束条件，与具体功能无关。这类需求关注系统的性能、安全性、可靠性、可维护性等方面，对系统在各种条件下的有效性和可用性至关重要。这些需求通常不是直接可测量的，着重考虑系统整体性能和用户体验。

非功能性需求可能包括系统的响应时间、并发用户量、安全性要求、系统可用性(如系统故障时的恢复时间)、用户界面的友好程度、系统的可伸缩性等。这些需求的达成对于确保系统的整体质量和用户满意度至关重要，因此在系统设计和实施过程中必须得到充分的考虑和满足。

5. 执行需求

执行需求指的是在向新系统过渡的过程中需要的临时性功能(这些功能可能在未来不再使用)。例如执行需求中可能会有临时数据导入工具。这个工具的作用是：如果新系统需要从旧系统迁移数据，可以使用这个临时数据导入工具将旧系统的数据转移到新系统中。一旦数据迁移完成，这个工具就不再使用了。

需要注意的是，执行需求中所描述的这些任务并不总是与编程相关。例如，在组织内部实施新开发的系统时，可能需要制订临时性的人力资源培训计划，帮助员工顺利过渡并熟悉新系统的使用。这可能包括安排培训课程、准备培训材料和组织培训活动等。

3.2.2 FURPS

FURPS 是一种软件质量分类模型，用于识别软件系统的关键特征和需求。FURPS 包括功能性(functionality)、可用性(usability)、可靠性(reliability)、性能(performance)和可支持性(supportability)几个方面，具体如下。

- **功能性**：功能性指定了软件系统需要执行的任务或提供的服务，包括系统的各种功能、特性和操作。功能需求描述了系统应该如何响应特定的输入并产生相应的输出。在FURPS模型中，功能性通常是最基本和最直接的需求类型之一。
- **可用性**：可用性指定了软件系统易于使用、理解和学习的程度，包括界面设计、交互设计和用户体验。可用性需求描述了系统的界面、工作流程和操作方式，以确保用户能够轻松地使用系统。
- **可靠性**：可靠性指定了软件系统在特定条件下维持其预期性能的能力，包括系统的稳定性、可用性、容错性和容忍性。可靠性需求描述了系统在长时间运行中的稳定性、可恢复性和错误处理能力。例如，系统的可用时间(如每天早上 8 点到晚上 8 点)、故障频率(如每年一次，每次不超过 30 分钟)以及系统的准确性(如 85%的服务调用必须在预计交付窗口中启动)等。
- **性能**：性能指定了软件系统在特定条件下的执行速度、吞吐量和资源利用率，包括系统的响应时间、处理能力和负载容量。
- **可支持性**：可支持性指软件系统在运行、维护和演化过程中的支持能力，包括系统的可维护性、可测试性和可扩展性。支持性需求描述了系统的部署、配置、监控、诊断和更新等方面。例如，系统可能允许用户设置参数以调整其行为。

3.2.3 FURPS+

在 FURPS 模型的基础上，软件工程师们为了更全面地涵盖软件系统的需求，提出了FURPS+模型，增加了额外的四个需求类别，具体如下。

- **设计约束**：这些设计上的约束由其他因素所导致，如硬件平台、软件平台、网络特征或数据库。例如，正在构建一个银行应用程序时，如果需要拥有一个非常可靠的备份系统，工程师可能会选择使用镜像数据库，以便在主数据库崩溃时存储每个离线交易。
- **执行需求**：软件构建方式的相关约束。例如，某些项目可能要求使用特定的编程语言进行开发，这可能是因为项目团队熟悉该语言，或出于性能、安全性等因素的考虑。
- **接口需求**：接口需求涉及系统与外部实体、组件或其他系统之间的交互方式和规范。包括系统与用户界面、硬件设备、其他软件系统、数据库以及其他外部资源的交互。接口需求的目的是确保系统能够有效地与外部实体通信、集成和协作，以实现系统的预期功能和性能。
- **物理需求**：物理需求描述了系统部署和运行时所需的硬件、网络和其他物理设施，以及系统与这些环境之间的交互方式。通过准确地描述系统在物理环境中的要求和限制，可以确保系统能够在各种条件下稳定运行，并满足用户和业务的需求。

示例：使用 FURPS+检查需求

在本示例中，将使用 FURPS+模型检查包子订单应用程序的需求是否有缺失。请参考以下简短的需求清单：

- 发起一个包含多个条目的订单。
- 选择包子类型。
- 选择馅料。
- 选择包子皮。
- 选择馅料。
- 选择饮料。
- 选择取包子的时间。
- 支付或在接取时支付。

上述需求清单省去了很多的细节内容(如包子个数、是否含有香菜等)，但如果不仔细推敲，这组需求组合似乎很合理。它描述了应用程序的核心功能，并且也没有给工程项目开发人员强加一些没有必要的约束。虽然这个需求清单比较模糊(例如，如何验证能选择的馅料？)，但可以不断地对其进行完善。

对于以上示例而言，假设这些需求经过了详细的描述，然后利用 FURPS+模型来检查清单是否遗失了一些重要的方面，花几分钟时间确定清单中的每一个需求到底属于哪一个 FURPS+类别。尽管最初的需求看起来都是合情合理的，但它们都是功能性需求。这些需求仅指出了应用应该做什么，但并没有涉及任何关于用户体验、性能优化或可维护性方面的需求。虽然纯粹的功能性需求清单可能并不常见，但许多程序员确实经常面对这种情况，即他们所关注的是自己将要实现的功能以及用户对这些功能的看法。因此结合 FURPS+方法进行自查，可以快速查漏补缺，找出缺失的需求。

3.2.4 通用需求

通用需求是软件开发中跨越多个项目和领域的共同需求，它们通常不依赖于特定的业务或功能。以下是一些常见的通用需求。

- **易用性**：软件应易于使用，界面直观明了，以便用户能够轻松完成任务。
- **易维护性**：软件易于修改和修复。当遇到需求变更或者出现问题时，前期的易维护性工作铺垫可以减少维护的工作量。
- **兼容性**：软件应能在各种设备和操作系统上运行，以便用户能在不同环境下使用。
- **国际化和本地化**：软件应支持各种主流语言，尽可能保证所有用户都能顺利地使用软件。
- **安全性**：在数据时代，软件的安全性是衡量其质量的重要标准之一，包括数据安全、通信安全和系统健壮性等方面。

3.3 需求记录与分析

需求记录与分析是软件开发过程中的重要步骤，它有助于确保对用户需求的充分理解，并将这些需求转化为可执行的任务。这个过程通常在项目启动阶段进行，其主要目标是明确定义并理解用户或客户的需求，以便在后续的开发过程中能够准确满足这些需求。接下来将探讨其他一些需求记录与分析的方法。

3.3.1 UML 记录

统一建模语言(Unified Modeling Language，UML)可用于定义系统各组成部分之间的协作方式。需要注意的是，UML 并不是一种统一的语言，而是一套使用不同图表来表示系统各个方面的工具。例如，它可以描述类、行为、对象和其他对象之间的交互方式，以及数据在系统中的流向等。

UML 存在一定的不足之处，其中最明显的是其复杂性。UML 中主要包含两大建模机制，分别是静态建模机制和动态建模机制。这两大建模机制分别又可细分为几种特殊类型，其中每一种又都包含复杂的规则集(关于 UML 的详细内容，本书将在第 8 章详细介绍)。

虽然 UML 主要用于建模及描述软件系统的结构和行为，但它也可以用于记录需求，尤其是在软件开发的早期阶段。

- 用例图：每个用例通常表示系统的一个功能或用户场景，用例图可以帮助项目人员捕捉和理解用户提出的功能需求。
- 活动图：活动图主要用来描述系统中的业务流程或工作流程。它们记录系统中的各种操作、活动和流程，以及它们之间的顺序和依赖关系。如果客户能够使用活动图来描述系统中的业务流程，将有效帮助系统开发人员理解系统的功能需求和行为。
- 顺序图：在 UML 建模中，顺序图主要用来描述系统中各个对象之间的交互顺序和消息传递过程，以及这些交互对系统的影响。如果客户能够将某些需求以顺序图的方式展示给系统开发人员，可以帮助开发人员理解系统的某些特定功能的交互过程。

然而，遗憾的是，只有当所有相关人员都能理解 UML 的情况下，才能有效地利用 UML 表示复杂的需求。显然，这种情况出现的概率较低。因此，对于目前的需求收集而言，可能并不需要高度依赖 UML，除非客户对其已有一定了解。

3.3.2 用户故事记录

用户故事是描述系统如何工作的简短叙述。例如，下面是一个有关用户预定饭店晚餐的故事。

用户想要预订一家饭店享用晚餐。他们打开应用程序，选择日期、时间和人数。然后，他们可以根据喜好选择餐厅类型以及特殊的饮食需求(如不含香菜、不含花生等)。当用户确认他们的选择并执行搜索后,应用程序将显示符合条件的餐厅列表,用户可以浏览并选择他们想要预订的餐厅。

为了简化管理,很多开发人员将故事写在索引卡片上。每个故事的适用范围应该被限制,这样每个故事就不至于太冗长(通常在一到两周内),从而有利于实现。值得注意的是该故事并未包含太多细节(例如,餐厅的具体类型)。这个简单的故事告诉我们可以把目前阶段不太重要的设计决策推迟到以后的设计阶段中。这种记录方法有什么优势吗?答案是显然的。虽然用户故事看似技术含量不高,但它最大的优势是,人们对于这种方法相当熟悉,在这一点上要比UML方法更易接受,因为客户、开发人员以及项目经理并不需要进行任何的培训就能编写故事或理解故事。因此对于设计人员来说十分容易理解,并且这种方法可以涵盖能够想象的任何情况。

尽管用户故事具备表达性强、灵活的特点,但它也有一些不足之处。如果客户随便编写的一个故事,可能会对项目开发造成严重的后果,因为故事的措辞可能存在一定的歧义。例如,用户可能写道:"我想要一个简单的用户界面。"这句话中的"简单"是一个模糊的描述,不同的人可能有不同的理解,开发团队可能无法准确把握用户的实际要求。

3.3.3 原型记录

原型是一个系统或产品的初步版本或模型,通过简化的形式展示其核心功能、外观和交互方式。原型通常创建于开发过程的早期阶段,旨在帮助利益相关者更好地理解和验证系统或产品的设计和功能。原型可以分为静态原型(如页面设计图)、交互式原型(如可点击的模拟界面)或功能原型(如部分实现的功能模块)。通过原型,利益相关者能够提前预览系统或产品,并提供反馈和建议,以指导后续的开发和设计工作。

使用原型记录需求的最大优点在于其比用户故事更直观、准确。例如,一个简单的用户界面原型可能显示包含有标签、文本框和按钮的窗体,用来展示已完成应用程序的外观。但是在一个非功能性原型中,这些按钮、菜单以及窗体上的一些控制性元素可能并不具备实际功能。

功能性原型(或工作原型)的外观和行为虽然更接近最终应用程序,但实际上与最终应用程序差别很大。因为它只是表面上看似能做一些事情,但可能很多细节方面并不完善,同时最终应用程序大概率不会使用的相同方法。它可能使用的是并不高效的算法,从文本(而不是从真正的数据库中)加载数据,或显示随机的(并非从其他系统获取)信息,甚至可能使用硬编码的伪数据。

例如,假设有一个电子商务网站的功能性原型,用户可以在搜索栏中输入关键词并单击"搜索"按钮。然而,该原型可能直接忽略了用户的输入,显示了一个预先填充的、随机生成的结果页面。这些结果并不是真正根据搜索用户输入的关键词从数据库中检索出来的信息。这种原型能够让用户体验到搜索功能的外观和交互方式,但实际上并未实现真正的搜索功能,而是使用了硬编码的伪数据。

原型建立后,就可以使用它定义或细化需求,并展示给客户。根据客户的反馈,对其进行相应的修改，从而更好地满足客户的需求。需要注意的是，在构建应用程序时仍需要从头开始。这种类型的原型被称为抛弃式原型。如果不希望直接抛弃原型，也可以逐步用生产性和真数据替换原型代码和伪数据。经过一段时间的迭代更新后，就可以将原型演化为日益完善的功能性版本，直到它最后成为已完成的应用程序。这种演化过程中的原型称为演化型原型，具有快速迭代、良好的用户参与、降低风险、提高沟通效率和最终产品质量等优点。

3.3.4 需求说明

需求编写的正式程度取决于项目实际情况。如果正在构建一个简单的文件工具，简单介绍需求即可满足需求。如果项目是为法律事务所开发一个软件填写法律报表的软件，那么需求文档可能需要采用比较正式的格式(同时还可能需要聘请专业的法律事务所对合同进行评估)。

3.3.5 需求分析

需求分析是软件工程中的一项关键活动，旨在明确系统或产品的功能、性能和约束。需求分析在项目早期阶段进行，主要用于收集、分析和记录客户对即将需要开发的系统软件的需求和期望。因此，需求分析的重要性不言而喻。它为后续的设计、开发和测试工作奠定了基础。若需求分析不明确，项目后续的进展也会十分困难。

需求分析的一般步骤包括：需求收集、需求记录、需求分析和需求整理。需求收集和记录如上一节所述，需求分析与整理需要确认需求的优先级以及它们之间的相互关系。

识别需求的优先级需要对收集到的所有需求进行优先级评估，以确定其重要性和紧急性。通常情况下，那些对实现项目最核心功能或关键业务流程至关重要的需求被视为主要需求，而那些对项目的成功不是至关重要，但仍然有一定价值的需求被视为次要需求。此外，还需要考虑需求的技术可行性。对于一些需求，可能需要技术上的支持或者有一定的风险，需要评估其实现的可行性和成本。如果某些需求在技术上实现起来比较困难或者成本较高，但对项目的成功并非至关重要，这些需求可能被归类为次要需求。

例如，假设有一个电商网站的项目，其中有一个主要需求是实现用户评论功能，让用户能够在购买产品后对其进行评论和评分。这个功能对于提升用户参与度和增加用户对产品的信任度非常重要，因此被归类为主要需求。然而，在实现评论功能时，可能会出现一个次要需求，即实现对评论的情感分析功能，以自动检测评论的情感倾向，例如正面、中性或负面。虽然情感分析可以提供额外的洞察和价值，但其技术实现可能相对复杂，需要大量的数据和机器学习算法的支持。而且，即使没有情感分析功能，评论功能本身仍然能够为用户提供重要的信息和反馈渠道，因此情感分析功能并不是项目成功的关键因素，可以被归类为次要需求。在有限的资源和时间内，团队可能会选择先实现基本的评论功能，而将情感分析功能作为后续的迭代或增强功能。

3.4 软件需求规约

在项目开发人员搜集了所有与将要开发的软件相关的信息,并从需求中移除了所有不完整、不一致和异常需求之后,需要将这些需求以软件需求规约(Software Requirements Specification,SRS)文档的形式进行系统化组织。SRS 文档通常以非正式的形式记录所有用户需求。

SRS 文档是软件工程中的一种关键文档,主要描述了软件系统的功能需求、性能需求以及设计约束等规格。软件需求规约文档对于项目开发人员和客户来说都非常重要,因为它确立了软件开发的方向和范围,为开发、测试和验收提供了依据。然而,撰写 SRS 文档可能具有一定难度。一个很重要的原因是编写 SRS 文档需要考虑到相当大范围使用者的需要,不同的用户对 SRS 文档的需求是不同的。SRS 文档用户的一些重要类别及其需求如下。

- **用户、顾客和销售人员**:这一类使用者的目的在于确保软件系统能够实现 SRS 文档中所描述的需求。
- **软件开发人员**:软件开发人员参照 SRS 文档确保自己所开发的功能完全符合顾客的要求。
- **测试工程师**:这类用户的目的在于确保软件系统功能需求的可理解性,便于他们测试软件系统并验证其工作是否有误。测试工程师最关注的部分是有关功能的描述是否足够清晰,以及系统对输入数据和输出数据是否符合要求。
- **用户手册作者**:他们通过阅读 SRS 文档深入理解软件的功能和需求,从而编写既详细又易于用户理解的使用手册。这有助于减少用户误解,确保用户能顺利使用软件。
- **项目经理**:项目经理只需要关心是否能参照 SRS 文档合理估算项目成本。并确保文档提供了进行项目规划和管理所需的全部信息。
- **维护工程师**:维护工程师希望 SRS 文档能够帮助其理解系统的详细功能。清晰地理解功能在维护与设计代码时有很重要的作用。

此外,很多软件工程师将 SRS 文档视为一个参考文档,这种想法不完全正确。SRS 文档不仅是一个参考文档,更应被视为开发团队和顾客之间共同达成的合约记录。它具有将开发人员和顾客之间可能发生的分歧——化解的功能。一旦顾客确认了 SRS 文档,开发团队便能够按照其中列举的所有需求开始产品的开发工作。

3.4.1 SRS 文档内容

SRS 文档的内容主要包括以下几个方面:
- 总体描述
- 功能需求
- 性能需求
- 实施目的
- 设计约束

- 其他需求

SRS 文档的总体描述应当提供对系统的顶层概述，包括系统的整体功能、用户特征、操作环境及相关约束等信息。功能需求部分应当讨论系统要求的功能。将系统视为执行一组函数$\{f_i\}$的过程，如图 3-1 所示。系统的每个函数 f_i 都可以被视为从一组输入数据(i_i)到相应的一组输出数据(o_i)的转换。记录在 SRS 文档中的系统的功能需求应当清楚地描述系统会支持的每个功能，以及相应的输入和输出数据集合。

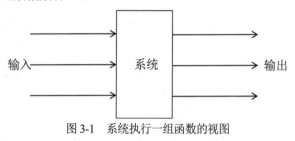

图 3-1　系统执行一组函数的视图

SRS 文档的性能需求部分应准确描述系统在性能方面的要求，如响应时间、吞吐量、并发性、可扩展性等。但是这些需求处理的是无法以函数表示的系统特征。

SRS 文档的实施目的部分给出了有关开发的一些普遍建议。实施目的部分可能会记录一些潜在的问题，例如未来可能需要的对系统功能进行修改、需要支持的设备以及复用性问题等。SRS 文档的设计约束部分应该准确描述各种限制条件，这些条件涵盖硬件、软件、标准和规范。硬件方面可能包括可用的处理器类型、内存容量、存储设备速度等。软件方面可能涉及特定操作系统的兼容性、第三方库或框架的使用限制等。同时，还需要遵循各种标准和规范，如安全标准、数据处理规范、用户界面设计指南等。这些约束条件对系统设计具有指导作用，有助于开发团队在设计过程中避免不必要的错误和冲突，确保系统的稳定性、可靠性和可维护性。

3.4.2　功能需求

在 SRS 文档中，功能需求是一个相对重要的部分。因此，为了记录系统的功能需求，有必要学习如何识别系统的高级功能需求。每个高级功能需求通常对应用户在系统中执行的某种操作。通过执行这些高级需求，用户能够有效地完成一些实际工作。通常，每个高级需求涉及从用户那里接收一些数据，进行必要的处理，然后生成相应的输出以提供给用户。例如，在一个电子商务平台的自动化软件中，一个高级功能需求可能是用户进行产品搜索。用户通过输入产品名称、关键词或者特定的筛选条件，系统会执行搜索算法，匹配符合用户搜索条件的产品并生成相应的结果。系统的回应可能包括显示匹配产品的详细信息、提供购买选项以及推荐相关产品。

每个高级功能需求都有一定的概率涉及系统与一个或多个用户之间的一系列交互。图 3-2 展示了为完成取款高级功能需求时的交互示例。通常，用户首先需要输入一些数据。系统接着会对这些数据进行处理，并可能会显示一个回应(称为系统行动)。基于这个回应消息，用户可以紧接着输入下一步的数据。需要注意的是,系统的输出并不是唯一的。因为如果用户选择了不同的选项或输入了不同的数据项,交互序列或场景就会有所不同。不同的场景实际上是图 3-2 所示的高级功能需求的不同路径(在执行一项功能时获得)。通常,每个用户输入和相应的系统行动都可能被视为一个高级需求的子需求。因此,在设计一个高级需求时,通常需要设计多个子需求。

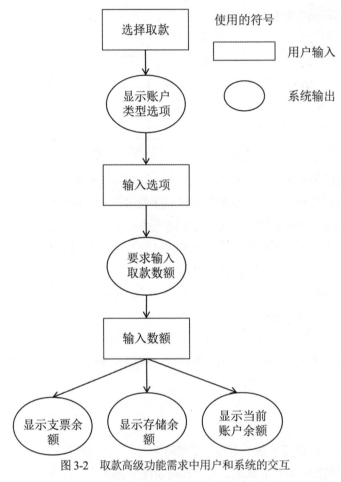

图 3-2 取款高级功能需求中用户和系统的交互

3.4.3 如何识别功能需求

高级功能需求通常需要从一个非正规的问题描述文档或对问题的概念性理解中识别。每个高级需求描述了用户在系统中执行某些有意义工作时所使用的一种方式。需要注意的是,系统可能面向多种类型的用户,而这些用户对于系统的需求和期望可能截然不同。因此,通常会先识别可能使用系统的不同类型的用户,然后再从每个用户的角度识别其需求。

在特殊情况下,系统功能的识别可能存在歧义。例如,考虑在线购物平台的购物功能。当用户在该平台上浏览商品并决定购买时,系统可能要求用户输入每个商品的数量、颜色或尺码等详细信息。在这种情况下,确定商品信息的输入是否作为独立的高级功能,还是购物功能的一部分,可能并不总是显而易见。虽然很多时候选择是明确的,但有时需求的选择并不是泾渭分明,两个功能之间的边界可能会产生一些歧义。

3.4.4 可追踪性

可追踪性意味着能追溯系统开发生命周期中各个阶段的关键元素,包括判断每个设计组件对应的需求,将代码映射到相应的设计组件,以及关联测试用例与特定需求等。通过可追踪性,能够建立一个清晰的链条,使得给定的代码组件可以被追溯到相应的设计组件,而一个设计组件则可以被追溯到其实施的一个特定需求,反之亦然。这种双向的追踪机制有助于确保系统的各个部分都与需求一一对应,为开发、维护和测试提供了更有序的管理和追溯能力。例如,通过进行可追踪性分析,可以确保在整个软件开发生命周期中的各个阶段是否按照预期考虑到了所有的需求。此外,可追踪性分析也可以被用来评价一个需求改变的影响,即能够轻松识别设计和代码的哪一部分会受影响,以及何时发生需求改变。它还可以用于分析不同需求下的 bug 影响,从而帮助团队更快地定位和解决问题,提高软件质量和可靠性。

实现可追踪性的一个基本要求是每个功能要求都应具有唯一的编号,并且这些编号应当一致。正确的需求编号可以在不同文档中唯一地引用特定的需求。

3.4.5 优质 SRS 文档的特征

一个优质 SRS 文档是项目成功的关键因素之一,因为它全面定义了系统的功能、性能和其他重要方面。为了确保 SRS 文档能够成为项目团队和利益相关者的有效指南和参考文档,它必须具备以下特征。

- **一致性**:所有在文档中描述的需求应该是一致的,不应该存在矛盾或冲突。一致性有助于避免在后期开发中的混淆和错误。
- **清晰明确性**:SRS 文档应当以清晰、明确的语言表达所有需求,避免使用模棱两可或含糊不清的表述。每个需求都应该能够被团队成员准确理解,无需额外的解释或澄清。
- **结构化**:SRS 文档必须拥有清晰的结构,这不仅使文档易于理解,还能简化后续的修改工作。通常顾客需求会随着时间而变化,因此为了使修改 SRS 文档更加容易,保持文档结构良好是很重要的。
- **版本变更控制**:SRS 文档应当具有良好的变更控制机制,以便对需求的任何更改进行记录、审查和批准。这样做主要是为了维持文档的一致性和可追踪性。
- **可审查性**:SRS 文档应便于审查,以确保项目团队和客户可以检查和提出反馈。审查有助于发现潜在问题并改进需求的质量。
- **可验证性**:每个需求都应当是可验证的,这意味着项目开发人员可以通过测试或其他手段进行验证,以确保在实现阶段可以准确地验证系统是否符合规格要求。
- **黑匣子视图**。SRS 文档仅需要说明系统应该做什么,而不涉及系统内部的实现细节。

这意味着 SRS 文档应当指明系统的外部行为，但不讨论实施问题。把将要开发的系统视为一个"黑匣子"，并执行外部可见的系统行为。因此，SRS 文档也被称作系统的黑匣子规约。

3.5 本章小结

本章首先介绍了需求的定义。需求是应用程序必须提供的一些功能特性和性能要求。接着第二节介绍了需求的分类方法。根据受众的不同，需求可以分为：业务需求、用户需求、功能性需求、非功能性需求以及执行需求。此外，本章还介绍了 FURPS 与 FURPS+。FURPS 是一种软件质量分类模型，用于识别软件系统的关键特征和需求。FURPS+在 FURPS 的基础之上，主要添加了设计约束、执行需求、接口需求以及物理需求这四个方面，以便更全面地涵盖软件系统的需求。在这一节的最后，介绍了一些常见的通用需求。

第三节介绍了需求记录的方法以及需求分析。需求记录主要有三种方法，分别是 UML 记录、用户故事记录和原型记录。随后，讨论了如何对需求进行说明和分析。

第四节介绍了软件需求规约，主要包括总体描述、功能需求、性能需求、实施目的、设计约束以及其他需求。接着，详细讨论了功能需求以及如何识别项目中的功能需求。最后，总结了一个优秀的 SRS 文档应具备的特征，主要包括一致性、结构清晰明确、文档结构化、版本变更控制、可审查性以及可验证性。

3.6 思考与练习

1. 软件工程中的需求是什么？需求在项目开发中有什么价值？
2. 好的需求应该有哪些特征？
3. 需求有哪些分类？
4. 什么是 FURPS？什么是 FURPS+？请简要概述 FURPS+在 FURPS 的基础上有哪些提升。
5. 记录需求的方法一般有哪几种？
6. 需求分析的步骤是什么？如何识别需求的优先级？
7. 什么是软件需求规约？
8. SRS 文档一般情况下会有哪些内容？
9. 什么是功能需求？如何识别功能需求？
10. 优质 SRS 文档应该具有哪些特征？请举例说明。

第 4 章 结构化分析

结构化分析是一种重要的系统分析方法,用于对软件系统进行分析和设计。本章将深入探讨软件工程中的结构化分析方法,旨在帮助学习者在软件开发过程中将系统划分为不同的模块或功能,并清晰地描述这些模块之间的关系,以便更好地理解用户需求、分析系统功能,从而设计出高质量、可靠的软件系统。结构化分析不仅是软件工程师必备的技能,更是确保软件项目成功的关键因素。

本章的学习目标:
- 理解结构化分析的方法和技术
- 掌握实体-关系图(E-R 图)的构成和应用
- 掌握数据流图(DFD)的概念和应用
- 理解状态转换图(STD)的概念,掌握其符号表示和应用
- 理解数据字典的概念和符号表示

4.1 概述

结构化分析(Structured Analysis,SA)是一种面向数据流进行需求分析(Requirements Analysis,RA)方法,旨在减少分析活动中的错误,建立满足用户需求的系统逻辑模型。

结构化分析采用自顶向下、逐层分解的方式,根据软件内部数据传递和变换的关系进行建模。经过一系列分解和抽象的过程,建立系统的逻辑模型。这种方法的核心思想在于将软件系统抽象为一系列的逻辑加工单元,这些单元之间通过数据流进行关联。

传统的软件工程方法学运用结构化分析技术完成系统分析(包括问题定义、可行性研究和需求分析)的任务。结构化分析技术主要有以下三个要点。

(1) 自顶向下设计:结构化分析方法从最上层的系统组织机构开始,采用自顶向下、逐层分解的方式进行系统分析。这种方法有助于将复杂的系统问题分解为更易管理和理解的子问题,使得分析过程更系统化和条理化。

(2) 强调逻辑功能：结构化分析技术不关注实现功能的具体方法，而是专注于系统的逻辑功能。这意味着分析过程侧重于理解系统如何处理数据、执行操作以及实现特定功能，而不涉及编程语言或技术实现的细节。

(3) 使用图形表示：结构化分析方法使用图形工具(如数据流图)进行系统分析并表达分析的结果。数据流图等图形工具能够直观地展现系统中数据的流动和处理过程，有助于分析人员理解系统的功能、结构以及系统各部分之间的关系。

结构化分析方法提供了一系列原理和技术，帮助系统分析人员制定功能规约。通常利用图形表达用户需求，采用数据流图、数据字典以及描述处理逻辑的结构化语言、判定表和判定树等工具构建一种结构化的目标文档和需求规约说明书。

具体来说，结构化分析方法通过调查用户需求，以软件需求为线索，获取当前系统的具体模型。然后去除具体模型中的非本质因素，从而抽象出当前系统的逻辑模型。最后，利用图形表示分析结果。该方法简单易学，容易掌握和使用，是一种行之有效的方法。

然而，结构化分析方法也存在一定的局限性，主要体现在以下三个方面：

- 第一，结构化分析方法要求对系统进行完整而准确的需求定义，这往往是一项相当困难的任务。由于需求的不断变化和复杂性，确保需求的完整性和准确性具有挑战性。
- 第二，结构化分析方法需要编写大量的文档，随着分析的深入，这些文档需要及时进行更新。即使在工具的辅助下，文档管理和更新仍然具有一定的难度。
- 第三，结构化分析方法所描述的模型通常以书面形式存在。因此该方法的人机界面表达方面存在局限性，很难及时获取用户的反馈信息。

在软件工程基本原则中，有一条"形式化原则"，其核心概念在于将问题领域的抽象结论以形式化语言的形式清晰地表达出来。这种形式化语言可以是各种图形语言或者伪码语言等。在软件工程实践中，结构化方法和面向对象方法是两种常用的方法论，它们分别采用不同的工具和技术来描述系统的逻辑模型。

结构化方法通常采用实体-关系图、数据流图、状态转移图和数据字典等工具来描述系统的逻辑模型。这些工具能够有效地描绘出系统中数据的流动和处理过程，从而帮助软件工程师对系统进行全面分析和设计。结构化方法的三大模型分别为分析模型、设计模型和实现模型。通过使用结构化方法，软件工程师能够更加准确地理解和描述系统，从而更加高效地进行系统的分析、设计和实现。

4.2 实体-关系图

为了准确描述用户的数据需求，系统分析员通常会建立一个概念性的数据模型。这种模型是面向问题的，描述了从用户角度在系统中看到的数据，这个过程称为概念结构设计，它将需求分析中获得的用户需求抽象为信息结构，即概念模型。

概念模型具有以下特点。

(1) 概念模型能够真实、充分地反映现实世界,是现实世界的一个准确映射。

(2) 概念模型易于理解,因此可以用它和不熟悉计算机的用户进行交流。这使得用户可以更轻松地理解系统如何满足他们的需求。

(3) 概念模型易于更改,当应用环境或应用需求发生变化时,概念模型易于修改和扩展。这使得系统能够灵活地适应不断变化的需求和环境。

(4) 概念模型易于向各种数据模型(如关系型、网状型和层次型)转换,从而为后续的数据库设计提供基础。

描述概念模型的工具是实体-关系图。

4.2.1 E-R 图

E-R 图(Entity-Relationship Diagram,实体-关系图)用于描述系统中实体之间的关系。E-R 模型使用简单的图形符号表达系统分析员对问题域的理解,即使对不熟悉计算机技术的用户也能轻松理解。因此,E-R 模型可以作为用户与分析员之间有效的交流工具。

E-R 图中包含了实体(即数据对象)、属性和联系三种基本成分,下面分别阐述这些概念。

1. 实体(Entity)

具有相同属性的实体通常具有相同的特征和性质,用实体名及其属性名集合来抽象和刻画同类实体。在 E-R 图中,通常用矩形代表实体,并在矩形框内标注实体的名称。数据模型中还存在一种特殊的实体类型,即弱实体(Weak Entity)。弱实体无法通过自身属性实现唯一识别,而是依赖于与其他实体的关系来确定其唯一性。在图形表示中,弱实体通常用双矩形表示。

2. 属性(Attribute)

属性是指实体所具有的某一具体特性,用于详细描述和刻画实体的各个方面。一个实体可以由多个属性共同定义和描述。在 E-R 图中,属性通常以椭圆形表示,并通过无向边将其与相应的实体连接,以表明属性与实体之间的从属关系。例如,学生实体具有学号、姓名、性别、出生年份、所属系和入学时间等属性,这些属性在 E-R 图中的表示如图 4-1 所示。

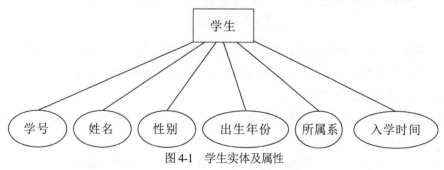

图 4-1 学生实体及属性

属性作为描述实体特征的重要元素，具有多种类型，每种类型都反映了不同的属性特性。属性的四种类型如下。

(1) 关键属性：这类属性具有唯一性，可以唯一标识实体集内的实体。例如，在学生实体集中，"学号"就是一个关键属性，每个学生的学号都是唯一的，能够准确地指向一个特定的学生实体。

(2) 复合属性：复合属性并不是一个独立的属性，而是由多个属性组合而成。例如，地址实际上是由"省""市"和"区/县"等多个属性共同构成的，这些属性组合在一起形成了完整的地址信息。

(3) 多值属性：多值属性允许一个实体可以包含多个值。在图示中，多值属性通常用双椭圆来表示。例如，一个学生可能拥有多个电话号码，每个电话号码都是该学生多值属性"电话号码"的一个值。

(4) 派生属性：派生属性的值是动态生成的，通过从其他属性的值计算或推导出来的，而不是直接给定的。在图示中，派生属性通常用虚线椭圆来表示。例如，学生的"年龄"属性就可以根据出生日期和当前日期计算得出，因此它是一个派生属性。

3. 联系(Relationship)

联系表示实体集之间存在的关联关系，它描述了实体之间如何相互作用和连接。在 E-R 图中，联系通常用菱形表示，菱形框内写明联系的名称，并用无向边分别与有关的实体连接起来，在无向边旁标注联系的类型(如 1:1 表示一对一关系，1:n 表示一对多关系，或 m:n 表示多对多关系)。联系的属性如图 4-2 所示。此外，联系本身也可以具有属性，这些属性描述了联系本身的某些特性或度量标准，从而进一步丰富了数据模型的信息表达。

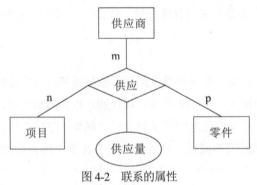

图 4-2 联系的属性

实体与属性的划分原则在构建 E-R 图时起着至关重要的作用，旨在简化数据建模过程。在将现实世界的事物映射到数据模型时，如果某个事物能够作为属性来处理，应优先将其视为属性。以下是两条关键的划分准则。

(1) 属性应当具备不可分性，即它本身不应包含其他属性，即属性应当是单一、独立的数据项，无法再细分为更小的组成部分。

(2) 属性与实体之间应保持清晰的界限。在 E-R 图中，联系用于描述实体之间的关系，因此属性不应与其他实体具有直接的联系。换句话说，E-R 图中所展示的联系应仅限于实体之间，而属性则应作为实体的特性或描述存在，不应涉及与其他实体的关联。

遵循以上两个划分原则有助于确保 E-R 图的准确性和清晰性，为后续的数据库设计和软件开发提供坚实的基础。

4.2.2 实体之间的联系

在结构化分析中,实体之间的联系是指客观存在并可以相互区分的事物之间所形成的关系。实体之间的联系可以根据参与的实体的实体类型的数量来进行分类。一个实体型内部各属性之间的联系，或同一个实体集内的各实体间的联系，被称为一元联系。当两个实体型之间存在联系时，这种联系被称为二元联系。同理，三个实体型之间的联系称为三元联系，以此类推，N 个实体型之间的联系则称为 N 元联系。

1. 两个实体之间的联系

两个实体之间的联系可分为以下三种类型，如图 4-3 所示。

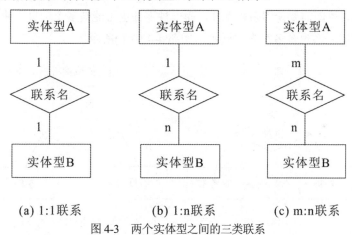

(a) 1:1联系　　　　(b) 1:n联系　　　　(c) m:n联系

图 4-3　两个实体型之间的三类联系

(1) 一对一联系(1:1)

如果对于实体集 A 中的每一个实体与实体集 B 中至多一个实体(或无实体)存在直接联系，且反之亦然，则称实体集 A 与实体集 B 具有一对一联系，记作 1:1。这种联系反映了两个实体集之间的一种严格的对应关系。

例如，在学校中，每个班级通常只有一个正班长，而每个正班长也只负责一个班级，因此班级与班长之间具有一对一联系。

(2) 一对多联系(1:n)

如果对于实体集 A 中的每一个实体都与实体集 B 中的多个实体(n 个,其中 n≥0)存在联系，而实体集 B 中的每一个实体至多与实体集 A 中的一个实体存在联系,则称实体集 A 与实体集 B 有一对多联系，记作 1:n。

例如，一个班级中有多名学生，而每名学生只属于一个班级，则班级与学生之间具有一对多联系。

(3) 多对多联系(m:n)

如果对于实体集 A 中的每一个实体都与实体集 B 中的多个实体(n 个，其中 n≥0)存在联系，同时实体集 B 中的每一个实体也与实体集 A 中的多个实体(m 个，其中 m≥0)存在联系，则称实体集 A 与实体集 B 具有多对多联系，记作 m:n。

例如，一门课程可以同时有多名学生选修，而一名学生也可以同时选修多门课程，则课程与学生之间具有多对多联系。

2. 两个以上实体之间的联系

两个以上的实体型之间也存在着一对一、一对多和多对多联系。

例如，对于课程、教师与参考书三个实体型，如果一门课程可以有若干个教师讲授，使用若干本参考书，而每一个教师只讲授一门课程，每一本参考书只供一门课程使用，则课程与教师、参考书之间的联系是一对多的，如图 4-4 中(a)所示。

再如，一个供应商可以与多个项目进行供应合作，而一个项目也可以从多个供应商那里获得供应。一个项目可能需要使用多种零件，而一种零件也可能被多个项目所使用，则供应商与项目、零件之间的联系也是多对多的联系，如图 4-4 中(b)所示。

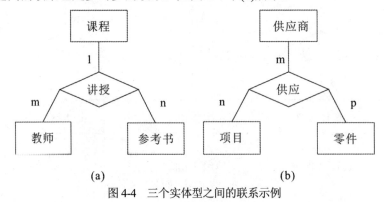

图 4-4　三个实体型之间的联系示例

3. 单个实体型内的联系

除此以外，同一个实体集内的各实体之间也可以存在一对一、一对多或多对多的联系。

例如，职工实体型内部具有领导与被领导的联系，即某一领导职工"管理"若干名职工，而一个职工仅被另外一个职工直接领导，因此这是一种一对多的联系，如图 4-5 所示。

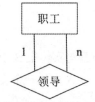

图 4-5　单个实体型内的一对多联系示例

4.2.3 案例分析-图书借阅管理系统

随着图书馆藏书量的不断增加，图书借阅管理变得日益复杂和烦琐。传统的图书管理方式，如手工记录、纸质卡片等，已经无法满足现代图书馆高效、准确、实时的管理需求。因此，开发一套图书借阅管理系统变得至关重要。该系统能够实现对图书信息的数字化管理，包括书籍品种、数量、存放位置、借阅情况等的查询和记录，有助于提高图书馆的管理效率和服务质量。下面以图书借阅管理系统为例，进一步阐述 E-R 图的基本组成，以便读者更好地理解和应用。

1. 实体之间的联系

(1) 系统能够随时查询书库中现有书籍的品种、数量及存放位置。所有书籍均通过书号唯一标识。

(2) 系统可随时查询书籍借还情况，包括借书人单位、姓名、借书证号、借书日期和还书日期等信息。值得注意的是，任何人都可以借阅多种书籍，任何一种书籍也可能被多个人所借阅，借书证号具有唯一性。

(3) 当需要增购书籍时，系统可通过查询数据库中保存的出版社信息，例如电报编号、电话、邮编及地址等，与相应的出版社联系。在这个过程中，一个出版社可以出版多种书籍，同一本书仅为一个出版社出版，出版社名称具有唯一性。

2. 数据建模

(1) 满足上述需求的图书借阅管理系统的 E-R 图如图 4-6 所示。
(2) 将 E-R 图转换为等价的概念模型如下：
- 借书人(借书证号、姓名、单位)
- 图书(图书编号、书名、数量、位置、出版社名)
- 出版社(出版社名、电话、邮编、地址)
- 借阅(借书证号、借书日期、还书日期)

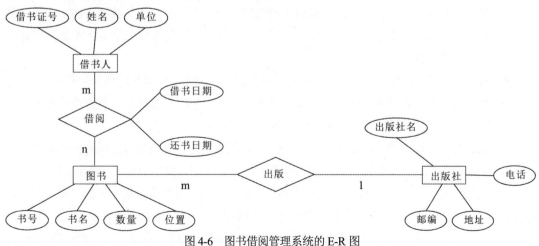

图 4-6 图书借阅管理系统的 E-R 图

4.3 数据流图

4.3.1 数据流图及符号

数据流图(Data Flow Diagram，DFD)是结构化分析中用于描述系统功能和数据流动的重要工具。通过数据流图，可以清晰地展示系统中数据的流向和处理过程，有助于识别系统的功能模块和数据流动路径。

数据流图形式简单，易于理解和使用。在构建 DFD 模型时，使用了数量非常有限的原始符号来表示系统执行的功能以及这些功能之间的数据流。图 4-7 所示描绘了用于构建 DFD 的五种不同类型的原始符号，每种符号的意义如下。

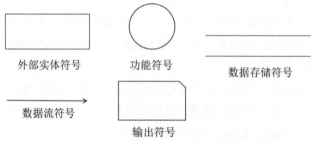

图 4-7 构建 DFD 的五种不同类型的原始符号图

- **外部实体符号**：该符号以长方形表示，例如图书管理员、图书馆成员等外部实体。外部实体是软件系统之外的物理实体，它们通过与系统交换数据实现交互。值得注意的是，此符号不仅可用于表示用户，还可以代表外部的软硬件组件。
- **功能符号**：一个功能用一个圆圈表示，这个符号通常称为进程或气泡，以而清晰展现系统内部的处理逻辑。
- **数据存储符号**：一个数据存储由两条平行线表示，代表一个逻辑文件。这些逻辑文件可以代表一个数据结构或磁盘上的一个物理文件。通过使用数据流符号，每个数据存储与一个或多个过程相关联。数据流箭头的方向显示了数据是从数据存储中读取还是写入，从而反映数据的流向和操作。因此连接到一个数据存储的箭头上不必注明对应数据项的名称。
- **数据流符号**：数据流符号是一个有指向的弧或一个箭头。在数据流箭头所指的方向上，数据流符号代表了两个进程之间或外部实体和过程之间的数据流。数据流符号上通常会标注相应的数据名称，以明确数据的属性和作用。
- **输出符号**：输出符号用于表示输出数据，特别是在无法明确输出数据的使用者或存在多个输出用户时。此符号的使用有助于简化数据流图，突出显示了关键输出。

需要指出的是，本文中所使用的符号体系和 Yourdon 的符号体系是最相近的，但不同书籍或文献中可能存在一些细微差异(例如，有些作者可能采用一端封闭的盒子来表示数据存储)。这些差异源于不同的符号体系。 因此，在阅读和理解数据流图时，应注意符号的约定和解释，以确保准确理解数据流图所表达的信息。

数据流图有效地描绘了系统执行过程中所涉及的不同处理活动或功能，以及这些功能之间的数据交换。在数据流图中，每个功能被形象地比作一个加工站(或工艺)，这些加工站如同生产线上的各个环节，接收输入数据，经过内部处理，再输出相应的结果数据。因此，数据流图可以帮助人们更好地理解系统中数据的来源和去向，以及不同部分之间的交互关系。

虽然数据流图(DFD)最初用于描述系统执行的高级功能，但是它能够层次分明地展现不同的子功能，从而极大地提升了模型的可读性和易用性。事实上，层次分明的模型往往更易于理解，因为人脑能够轻松把握系统的整体框架，并在不同层级中逐步深入细节。例如，在一个分层次的模型中，最初呈现的是系统的一个非常简单和抽象的模型，随后通过不同层级的逐步展开，系统的详细特性得以逐渐展现。

数据流图作为一项优秀的建模技术，在软件工程领域具有广泛的应用价值。它不仅能够直观地展现软件结构分析的结果，帮助开发人员深入理解系统的数据处理流程，还能灵活应用于其他领域。例如，在组织管理中，数据流图可用于清晰地展示文档或项目在组织内部的流转过程，为流程优化和管理决策提供有力支持。

此外，数据流程图技术也遵循一套直观简单的概念和规则。接下来，将介绍与数据流图相关的关键概念，以帮助读者深入理解并有效应用这一建模工具。

4.3.2 同步和异步操作

当两个功能气泡通过一个直接的数据流箭头相连时，它们被视为同步操作。这意味着它们运行的速度一样，它们必须协同工作以完成数据的传递和处理。同步操作的示例如图 4-8(a)所示。其中，"验证数"气泡只有在"读数"气泡为其提供数据之后才能开始处理；同时，"读数"气泡也必须等到"验证数"气泡完成数据的消耗。这种同步性确保了数据在气泡之间的准确传递和处理的连贯性。

然而，当两个气泡通过数据存储进行连接时，它们之间的操作则变为异步。在这种情况下，气泡的运行速度是独立的。异步操作的示例如图 4-8(b)所示。一个生产者气泡生成的数据会被存储在数据存储中，等待消费者气泡的处理。在消费者气泡消耗任意数据之前，生产者气泡可能把数据项目的几个部分存储在一个数据存储中。这种异步操作提供了更大的灵活性和并发性，使得系统能够更有效地处理多个任务和数据流。

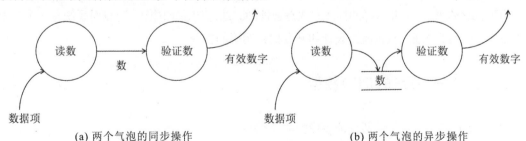

(a) 两个气泡的同步操作　　　　　　　　　(b) 两个气泡的异步操作

图 4-8　两个气泡的同步和异步操作图

一个系统的 DFD 模型通过图形化的方式，详细描绘了输入数据在系统内历经多个分层级别直至转化为最终结果的完整转变过程。在开发一个高级的 DFD 模型时，系统过程会进一步分解为若干子过程，并且这些子过程之间的数据流也会被精确识别。

4.3.3　气泡的编号

在数据流图中，为不同气泡分配编号是一种重要的方法，用于唯一地识别图中所有的气泡。级别 1 上的气泡会获得如 1.1、1.2、1.3 等编号。这种编号方式清晰地展示了气泡之间的层级关系。当一个编号为 x 的气泡需要进一步分解时，它的子气泡会被分配以 x 为前缀的编号，如 $x.1$、$x.2$、$x.3$ 等。这种编号方案确保了每个气泡都有一个独特的标识符，同时也揭示了它在数据流图中的位置。通过这种编号方式，可以轻易地确定一个气泡的级别、其祖先气泡以及后继气泡。这种编号方案在构建和解读复杂的数据流图时，能够快速定位到特定的气泡，理解其在整个系统中的角色和功能，以及它与其他气泡之间的数据流关系。因此，在绘制 DFD 时，应该遵循这种方案，以确保图的清晰性和准确性。

4.3.4　范围图

范围图精准地界定了系统的边界和范围，它清晰地描绘了与系统交互的外部实体(如用户)以及外部实体与系统之间的数据交换情况。具体来说，范围图展示了哪些外部实体将向系统提供数据，以及哪些实体将从系统接收数据。输入系统和输出系统的数据分别由向内和向外的箭头来表示，这些数据流箭头应标注相应的数据名称。

在开发一个系统的范围图时，需要深入分析软件需求规格说明书(Software Requirements Specification，SRS)文档，以确定将使用该系统的用户类型、待输入数据种类以及输出数据种类。这里的系统用户不仅包括直接的操作人员，还可能包括其他外部系统，它们同样会向系统提供数据或从系统接受数据。

范围图作为系统最抽象的数据流表示，其核心在于将整个系统浓缩为一个单独的气泡，该气泡清晰地标注了系统的主要功能。值得注意的是，范围图中的气泡上通常标注正在开发的软件的名称(通常是一个名词)，这与其他级别的 DFD 气泡有所不同。其他级别的 DFD 气泡通常标注的是动词，用以描述系统的具体功能。然而，在范围图中，其主要目标是捕捉系统的整体范围而非具体功能，因此这样的标注方式是合理的。通过构建范围图，可以对系统有一个宏观的认识，为后续详细的数据流图设计和开发提供明确的指导。

4.3.5　开发一个系统的 DFD 模型

以下是开发一个系统的数据流图模型的详细步骤。

1. 检查分析 SRS 文档

- 识别系统需要执行的各种高级功能。
- 确定每个高级功能所需的输入数据。
- 识别每个高级功能生成的输出数据。
- 分析已识别的高级功能之间的交互关系(即数据流)。

这些关键信息将以图形化的方式呈现，形成顶层数据流图，它提供了对整个系统数据流的高级概览。

2. 调整高级功能的气泡数量

- 审视 SRS 文档中描述的高级功能。如果文档中有 3 至 7 个高级需求，则每个高级功能可以用一个气泡来表示。
- 若气泡数量超过 7 个，需考虑合并某些功能以降低复杂性。
- 若气泡少于 3 个，则可能需要进一步拆分功能以提供更详细的视图。

3. 分解高级功能

- 识别高级功能的子功能。
- 识别输入到每个子功能的数据。
- 识别每个子功能输出的数据。
- 识别子功能之间的交互关系(即数据流)。

这些内容可以通过数据流图以图形方式表示出来。

4. 迭代分解子功能

对于每个子功能重复第 3 步的分解过程，并不断迭代，直到每个子功能都能通过简单的算法来描述。这可以确保数据流图能够准确反映系统的详细功能和数据流。

通过这一系列的步骤，可以系统地构建一个层次分明、细节详尽的数据流图模型，为软件开发和系统分析提供有力支持。

4.3.6 案例分析-学籍管理系统

下面是一个学籍管理系统的经典案例，描述如下。

学籍管理系统是一种用于有效管理学校内学生和教职工信息的软件系统。随着教育信息化的发展，学籍管理系统已成为现代学校管理的重要工具。该系统旨在整合学校内各项教务管理任务，包括学生注册、成绩管理、资格管理和奖励管理等，以提高学校管理效率和服务水平。

因此，开发一个功能齐全、高效可靠的学籍管理系统，需要实现以下几个目标。

(1) 学生注册管理。提供学生注册功能,包括新生入学登记、学生信息录入和课程选修等。

(2) 成绩管理。实现对学生课程成绩的管理和查询,包括教师录入成绩和学生查询成绩等。

(3) 资格管理。管理学生的学籍状态和学业资格,包括学生毕业资格审核、学籍异动处理等。

(4) 奖励管理。记录和管理学生的各类奖励情况,包括奖学金评定、优秀学生表彰等。

绘制学籍管理系统的数据流图可以按照以下步骤进行。

(1) 确定学籍管理系统的输入和输出。

(2) 根据学籍管理系统的业务,绘制顶层数据流图。

(3) 对学籍管理系统的功能进行详细分析,学籍管理系统分为四个主要功能模块:学生注册、成绩管理、资格管理和奖励管理。每个模块负责处理特定的任务,并与数据库进行交互。这些功能模块将作为数据流图中的关键处理环节,负责接收输入数据、进行处理,并输出相应结果。

(4) 确定数据流的输入输出源点。在学籍管理系统中,主要数据流的输入源点和输出终点是学生和老师。

(5) 细化数据流图。从输入端开始,根据学籍管理系统相关业务的工作流程,画出数据流流经的各个加工框,并明确每个加工框的输入、输出以及处理逻辑。逐步推进,直到画到输出端,形成完整的第 0 层数据流图。

(6) 绘制完成后,需要对数据流图进行审核和调整。确保图中的每个元素都准确无误地反映了系统的实际运作情况,同时注意数据流图的清晰度和可读性,以便相关人员能够轻松理解。

综上所述,顶层数据流图是对系统主要业务流程进行高层次的概括,不涉及具体的细节处理,只展示系统中的主要功能模块及其相互关系。图 4-9 所示为根据学籍管理系统的目标绘制的学籍管理系统的顶层数据流图。

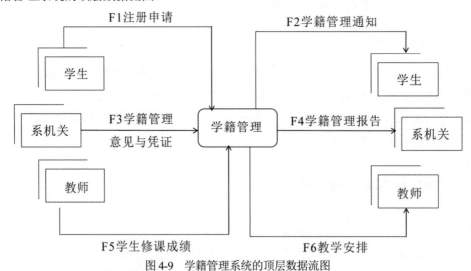

图 4-9 学籍管理系统的顶层数据流图

第 0 层数据流图是在顶层数据流图的基础上进行进一步细化,详细地描述了系统的各个功能模块,包括输入、输出、数据存储和处理过程等。每个功能模块在第 0 层数据流图中都可以进一步展开,以展示更详细的业务流程和数据处理过程。根据学籍管理系统数据流图的绘图步骤，可以绘制学籍管理系统的第 0 层数据流图，如图 4-10 所示。

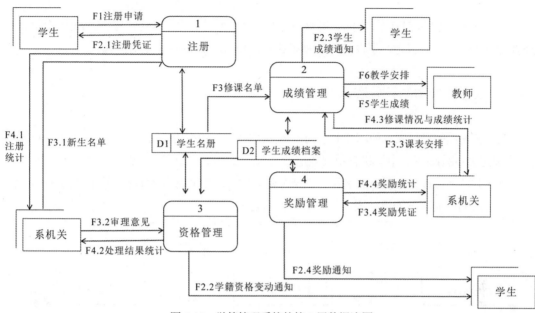

图 4-10　学籍管理系统的第 0 层数据流图

4.4　状态转换图

4.4.1　状态转换图概述

状态转换图(State Transform Diagram，STD)，简称状态图，用于描绘系统的各种状态以及引发这些状态转换的事件，以表示系统的行为。此外，状态图还详细描述了系统在特定事件发生后所执行的动作。因此，状态图可用于构建软件系统的行为模型。

1. 状态

状态指的是可以被观察到的系统行为模式，一个状态代表系统的一种行为模式。状态规定了系统对事件的响应方式。这些响应可以表现为执行一系列动作、改变系统自身的状态，或者同时改变状态和执行动作。

在状态图中定义的状态类型主要有三种：初态(即初始状态)、终态(即最终状态)和中间状态。初态是系统启动或开始运行时所处的状态；终态表示系统完成特定任务或达到某个目标后的状态；中间状态则是系统在初态和终态之间所经历的各种临时状态。需要注意的是，在一张状态图中，初态只能有一个，而中间状态和终态的数量则可以根据系统的实际情况进行灵活设定，可以有零个或多个。

2. 事件

事件是在某个特定时刻发生的、能够引起系统执行动作或从一个状态转换到另一个状态的外界触发因素。简而言之，事件是控制系统执行动作或状态转换的控制信息。

4.4.2 状态转换图的符号表示

状态转换图的符号表示如图4-11所示。在状态图中，初态用实心圆表示，终态用一对同心圆(内圆为实心圆)表示。中间状态用圆角矩形表示，该矩形可以通过两条水平横线分为上、中、下三个部分，上面部分为状态的名称，这部分是必须的；中间部分为状态变量的名字和值，这部分是可选的；而下部为活动表，这部分也是可选的。

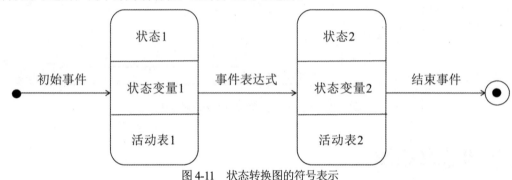

图4-11 状态转换图的符号表示

在状态图中，两个状态之间通过带箭头的连线相连，这被称为状态转换。箭头指明了状态转换的方向，即系统从当前状态向下一个状态转变的路径。状态转换通常由事件触发，在这种情况下，应该在表示状态转换的箭头线上明确标出触发转换的事件表达式。如果在箭头线上未标明事件，则意味着状态转换是由源状态的内部活动执行完之后自动触发转换的，无需外部事件的干预。状态转换图通过特定的符号和表示方法，清晰地展示了系统状态之间的转换关系以及触发这些转换的事件，为理解和分析软件系统的行为提供了有力的工具。

4.4.3 案例分析-机票预定系统

下面是一个机票预定系统的案例。机票预订系统是为了满足航空公司和乘客之间的机票预订需求而设计的软件系统。随着航空业的不断发展和乘客需求的增加，传统的手工预订方式已经无法满足日益增长的市场需求。因此，为了提高预订效率、降低错误率，并提供更好的用户体验，需要建立一个自动化的机票预订系统。

机票预订系统可以提供可靠的机票信息管理，包括航班信息、座位数和票价等。乘客可以通过系统快速、方便地查询和预订机票，减少排队等待和手工操作的时间成本。同时，系统能够清晰地记录机票的状态变化，包括添加、审核、待售、售罄和下架等，确保信息的准确性和可追溯性。此外，系统管理员可以对机票信息进行添加、审核、下架和删除等操作，灵活应对各种业务场景的需求变化。

在机票预定系统中,机票的状态转换是系统行为的关键组成部分。可以构建如图 4-12 所示的状态转换图来清晰地展示机票从添加、审核、待售、售罄、下架到退出流通直至删除的完整生命周期,具体流程描述如下。

(1) 初始状态。系统初始化时,没有具体的机票信息,处于空状态。

(2) 添加与审核状态。当新的航空公司入驻后,系统管理员会添加机票信息,此时机票进入审核状态。在审核状态,系统会对机票信息进行验证和确认。

(3) 待售状态。一旦机票审核通过,它会进入待售状态,此时机票可以供顾客预订。

(4) 售罄状态。在销售过程中,如果机票全部被预订完,它会进入售罄状态,表示该机票不再可供预订。

(5) 下架状态。如果因航班取消或其他原因,机票需要停止销售,管理员会将其置为下架状态。

(6) 退出流通状态。无论是售罄还是下架的机票,在管理员清空其信息后,会进入退出流通状态,表示该机票不再参与系统的销售流程。

(7) 删除状态。最终,管理员会删除已退出流通的机票,此时机票信息从系统中彻底移除,进入删除状态。

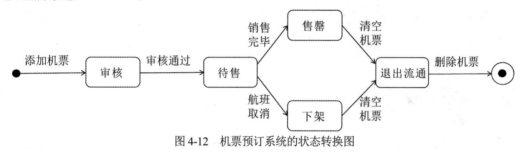

图 4-12 机票预订系统的状态转换图

4.5 数据字典

数据词典在软件开发过程中的重要性不容忽视,它扮演着至关重要的角色,主要有以下两个方面。

第一,数据词典为在同一项目中的工程师们提供了一套标准术语,以统一使用所有相关数据。在大型项目中,不同的工程师们可能会使用不同的术语来描述同一个数据,从而造成不必要的混乱,统一的数据词汇表有助于避免这种情况。

第二,数据词典向分析人员提供了一种确定不同数据结构定义的方法。

数据字典是对数据的描述,即元数据,而非数据本身。数据字典是进行详细的数据收集和数据分析所获得的主要结果。数据字典会在设计过程中不断修改、充实和完善。它的作用是在软件分析和设计的过程中提供关于数据的描述信息。

数据字典和数据流图共同构成系统的逻辑模型。数据字典在定义数据时，采用的是自顶向下的逐层分解方法。当分解到不需要进一步定义，且所有相关工程人员都能清楚其含义时，分解过程就结束了。

数据字典的内容包括数据项、数据结构、数据流、数据存储和处理过程。数据项是数据的最小组成单位，不可再分。数据结构则是由若干个数据项按照一定的规则组合而成。数据字典通过对数据项和数据结构的定义，进而描述了数据流、数据存储的逻辑内容。

数据字典在定义数据时，通常使用以下符号来表示不同的关系和操作。

- =：等价于(或定义为)，例如 a=b+c 意味着 a 的值由 b 和 c 的计算结果确定。
- +：和(即顺序连接两个分量)，表示两个数据项的组合。例如 a+b 代表数据 a 和 b 的组合。
- [，]：或(即从方括号内列出的若干个分量中选择一个)，列在方括号内的任一数据项都会发生。例如[a, b]表示 a 发生或者是 b 发生。
- {}：重复(即重复花括号内的分量)，表示迭代的数据定义。例如{name} 5 表示 name 数据项重复 5 次，(name) *代表了 0 或多次。
- ( )：可选(即圆括号里的分量可有可无)。
- /*：出现在/*和 */之间的内容被视为注释，用于对定义进行说明或补充。

通常使用上限和下限进一步注释表示重复的花括号。一种注释方法是，在开括号的左边用上角标和下角标分别标明重复次数的上限和下限；另一种注释方法是，在开括号左侧标明重复次数的下限，在闭括号的右侧标明重复次数的上限。

4.6 本章小结

在软件工程中，结构化分析是一种重要的需求分析方法，旨在通过对系统进行逐步细化和抽象，确定系统的功能和数据需求。结构化分析通过分析系统的实体、关系、数据流和状态转换等方面，揭示系统的内在结构和运行机制，为系统设计和实现提供了重要参考。

E-R 图是结构化分析中常用的建模工具，用于描述系统中实体之间的关系。

数据流图是结构化分析中用于描述系统功能和数据流动的重要工具。通过数据流图，可以清晰地展示系统中数据的流向和处理过程，有助于识别系统的功能模块和数据流动路径。

状态转换图描绘了系统的状态以及引起系统状态转换的事件，以表示系统的行为。状态转换图通过特定的符号和表示方法，清晰地展示了系统状态之间的转换关系以及触发这些转换的事件，为理解和分析软件系统的行为提供了有力的工具。

最后，数据字典是结构化分析中用于描述系统数据及其属性的重要工具，定义了系统中各种数据元素的含义、类型和属性，有助于保证系统数据的准确性和一致性。

通过本章节的学习，读者可以全面了解结构化分析在软件工程中的应用，掌握使用 E-R 图、数据流图、状态转换图和数据字典等工具进行系统分析和设计的方法。这些工具为软件工程师提供了强大的分析能力，有助于构建高质量、高效率的软件系统。

4.7 思考与练习

1. 什么是结构化分析？结构化分析有什么局限性？
2. 实体-关系图中两个实体之间有哪几种类型的联系？请画出示意图。
3. 请简要描述概念模型的特点。
4. 构建数据流图时，常用的基本原始符号有哪些？简要描述每种符号的意义。
5. 在程序流程图中的每个结点都必须有一条从开始结点到该结点本身的路径，以及一条从该结点到结束结点的路径。为什么数据流图没有关于结点之间可达性的类似规则？
6. 为某仓库的管理设计一个 E-R 模型。该仓库主要管理零件的订购和供应等事项。仓库向工程项目供应零件，并且根据需要向供应商订购零件。
7. 简要描述状态转换图以及其符号表示。
8. 办公室复印机的工作过程大致如下：未接收到复印命令时处于闲置状态；一旦接收到复印命令则进入复印状态；完成一个复印命令规定的工作后又回到闲置状态，等待下一个复印命令；如果执行复印命令时发现缺纸，则进入缺纸状态，发出警告，等待装纸；装满纸后进入闲置状态，准备接收复印命令。如果复印时发生卡纸故障，则进入卡纸状态，发出警告并等待维修人员来排除故障，故障排除后恢复到闲置状态。请用状态转换图描绘复印机的行为。
9. 简要描述数据字典的定义及其作用。
10. 数据字典通常使用哪些符号来定义数据？请举例说明。

第 5 章
结构化设计

随着软件工程的不断发展，软件设计作为软件开发过程中的重要环节，其重要性愈加突出。结构化设计作为一种经典且实用的设计方法，强调将软件划分为若干个相互独立、功能单一的模块，并通过接口将这些模块有机地结合在一起。这种设计方法有助于降低软件开发的复杂度，提高软件的可读性和可理解性，同时也有助于提高软件开发的效率和质量。因此，掌握结构化设计的方法和技巧对于软件工程师而言至关重要。

本章将深入探讨结构化设计的核心概念和原理，帮助读者掌握结构化设计的关键技术和方法，为后续的软件开发实践奠定坚实的基础。

本章的学习目标：
- 理解结构化设计与结构化分析的关系
- 掌握结构化设计的基本概念和相关原理
- 掌握衡量模块独立性的标准
- 理解典型的启发式规则
- 理解体系结构设计过程，掌握常见的体系结构分类类型及其应用
- 掌握接口设计的分类和设计原则，理解人机交互页面
- 理解文件设计和数据库设计的原理
- 掌握过程设计的基本步骤和方法
- 掌握面向数据结构的设计方法的基本思想和图形表示

5.1 结构化设计与结构化分析的关系

结构化设计技术为软件系统的构建提供了一种清晰、有序的方法论，使得软件的开发、维护和扩展变得更为高效。接下来将详细介绍结构化设计技术的基本要点，主要包括以下几点：
- 软件系统由层次化结构的模块构成。
- 模块应具备单一入口和单一出口。
- 构造和联结模块的基本准则是模块独立性。这意味着模块之间的耦合度应尽可能低，

而模块内部的内聚性应尽可能高。
- 通过图形化方式描述软件系统的结构,确保软件结构尽可能与问题结构保持一致。

系统分析的基本任务是定义用户所需要的软件系统,也就是回答系统必须"做什么"的问题;系统设计的基本任务是设计实现目标系统的具体方案,回答"怎样做"的问题。虽然分析与设计的任务性质不同,但二者之间存在密切的联系。

在结构化设计方法中,概要设计阶段负责将软件需求转化为数据结构和软件的系统结构。此设计阶段需要完成体系结构设计、数据设计和接口设计。在详细设计阶段,主要任务是完成过程设计。因此,结构化设计的整体框架如图 5-1 所示。

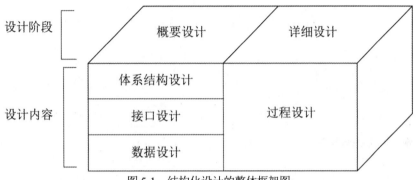

图 5-1 结构化设计的整体框架图

体系结构设计的任务是确定程序由哪些模块组成及其相互关系。需求分析阶段绘制的数据流图是进行体系结构设计的主要依据,提供了最基本的输入信息。

接口设计的结果详细描述了软件内部、软件与协作系统之间以及软件与用户之间的交互机制。接口的本质在于信息的流动,无论是数据流还是控制流,都需经过精心设计。因此,数据流图在接口设计中发挥着举足轻重的作用,提供了必需的基本信息。

数据设计环节的主要工作,是将需求分析阶段所创建的信息模型转变成实现软件功能所需要的数据结构。在实体-联系图中定义的数据及其相互关系,以及数据字典中的详细数据定义,共同构成了数据设计活动的坚实基础。

过程设计侧重于展示模块的功能和行为,并确定程序中每个模块的具体实现算法。在需求分析阶段绘制的输入、加工、输出(Input-Process-Output Diagram,IPO)图为过程设计奠定了基础。

因此,结构化设计方法的实施要点可总结如下。

(1) 深入研究、细致分析和全面审查数据流图,理解数据的流动和转换过程。

(2) 根据数据流图的特点,判断问题的类型(如变换型或事务型),并针对不同类型的问题制定相应的分析和处理策略。

(3) 由数据流图推导出系统的初始结构图,为软件的整体架构提供基础框架。

(4) 运用启发式原则对初始结构图进行迭代优化,直到得到符合设计要求的结构图。

(5) 根据分析模型中的实体关系图和数据字典进行数据设计,包括数据库设计或数据文件的设计。

(6) 在上面设计的基础上,结合分析模型中的加工规格说明和状态转换图进行过程设计,明确每个模块的功能和交互方式。

(7) 制订详细的测试计划,确保设计阶段的正确性和可行性。

虽然需求分析为结构化设计提供了关键的输入信息,但结构化设计并非简单的映射过程。实际上,结构化设计过程综合了多方面的因素,包括从以往类似软件的开发经验中获得的直觉和判断力,指导软件模型演化的一系列原理和启发规则,用于评估软件质量的标准,以及导出最终设计结果的迭代过程。

由此可见,结构化设计与结构化分析之间存在着紧密的联系。图 5-2 所清晰地展示了两者之间的相互作用与依赖关系。

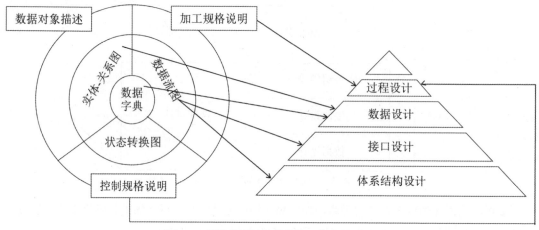

图 5-2 结构化设计与结构化分析的关系图

软件工程师在软件设计过程中的决策至关重要,它们不仅决定了软件开发的成功与否,还会影响软件维护的难易程度。因此,软件设计作为软件开发过程中的关键环节,其重要性不言而喻。软件设计提供了可评估的软件表示(即软件模型),是将用户需求转化为实际软件产品的必经之路。同时,软件设计是后续的一切软件开发和维护步骤的基础,如果不进行设计,将可能会导致软件系统的稳定性下降,从而难以维护和测试。此外,软件质量问题往往在软件工程过程的后期(例如编码结束时)才被发现,此时再进行修正已为时已晚。

5.2 结构化设计的概念和原理

软件设计是指在软件开发过程中,根据需求分析的结果和系统规格说明,对软件系统的结构、模块、接口和算法等关键要素进行详细设计和规划的过程。这一环节不仅复杂且至关重要,良好的设计能够为后续的编码、测试和维护工作奠定良好的基础。因此,在软件开发过程中,应当高度重视软件设计的质量和完整性,以确保设计结果的精确性和可靠性。

为了能获得高质量的设计结果,软件设计过程中应遵循一系列原理或准则。

5.2.1 模块化

模块是由边界元素限定的相邻程序元素的序列,并通过特定的标识符进行标识。模块构成了程序的基本单元,包括过程、函数、子程序和宏等。在面向对象方法学中,对象及其内部的方法也被视为模块。

模块化是将程序划分成独立命名且可独立访问的模块。每个模块负责实现特定的子功能,通过将各个模块集成起来,可以构建出完整的软件系统,满足用户的需求。此外,每个程序都相应地有一个最适当的模块数目,可使软件系统的开发成本最小化。采用模块化原理可以使软件结构更加清晰,不仅方便了设计过程,也提高了代码的可读性和可理解性。由于程序错误通常局限于特定的模块及其接口中,模块化还有助于软件的测试和调试,从而提高软件的可靠性。

同时,由于模块间的独立性,软件系统的修改和扩展也变得更加容易,只需针对相关模块进行调整即可。模块独立是模块化原理的进一步延伸和保障。模块独立的核心思想是设计具有独立功能且与其他模块相互作用较少的模块。这样的设计使得每个模块可以完成一个相对独立的特定子功能,并与其他模块保持简单的关联关系。

模块独立性主要体现在两个方面:一方面,独立的模块有助于简化软件的开发过程,使得多人协作开发更为高效;另一方面,独立的模块也便于软件的测试和维护,因为相对而言,修改设计和程序所需的工作量较小,从而降低了错误传播的风险,并提高了软件的可维护性。

总之,模块化和模块独立是软件设计中不可或缺的关键原理,它们共同构成了软件结构的基础,对于提高软件质量、降低开发成本以及促进团队协作具有重要意义。

5.2.2 抽象

抽象是人类在认识复杂现象和解决复杂问题的过程中使用的强有力的思维工具。

在现实世界中,一定事物、状态或过程之间往往存在着某种共性,即相似的方面。通过集中和概括这些相似之处,同时暂时忽略它们之间的差异,这就是抽象。换言之,抽象就是提取出事物的本质特性而暂时不考虑其他细节。

由于人类思维能力的局限性,当面临的因素过多且过于繁杂时,精确思维将变得困难。因此,在设计复杂系统时,唯一有效的方法是采用层次化的分析与构造方式。一个庞大的软件系统,应当首先通过一系列高级的抽象概念来理解和构造,这些高级概念又可以进一步拆解为一些较低级的概念来理解和构造,层层递进,直至触及最低层的具体元素。

这种层次化的思维和解题方式必须在程序结构中体现,每一层次的抽象概念都应以某种形式对应于程序中的一组特定组件。

在探讨问题的模块化解法时,可以引入多个抽象的层次。在最高层次的抽象中,利用问题环境的语言,以概括的方式来描述问题的解决策略;而在较低抽象层次中,则采用更过程化的方法,把面向问题的术语和面向实现的术语相结合来描述问题的解决策略;在最低层次的抽象中,则使用可以直接实现的具体方式来描述问题的解决策略。

5.2.3 逐步求精

逐步求精是人类解决复杂问题时采用的一种基本方法，也是许多软件工程技术的基础。可以将逐步求精定义为："为了能集中精力解决主要问题而尽量推迟对问题细节的考虑。"

求精本质上是一个逐步细化的过程。这一过程起始于在高抽象级别定义的功能陈述或信息描述，此时的陈述仅停留在概念层面，勾勒出功能或信息的轮廓，却未深入到其内部运作机制或结构的细节。求精要求设计者逐步深入，对原始陈述进行细化，通过一系列的求精(细化)步骤，逐渐揭示并丰富其内在细节。

逐步求精之所以如此重要，源于人类的认知过程遵守米勒法则：一个人在任何时候只集中注意力于 7 ± 2 个知识块上。

实际上，逐步求精可以被视为一种优先级排序技术，用于管理某一时期内必须处理的各类问题。它帮助软件工程师专注于当前开发阶段最为相关的问题，而暂时搁置那些虽然重要但急于解决的细节。这些细节将在后续阶段得到妥善处理。

在用逐步求精方法解决问题的过程中，问题的优先级和重要性随着时间而变化。最初，问题的某个方面可能无关紧要、无须考虑，但在后续阶段，同样的问题可能变得至关重要且必须解决。因此，逐步求精方法不仅确保每个问题最终都得到解决，而且确保在适当的时间解决，从而避免了同时处理 7 个以上知识块所带来的压力。

抽象与求精是一对互补的概念，两者相辅相成。抽象使得设计者能够说明过程和数据，而无需纠结于低层次的琐碎细节。事实上，抽象可被视为一种特殊的逐步求精方法，它通过忽略不必要的细节，突出关键的部分，从而推动设计的深化。而求精则帮助设计者在设计过程中揭示出低层细节。两者共同作用，帮助设计者在设计的演进过程中，逐步构建出完整而精细的设计模型。

5.2.4 信息隐藏

信息隐藏原理指出，在设计软件模块时应确保一个模块内包含的信息(过程和数据)对不需要这些信息的模块来说是不可访问的。实际上，应该隐藏的不是有关模块的一切信息，而是模块的实现细节。

"隐藏"意味着可以通过定义一组相互独立的模块来实现有效的模块化。这些模块在交互时，仅交换完成系统整体功能所必需的信息，从而确保模块之间的松耦合。

运用信息隐藏原理设计软件模块，有助于显著降低在软件修改过程中错误发生的概率。这是因为通过隐藏实现细节，可以使模块的外部接口更加清晰和稳定，从而减少因误改内部实现而导致的错误。

局部化作为实现信息隐藏的一种手段，旨在将关系紧密的软件元素在物理位置上靠近。这种做法有助于增强模块的内聚性，并减少模块间的耦合度。在模块内部使用局部数据元素是一个典型的例子。

5.3 度量模块独立性的标准

模块的独立程度可以由两个定性标准来衡量,即内聚性和耦合性。内聚性评估一个模块内部各个元素彼此结合的紧密程度,而耦合性则评估不同模块彼此间互相依赖(连接)的紧密程度。

如果一个模块具有高内聚性和低耦合性,那么可以认为它在功能上与其他模块相互独立。功能独立性指的是一个内聚的模块执行单个任务或函数,并与其他模块保持最小的互动。功能独立性对于优良设计至关重要,主要体现在以下三个方面。

- **错误隔离**:功能独立性会减少错误传递。由于功能独立的模块与其他模块之间的相互作用较少,因此一个模块中存在的任何错误都不会直接影响到其他模块,从而降低了错误传递的风险。
- **重新使用的范围**:功能独立的模块易于重用,因为每个模块都有一些定义明确并且准确的功能,而且与其他模块的接口简单且最少。因此,一个内聚性的模块可以方便地被提取并重新用于其他项目中。
- **可理解性**:设计的复杂程度会降低,因为不同的模块之间保持相对的独立性,使得每个模块在隔离状态下也更易于理解。

要准确评估设计方法的优劣,应该定量地测量不同模块之间的内聚性和耦合性。但遗憾的是,现在还没有一个令人满意的办法可以定量地测量内聚性和耦合性。在缺少定量测量方法的情况下,将内聚性和耦合性分成不同类型,可以有助于理解一个模块的内聚程度。例如,通过检测一个模块所显示的内聚力类型,可以对该模块的内聚性有一个大致的认识。

5.3.1 内聚

内聚性作为衡量模块内部元素结合紧密程度的关键指标,是信息隐藏和局部化概念在软件工程实践中的自然延伸。

在软件设计过程中,追求高内聚性,特别是功能内聚和顺序内聚,是提升模块独立性和可维护性的重要手段。当然,在特定情境下,中等程度的内聚,如沟通内聚和程序内聚,也是可接受的,其效果与高内聚性相差不大。然而,应尽量避免使用低内聚,如巧合内聚、逻辑内聚和临时内聚,这些情况可能导致模块功能混杂、增加维护难度。

一个模块的内聚力可以表现为多种类型,每种类型都反映了模块内部元素之间不同的关联方式,如图 5-3 所示。

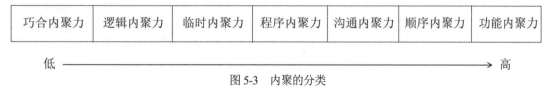

图 5-3 内聚的分类

图 5-3 所示内聚力的类型如下所述。

- **巧合内聚力**：当一个模块执行一组相互间联系松散或毫无联系的任务时，可以认为该模块具备巧合内聚。在这种情况下，模块包含了一个随机集合的函数。函数被放到模块中可能仅仅是偶然的组合，而不是基于任何想法或设计。
- **逻辑内聚力**：如果一个模块的所有元素都执行相似的操作，例如错误处理、数据输入和输出等，它们共同构成逻辑上紧密相连的功能集合，那么该模块就具有逻辑内聚力。例如，一套生成不同输出报告的打印函数会被安排进一个单独的模块。
- **临时内聚力**：当一个模块包含的函数需要在同一时间段内执行且相互关联，就可以认为这个模块具有临时内聚力。例如，初始化、开始和关闭一些过程的函数集。
- **程序内聚力**：如果一个模块包含实现某一完整过程(如解码算法)所需的所有函数，并且这些函数共同协作以达成特定目标，那么该模块就具备程序内聚力。
- **沟通内聚力**：如果一个模块的所有函数都围绕同一数据结构进行操作，例如定义在一个阵列或栈上的函数集，那么该模块就具备沟通内聚力。
- **顺序内聚力**：如果一个模块的元素按序列排列，一个元素的输出作为下一个元素的输入，形成紧密的工作流程，那么该模块就具有顺序内聚力。
- **功能内聚力**：当一个模块的不同元素协同工作以实现单一功能时，就具备功能内聚力。例如，管理雇员工资所需的所有功能模块。

判断一个模块内聚力的方法是：首先，明确模块的主要功能，并尝试用一个句子来描述该模块的功能。如果需要用一个并列句来描述该模块的功能，那么它可能具有顺序或沟通内聚力；如果在这个句子中包含"first""next""after"和"then"等词汇，那么模块可能具备顺序或临时内聚力；如果描述中出现了"initialize""setup"和"shutdown"等词汇，那么模块可能具有临时内聚力。

内聚和耦合是密切相关的，模块内的高内聚往往意味着模块间的松耦合。尽管内聚和耦合都是进行模块化设计的有力工具，但是实践中内聚被认为更重要，因此应该将更多注意力集中到提高模块的内聚程度上。

5.3.2 耦合

耦合，作为衡量软件结构中不同模块之间互连程度的标准，受模块间接口的复杂性、模块访问点以及接口数据流动等因素的影响。

两个模块之间的耦合度直观地反映了它们之间的相互独立程度。如果两个模块相互之间交换大量的数据，说明它们彼此之间存在高度依赖关系。两个模块之间的耦合程度取决于它们之间接口的复杂程度。接口的复杂程度主要体现在调用模块功能时交换的参数种类和数量上。

接下来，对能够存在于不同模块之间的耦合种类进行分类。即使没有技术能够精确地和定量地测量两个模块之间的耦合程度，但是耦合种类的分类至少可以定量地估算两个模块间的耦合程度。

典型的模块间耦合类型包括数据耦合、标记耦合、控制耦合、公共耦合和内容耦合。不同类型的耦合如图 5-4 所示，其中耦合强度从数据耦合到内容耦合依次递增。

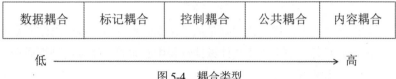

图 5-4 耦合类型

图 5-4 所示耦合类型的具体描述如下。

- **数据耦合**：如果两个模块使用整数、浮点数或字符等基础数据进行通信，它们之间的耦合就是数据耦合。这些数据应直接关联于问题本身，而非用于控制目的。
- **标记耦合**：如果两个模块使用组合数据项(例如 PASCAL 中的一个记录或 C 语言中的结构的)进行通信，它们之间的耦合就是标记耦合。
- **控制耦合**：如果一个模块中的数据被用于指导另一个模块中的指令执行顺序，这两个模块之间存在控制耦合。例如，一个标志被安装在一个模块中，但是却在另一个模块中进行测试。
- **公共耦合**：如果两个或多个模块共享一些全局数据项目，它们之间的耦合就是公共耦合。
- **内容耦合**：如果两个模块的代码是共享的(例如从一个模块到另一个模块的分支命令)，它们之间的耦合就是内容耦合。

在软件设计中，应致力于构建尽可能松散耦合的系统。模块间耦合松散，有助于提高系统的可理解性、可测试性、可靠性和可维护性。耦合度越高，模块独立性越弱。模块之间的高耦合将不仅会使一个设计难以理解和维护，同时由于高耦合的模块无法由不同的团队成员单独开发，所以还要花费开发人员更多的时间和精力。此外，高耦合的模块执行和调试起来也很困难。

因此，在设计过程中应遵循以下准则：尽量降低耦合程度，优先使用数据耦合，尽量少用控制耦合和标记耦合，限制公共耦合的使用范围，完全不用内容耦合。

5.4 启发规则

5.4.1 什么是启发式？

启发式是指在解决问题时采用的一种常规方法或者经验法则，通常用于快速做出决策或寻找解决方案。虽然这种方法可能并不完全准确或最优，但它可以在有限的时间内得出合理的结果。启发式方法往往基于过去的经验、常识或问题的特定特征，帮助人们在面对复杂情况时做出相对有效的决策。

在计算机科学、心理学和决策理论等领域，启发式方法得到了广泛的应用。无论是解决复杂问题、制定决策，还是设计高效算法，启发式方法都发挥了重要作用，为各领域的研究与实践提供了有力的支持。

5.4.2 典型的启发式规则

根据软件工程的设计准则,启发式规则是从长期的软件开发实践中总结而来的规则。这些规则既不是固定的设计目标,也不是在软件设计过程中必须普遍遵循的硬性原理,而是为软件工程师提供有益的参考与指导。

在长期的软件开发过程中,软件工程师们积累了丰富的经验,并从中提炼出了一些启发式规则。这些启发式规则在许多场合都能给软件工程师提供有益的启示,往往能帮助工程师找到改进软件设计和提高软件质量的途径。下面是一些典型的启发式规则。

(1) 改进软件结构、提高模块独立性。设计出软件的初步结构以后,应仔细审查和分析该结构,通过模块分解或合并,力求降低耦合、提高内聚性。例如,当发现多个模块共享相同的子功能时,应将这些子功能独立出来,形成一个单独的模块,以供这些模块调用。

(2) 模块规模应该适中。模块规模过大会降低可理解程度;模块规模过小则会增加开销。通过模块分解或合并调整模块规模时,不可降低模块独立性。

(3) 深度、宽度、扇入和扇出都应该适中。如图 5-5 所示,深度是软件结构中的控制层数,表示一个系统的大小和复杂程度;宽度是软件结构中同一个层次上的模块总数的最大值,宽度越大的系统越复杂;扇入表示一个模块被多少个上级模块直接调用,通常情况下,扇入越大说明共享该模块的上级模块越多,在保持模块独立性的条件下,扇入越大越好;扇出是一个模块直接控制(调用)的下级模块数目,扇出过大意味着模块过于复杂,而扇出过小则意味着功能过于集中。一个优秀的系统通常具有顶层扇出高、中层扇出少、底层扇入高的"葫芦型"结构特点。

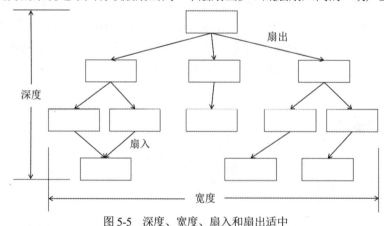

图 5-5 深度、宽度、扇入和扇出适中

(4) 模块的作用域应限定在控制域内。作用域是指受该模块内一个判定影响的所有模块的集合。控制域是模块本身和所有直接或间接从属于它的模块集合。

(5) 尽量降低模块接口的复杂程度,使信息传递简单并且和模块功能一致。接口复杂或与模块功能不一致通常是紧耦合或低内聚的表现,应该重新分析该模块的独立性。

(6) 设计具有单入口、单出口的模块。这条启发式规则旨在避免模块间出现内容耦合,确保模块间的交互清晰且易于管理。

(7) 模块功能应具备可预测性。如图 5-6 所示，模块在接收相同的输入数据时应能产生相同的输出，同时应避免模块功能过分局限。具有内部状态且输出取决于该状态的模块往往功能不可预测。

图 5-6　功能可预测

5.5 体系结构设计

5.5.1 典型的数据流类型和体系结构

典型的数据流类型包括变换型数据流和事务型数据流。由于数据流类型的不同，系统结构也会有所差异。通常情况下，系统中的所有数据流都可以被视为变换数据流。然而，当遇到有明显事务特性的数据流时，采用事务流设计方法会更为合适。

1. 变换型数据流

当信息通过输入通路进入系统，并由外部形式变换成内部形式后，这些信息会经过变换中心进行加工处理。处理的信息会沿输出通路再次变换为外部形式，最终离开软件系统。具备上述特征的数据流被称为变换型数据流。

变换型数据处理问题的工作过程大致分为三个步骤，获取数据、变换数据和输出数据。因此，变换型系统的结构图通常由输入、变换中心和输出 3 部分组成，如图 5-7 所示。

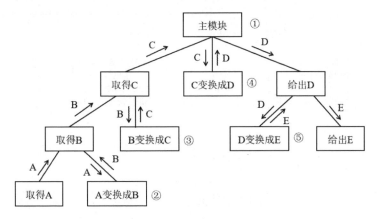

图 5-7　变换型系统的结构图

2. 事务型数据流

事务型数据流通常涉及接收一项事务，根据事务处理的特点和性质，选择一个适当的处理单元来执行，并给出相应的结果。在这个过程中，完成选择分派任务的部分称为事务处理中心或分派部件。

原则上所有信息流都可以归类为变换流，但是如果信息沿输入通路到达一个称为事务中心的处理单元，并且该处理单元根据输入数据的类型在若干个候选的动作序列中选择一个来执行，那么这类数据流应被归为一种特殊的数据流，称为事务型数据流。事务型系统的结构图如图5-8所示。

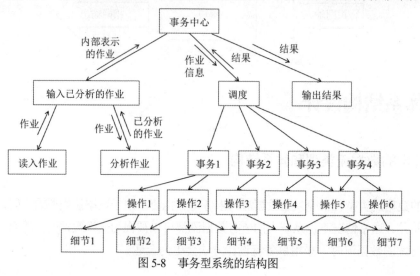

图5-8 事务型系统的结构图

5.5.2 基于数据流方法的设计过程

面向数据流的设计方法旨在提供一种系统化途径，用于设计软件结构。这种方法定义了一些"映射"规则，将数据流图变换成软件结构。基于数据流方法的设计过程如图5-9所示。

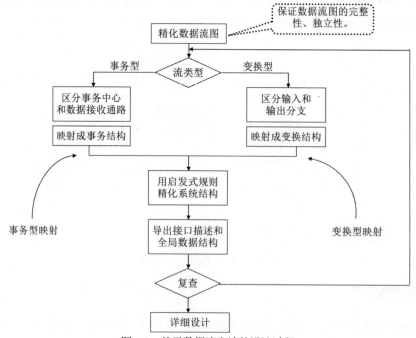

图5-9 基于数据流方法的设计过程

下面描述了基于数据流方法的主要设计步骤。

1. 复查基本系统模型

需要对结构化分析过程中构建的基本系统模型进行复查,确保系统的输入和输出数据符合实际需求。

2. 复查并精化数据流图

对需求分析阶段绘制的数据流图进行详细复查,并在必要时进行精化。不仅要确保数据流图准确反映目标系统逻辑模型,还要保证数据流图中的每个处理单元都代表一个规模适中、相对独立的子功能。此过程的关键在于确保划分模块及其功能的完整性和准确性。

3. 确定数据流图的特性

在数据流图中,信息流通常被视为变换流。然而,当遇到有明显事务特性的信息流时,建议采用事务分析方法进行设计。在这一步,设计人员应该根据数据流图中占优势的属性确定数据流的全局特性,并识别出与全局特性不同的局部区域,以便根据这些子数据流的特点进一步精化软件结构。

4. 确定数据流的边界

对于变换流,需要分析并确定输入流和输出流的边界,从而孤立出变换中心。而对于事务流,则应分析并确定输入流的边界,从而明确事务中心的位置。

5. 完成"第一级分解"

软件结构体现了对控制的自顶向下分配,其中分解就是分配控制的过程,而第一级分解就是分配顶层控制。对于变换流,顶层总控模块协调输入信息处理、变换中心和输出信息处理三个从属模块的控制功能。而对于事务流,顶层总控模块则管理下属的接收分支和发送分支的工作。接收分支由输入流映射而成,而发送分支的顶层是一个调度模块,该模块根据输入数据的类型调用相应的活动分支。

机械地遵循上述映射规则很可能会产生一些不必要的控制模块。在实际操作中,可能需要根据实际情况对控制模块进行合并或分解,以确保其功能的合理性和复杂性适中。

6. 完成"第二级分解"

所谓第二级分解是指将数据流图中的每个处理映射为软件结构中的一个适当模块。对于变换流,从变换中心的边界开始,沿输入和输出通路逐步映射处理为相应的低层模块。而对于事务流,映射出接收分支结构的方法和变换分析映射出输入结构的方法很相似。发送分支的结构包含一个调度模块,该模块控制下层的所有活动模块,并将数据流图中的每个活动流通路映射成与其流特征相对应的结构。

在设计大型系统时,通常会将变换分析和事务分析应用到同一个数据流图的不同部分,由此得到的子结构形成"构件",用于构造完整的软件结构。

7. 优化复查

运用启发规则,遵循模块的独立性原则,对上述步骤形成的系统结构求精,并导出接口描述和全部数据结构。经过复查确认无误后,进入详细设计阶段。

5.5.3 映射方法

数据流的不同类型决定了相应的映射策略。

1. 变换型映射方法

变换分析方法是一种系统化的软件设计方法,它基于数据流图构建模块化的软件结构。该方法的核心思想在于,根据数据在系统中的流动方式,将系统划分为不同的逻辑部分,并据此设计相应的软件模块。设计步骤如下。

(1) 重新绘制数据流图。在需求分析阶段得到的数据流图侧重于描述系统如何加工数据,而重新绘制数据流图则重点描述系统中的数据是如何流动的。

(2) 在数据流图上区分系统的逻辑输入、逻辑输出和中心变换部分。逻辑输入指的是进入系统并经过处理的数据,逻辑输出则是指经过系统处理后输出的数据,而中心变换部分则是对数据进行主要处理的核心区域。

(3) 进行一级分解,设计系统模块结构的顶层和第一层。自顶向下设计的关键是找出系统树形结构图的根节点或顶层模块。首先,设计一个主模块,并为其指定一个程序名称,然后将其绘制在与中心变换相对应的位置上。对于第一层的设计,为每个逻辑输入设计一个输入模块,其功能是为主模块提供数据;为每个逻辑输出设计一个输出模块,其功能是将主模块提供的数据输出;为中心变换设计一个变换模块,其功能是将逻辑输入转换成逻辑输出。

(4) 进行二级分解,设计中层和下层模块。这一步工作是自顶向下,逐层细化,为每一个输入模块、输出模块、变换模块设计它们的从属模块。设计下层模块的顺序可以灵活选择,但通常建议先设计输入模块的下层模块,以确保数据能够正确输入和处理。

2. 事务型映射方法

事务型映射方法在处理具有特定作业数据流的应用中发挥着重要作用。这种数据流能够触发一个或多个处理过程,从而完成特定的作业功能,被称为事务。

事务分析通常始于对数据流图的深入剖析,采用自顶向下的方式逐步分解,构建系统的结构图。以下是事务分析方法的主要步骤。

(1) 识别事务源。利用数据流图和数据词典,结合问题定义和需求分析结果,找出各种需要处理的事务。

(2) 规定适当的事务型结构。在确定数据流图具有事务型特征之后，根据模块划分理论，建立适当的事务型结构，确保系统的逻辑清晰、功能划分合理。

(3) 识别各种事务和它们定义的操作。

(4) 利用公用模块来提高系统的复用性和可维护性。

(5) 建立事务处理模块。对每个事务或者联系密切的一组事务建立事务处理模块。

(6) 对事务处理模块规定其全部的下层操作模块，以实现特定的事务处理功能。

(7) 对操作模块规定它们的全部细节模块。这些细节模块是实现系统功能的最小单元，它们的设计和实现将直接影响系统的性能和稳定性。

值得注意的是，大型的软件系统往往同时包含变换型结构和事务型结构。因此，在实际的软件结构设计中，通常以变换分析为主，辅以事务分析，确保系统结构合理、功能完整。

5.6 接口设计

系统的接口设计是由穿过系统边界的数据流定义的。在最终构建完成的系统中，这些数据流会具体呈现为用户界面中的表单、报表等交互元素，或是与其他系统进行信息交换的文件与通信协议。通过这种方式，系统能够高效地处理数据，实现用户与系统的顺畅交互，并确保与其他系统的无缝集成。

5.6.1 接口设计的分类

接口设计的依据是数据流图中的自动化系统边界。接口设计主要包括以下3个方面。

(1) 模块或软件构件间的接口设计。当把程序分解为不同的部分时，必须明确这些部分之间的交互方式，以便各开发团队能够独立工作，减少长期协作的需求。在开发人员开始编写代码之前，应投入足够的时间来定义这些接口，即便这可能需要编写一些初始代码来辅助定义过程。在这种情况下，为了分隔开发团队并促进并行工作，可能需要引入临时接口。随着代码编写的深入和交互信息的明确，最终接口的定义将逐渐变得清晰。

(2) 软件与其他软硬件系统之间的接口设计。很多应用程序必须与外部系统进行交互，因此外部接口往往比内部接口更容易指定。如果应用程序需要与现有系统进行交互，就必须满足该系统目前现有的接口需求。反之，如果计划让未来的系统进行对接，则需要提前定义一系列有效的接口，并确保这些接口既简洁又灵活，以应对可能的需求变化。

(3) 软件与人(用户)之间的交互设计。除了应用程序的基本导航模式外，高层次的用户接口设计能够用来描述一些特殊的功能，如交互式地图、关键数据表格或指定系统设置的方法(如滑块、滚动条或文本框)。这部分的设计能够解决整体外观问题，如配色方案、公司标志的布局以及界面风格。

在用户接口设计中，无须为每个界面元素提供详细的设计，细节部分可以在后续的详细设计和实现阶段中逐步完善。因此，接口设计是软件工程中不可或缺的一环，它涉及软件内部、外部以及与用户之间的多个交互层面。

5.6.2 人机交互界面

在设计阶段，必须根据需求精心构建用户界面的交互细节，包括人机交互必要的实际显示和输入功能。人机交互(用户)界面作为用户与系统沟通的主要桥梁，其设计至关重要。为了设计出高效且人性化的界面，设计者需要深入了解以下信息。

1. 用户界面应具备的特性

(1) 可使用性。这是用户界面设计最重要的目标。一个优秀的界面应当简洁易用、风格一致、系统响应迅速且成本低廉，同时需具备出色的容错能力。

(2) 灵活性。考虑到用户的不同特点、能力和知识水平，界面需要能够适应不同用户的需求，并确保不同的界面形式不会影响任务的完成。

(3) 可靠性。作为用户界面的重要保障，应确保用户能够正确、可靠地使用系统，保证相关程序和数据的安全性。

2. 用户类型

用户类型也是界面设计中不可忽视的因素。根据用户对计算机系统的熟悉程度，可以将用户分为外行型、初学型、熟练型和专家型。针对不同类型的用户，界面设计应提供不同的支持方式和界面形式，从而满足他们的不同需求。

用户类型的描述如下。

- 外行型：对计算机系统认知很少或几乎没有了解。
- 初学型：对计算机有一定使用经验，对系统的理解不足或经验较少，因此需要提供较多的界面支持。
- 熟练型：对系统有丰富的经验，需要较少的界面支持，但不能处理意外错误。
- 专家型：了解系统的内部构造，需要提供能够修改和扩充系统能力的复杂界面。

3. 界面设计类型

从用户与计算机交互的角度来看，用户界面设计主要有问题描述语言、数据表格、图形、菜单、对话和窗口等类型。应综合考虑其使用的难易程度、学习成本、操作速度、功能复杂性、控制方式以及开发难度等因素。一个优秀的界面设计往往采用多种设计类型，以适应不同的任务需求。

5.6.3 设计原则

人机交互设计应遵循以下原则，以确保用户界面的友好性与操作的高效性。

(1) 一致性。保持术语统一，操作步骤一致，并确保用户活动逻辑连贯。一致性的设计有助于减少用户的认知负担，提升操作效率。

(2) 减少操作步骤。尽量减少用户使用键盘和鼠标的次数，优化下拉菜单的访问路径，以降低操作成本。

(3) 避免"哑播放"。系统应在执行操作时给予用户明确的反馈，避免用户在不了解系统状态的情况下进行操作。

(4) 提供"撤销"(Undo)功能。该功能允许用户在误操作后进行撤销，从而保障操作的安全性和灵活性。

(5) 减轻用户的记忆负担。不应要求用户在不同窗口之间记忆和传递信息，确保操作的流畅性和准确性。

(6) 提高学习效率。为高级特性提供联机帮助，方便用户在需要时快速获取所需信息，提升学习效率和用户体验。

遵循以上原则进行设计，有助于创建出既易于使用又高效的人机交互界面，从而提升用户满意度和系统整体性能。

5.7 数据设计

5.7.1 文件设计

文件设计的主要工作是根据使用需求、数据处理方式、存储的信息量、数据的动态特性以及可用的设备条件等因素，确定文件类型、选择文件媒体、制定文件组织方式、设计文件记录格式，并估算文件的容量。以下情况适合选择文件存储。

(1) 数据量较大的非结构化数据(如多媒体信息)。由于这类数据往往庞大而复杂，采用文件存储能够更好地管理和维护，确保其完整性和可用性。

(2) 数据量大且信息分散，如历史记录和档案文件。这些文件往往不需要频繁查询或修改，而是需要长期保存和备份。文件存储能够提供足够的存储空间，并允许以自然的方式组织和访问这些数据。

(3) 非关系层次化数据(如系统配置文件)。这类数据通常具有特定的层次结构和组织方式，不适合存储在关系型数据库中。文件存储能够灵活地处理这类数据，并提供高效的读写性能。

(4) 对数据的存取速度要求极高的情况。虽然关系型数据库在某些方面提供了高效的查询性能，但对于某些特定应用，文件存储可能通过优化存储结构和访问方式来实现更高的存取速度。

(5) 临时存放的数据。这些数据可能是短暂的、不需要长期保存的，或者仅为了某次特定任务而创建。文件存储能够快速地创建和删除文件，以满足临时数据的存储需求。

5.7.2 数据库设计

在构建应用程序的过程中,开发者面临多种数据库的选择,例如用于存储层次数据、文档、图形、网络、键值对以及对象的专业化数据库。然而,在实际应用中,大多数常见的数据库都是关系型的。关系型数据库不仅操作简便,更在数据查找、组合、排序及重组方面提供了强大的工具集,极大地方便了开发者的工作。

深入了解关系型数据库的基础知识对于学习数据库范式至关重要。关系数据库通过表存储数据。每一个表都包含一系列相互关联的数据记录,这些记录通常被称为元组,以强调它们是由一组相互关联的值构成的。每个记录的数据部分被称为字段。每个字段都有其独特的名称和数据类型。重要的是,同一字段在不同记录中的值都遵循该字段的数据类型规定。

外键关系是关系型数据库中一种特别重要的概念。当某个表中的一个或多个字段的值能够唯一地标识另一个表中的某个记录时,这些字段就被称为外键。外键的存在不仅有助于维护数据之间的关联性,还能确保数据的完整性和准确性。

尽管创建关系数据库的过程相对简单,但如果没有经过精心设计,可能会遇到一系列问题。例如,重复数据会浪费存储空间并降低数据更新速度;数据删除可能受到其他无关数据部分的制约;一些数据的表示可能依赖其他不必要的数据部分;数据库可能无法支持多个值的需求等。这些问题在数据库术语中被称为异常。

为了解决这些异常问题,需要对数据库进行规范化处理。数据库规范化是一个标准化的过程,旨在通过重新规划数据库结构来减少数据冗余、提高数据一致性,并简化数据的插入、更新和删除操作。这个过程涉及将原始的、可能包含大量冗余和非规范化数据结构的数据库转换为一系列结构更加合理、关系更加清晰且冗余度更低的规范化表格。

规范化的核心思想是将数据分解为更小的、更易于管理的片段,并通过定义它们之间的关系来组织这些数据。这通常涉及将表分解为多个具有特定属性的子表,并通过主键和外键等机制来确保数据的完整性和准确性。在结构化设计的过程中,可以将结构化分析阶段建立的数据字典和实体-关系模型映射到关系数据库中。这种映射过程包括数据对象的映射和关系的映射,有助于更高效地设计和管理关系数据库。

根据数据库的组织形式,可以将数据库分为网状数据库、层次数据库、关系数据库、面向对象数据库、文档数据库和多维数据库等类型。尽管存在多种数据库类型,关系数据库以其成熟的技术和广泛的应用领域,仍然成为大多数设计者的首选。在结构化设计方法中,将实体-关系模型映射到关系数据库是一个自然而直接的过程,这进一步证明了关系数据库在应用程序开发中的重要地位。

5.8 过程设计

在完成概要设计的任务后,便进入详细设计阶段,也称为过程设计阶段。在这个阶段中,需要明确每个模块的具体实现算法，并借助过程描述工具，精确且详尽地描述这些算法。

过程描述工具作为表达过程规格说明的重要手段，主要分为以下三类。

(1) 图形工具。把过程的细节用图形方式描述出来。常见的图形工具有程序流程图、N-S 图、PAD 图和决策树等，这些工具能够帮助设计师更直观地理解和表达程序的控制流程。

(2) 表格工具。用一张表来表达过程的细节，列出各种可能的操作及其相应的条件，即详细描述输入、处理和输出信息。典型的表格工具如决策表，能够清晰展示决策过程中各因素之间的关系。

(3) 语言工具。用某种类高级语言(通常称为伪代码)描述过程的细节。这种伪代码既保持了高级语言的清晰性和结构性，又避免了具体编程语言的复杂性，使得算法的描述更加简洁明了。在数据结构教材中，常使用类 Pascal 和类 C 语言来描述算法。

5.8.1 结构化程序设计语言与伪代码

如果一个程序的代码块仅通过顺序、选择和循环这三种基本控制结构进行连接，并且每个代码块只有一个入口和一个出口，则该程序被称为结构化程序。

结构化程序设计的主要原则如下。

(1) 使用语言中的顺序、选择和循环等有限的基本控制结构表示程序逻辑，确保程序结构的清晰和简洁。

(2) 选用的控制结构只准许有一个入口和一个出口，避免过多的跳转和混乱，从而提高程序的可读性和可维护性。

(3) 程序语句组成易于识别的代码块，每个块只有一个入口和一个出口。

(4) 复杂的逻辑结构应该用基本控制结构进行组合嵌套来实现，而不是依赖复杂的跳转和条件判断。

(5) 当语言中缺少某些控制结构时，可以使用一段等价的程序段进行模拟，并在整个系统中应保持这种模拟的一致性，以确保程序的稳定性和可维护性。

(6) 严格控制 GOTO 语句的使用，只有在使用非结构化程序设计语言实现结构化构造时，才应考虑使用。

(7) 在程序设计过程中，尽量采用自顶向下、逐步细化的原则，先从整体上把握程序的结构和功能，然后逐步细化每个模块的实现细节。

伪代码是一种介于自然语言和形式化语言之间的半形式化语言，是一种用于描述功能模块的算法设计和加工细节的语言，也称为程序设计语言(Program Design Language，PDL)。

伪代码的基本控制结构如下。

- 简单陈述句结构：强调使用简洁明了的语句，避免复杂的复合语句。
- 判定结构：通常采用 IF-THEN-ELSE 或 CASE-OF 结构来表示条件判断和分支处理。
- 重复结构：使用 WHILE-DO 或 REPEAT-UNTIL 结构来表示循环和重复执行的操作。

PDL 具有严格的关键字外部语法，用于定义控制结构和数据结构，这使得 PDL 在描述程序逻辑时具有高度的准确性和一致性。另外，PDL 的内部语法在表示实际操作和条件的内部语法时通常是灵活自由的，以适应各种工程项目的需求。因此，PDL 通常被视为一种"混合"语言，它结合了自然语言的词汇和结构化程序设计语言的语法，使得程序的设计过程更加灵活和高效。

5.8.2 程序流程图

程序流程图，也称为程序框图，是软件开发者最熟悉的算法表达工具，也是历史悠久且使用广泛的描述过程设计的方法，然而，其应用中的混乱程度也不容忽视。

程序流程图的基本控制结构主要包括以下几种类型，如图 5-10 所示。

(1) 顺序型。由多个连续的加工步骤依次排列构成，每个步骤按照既定顺序依次执行。

(2) 选择型。根据某个逻辑判断式的取值，从两个可选的加工步骤中选择一个执行。

(3) 先判定型循环 DO-WHILE。当循环控制条件满足时，特定加工步骤将被重复执行，直至条件不再成立。

(4) 后判定型循环 DO-UNTIL。首先执行特定加工步骤，然后检查控制条件是否成立，若不成立则继续执行加工步骤，形成循环，直至条件成立为止。

(5) 多分支选择型(CASE 型)。列举多种加工情况，根据控制变量的取值，选择并执行相应的加工步骤。

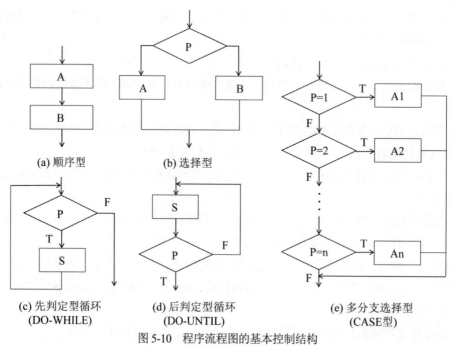

(a) 顺序型　　(b) 选择型

(c) 先判定型循环　　(d) 后判定型循环　　(e) 多分支选择型
(DO-WHILE)　　(DO-UNTIL)　　(CASE型)

图 5-10　程序流程图的基本控制结构

程序流程图的标准符号如图 5-11 所示。在流程图中，循环的界限由一对特殊的符号进行标识。循环开始符(循环上界)是削去上面两个直角的矩形，用以表示循环的起始点；循环结束符(循环下界)是削去下面两个直角的矩形,用以标识循环的结束位置。这些符号的使用有助于清晰地表达程序中的循环结构,提高程序的可读性和可维护性。

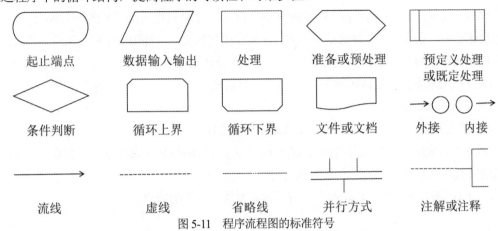

图 5-11　程序流程图的标准符号

5.8.3　盒图

考虑到需要一种能够严格遵守结构程序设计的图形工具,Nassi 和 Shneiderman 提出了一种符合结构化程序设计原则的图形描述工具,称为盒图(box-diagram),也称为 N-S 图。

N-S 图的设计特点在于其不含箭头,因此无法随意转移控制流,确保了程序的逻辑结构清晰有序。坚持使用 N-S 图作为过程设计的工具,有助于程序员逐步培养以结构化的思维方式来分析和解决问题的习惯。

N-S 图的基本控制结构如图 5-12 所示。为了精确地表达五种基本控制结构,特别规定了五种图形构件。这些图形构件能够直观地展现程序的逻辑流程,有助于程序员更好地理解和实现复杂的程序结构。

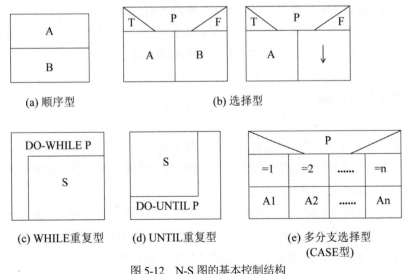

图 5-12　N-S 图的基本控制结构

5.8.4 PAD 图

PAD(Problem Analysis Diagram，问题分析图)是由日立公司提出的一种图形工具，由程序流程图演化而来。它通过二维树状结构图来表示程序的控制流，这种图形结构能够较为容易地转换为程序代码。因此，PAD 图是一种用结构化程序设计思想表现程序逻辑结构的图形工具。

PAD 图的基本控制结构如图 5-13 所示，其直观地展示了程序执行的逻辑流程。

PAD 图的优点如下。

(1) 使用 PAD 符号所设计的程序必然是结构化程序。

(2) PAD 图能够清晰地描绘出程序的结构，图中竖线的数量代表程序的层次数，这使得程序员能够直观地理解程序的层次关系和结构。

(3) PAD 图在表现程序逻辑时，具有易读、易懂、易记的特点。

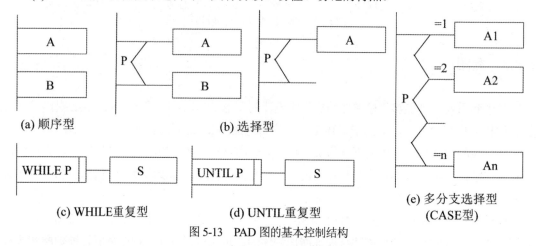

图 5-13　PAD 图的基本控制结构

(4) PAD 图支持自动转换为高级语言源程序，极大地提高了编程的效率。

(5) PAD 图既可以表示程序逻辑，也可用于描绘数据结构。

(6) PAD 图的符号体系支持自顶向下、逐步求精的程序设计方法。这种方法有助于引导程序员在程序设计的过程中逐步细化、完善程序的结构和功能。

5.8.5 判定表与判定树

在软件设计过程中，当算法中包含多重嵌套的条件选择时，使用程序流程图、盒图、PAD 图或程序设计语言(PDL)都不易清楚地描述其逻辑结构。然而，判定表却能够清晰地表示复杂的条件组合与相应动作之间的对应关系。

一张判定表由四部分组成：左上部列出所有条件，左下部是所有可能做的动作，右上部是表示各种条件组合的一个矩阵，右下部是和每种条件组合相对应的动作。判定表右半部的每一列实际上代表了一条规则，它规定了与特定的条件组合相对应的动作。

尽管判定表能够清晰地表达复杂的条件组合与动作之间的对应关系,但对于初次接触这种工具的人来说,理解其含义可能需要一定的学习过程。为了更直观地表达这种对应关系,判定树作为判定表的一种变种被引入。判定树具有形式简洁、易于掌握和使用的特点,无需额外说明即可一眼看出其含义。因此,判定树长期以来一直受到人们的重视,是一种比较常用的系统分析和设计的工具。

以某高校研究生招生初选方法为例,对判定表和判定树进行详细描述。假设招生初选规则如下:(1)总分 300 分(含)以上进入候选库,否则退档;(2)数学分数不低于 70 分,进入三级备选库,否则进入四级备选库;(3)在三级备选库的基础上,如果专业课分数高于 100 分,进入一级备选库,否则进入二级备选库。通过以上规则以及判定表和判定树的相关定义,可以画出相应的判定表及判定树,如图 5-14 和图 5-15 所示。

	决策规则号	1	2	3	4	5	6	7	8
条件	总分300(含)以上	T	T	T	T	F	F	F	F
	数学分数不低于70	T	T	F	F	T	T	F	F
	专业课分数高于100	T	F	T	F	T	F	T	F
应采取的行动	退档					√	√	√	√
	一级备选库	√							
	二级备选库		√						
	四级备选库			√	√				

图 5-14 招生系统初选方法判定表

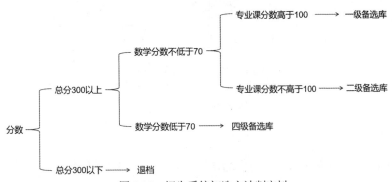

图 5-15 招生系统初选方法判定树

5.9 面向数据结构的设计方法

5.9.1 Jackson 方法

Jackson 方法是一种面向数据结构的软件设计方法,它定义了一套以数据结构为基础的映射过程。Jackson 方法根据输入、输出的数据结构,按一定的规则映射成软件的过程描述,即程序结构,而非软件的体系结构。因此,Jackson 方法适用于详细设计阶段。

Jackson 方法一般通过以下几个步骤来完成。

(1) 分析并确定输入数据和输出数据的逻辑结构，并使用 Jackson 结构图来表示这些数据结构。

(2) 找出输入数据结构和输出数据结构中有对应关系的数据单元。

(3) 根据一定的规则，从输入和输出的数据结构导出程序的结构。

(4) 列出基本操作和条件，并将它们分配到程序结构图的适当位置。

(5) 用伪码描述程序逻辑。

由于 Jackson 方法面向数据结构设计，因此它提供了专门的工具——Jackson 图。

5.9.2　Jackson 图及其优缺点

Jackson 图作为一种可视化工具，能够有效帮助开发者深入理解和分析数据结构。以下是 Jackson 图的几种主要结构。

1. 顺序结构

顺序结构的数据由一个或多个数据元素组成,每个元素按照确定的次序出现一次,如图 5-16 所示。

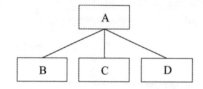

A由B、C、D 3个元素组成
(每个元素只出现一次，出现的次序依次是B、C、D)

图 5-16　顺序结构

2. 选择结构

选择结构的数据包含两个或多个可供选择的数据元素，通过条件分支来表示。根据特定的条件，程序会选择其中一个数据元素使用。例如，图 5-17 展示了在三个数据元素中，根据条件选择其中一个的逻辑过程。

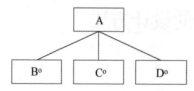

根据条件A，选择B、C或D中的一个
(在B、C、D的右上角有小圆圈做标记)

图 5-17　选择结构

3. 重复结构

重复结构的数据在 Jackson 图中表现为根据条件重复出现的数据元素。这种结构允许数据元素根据程序运行时的条件重复出现零次或多次，如图 5-18 所示。

A由B出现N次(N≥0)组成
(在B的右上角有星号标记)
图 5-18　重复结构

Jackson 图的优点如下。

(1) 便于表示层次结构，是对结构进行自顶向下分解的有效工具。

(2) 形象直观，清晰易懂，具有良好的可读性。

(3) 由于结构程序设计主要依赖于顺序、选择和重复这三种基本控制结构，Jackson 图既能表示数据结构也能表示程序结构，这使得它在软件工程实践中具有广泛的应用价值。

Jackson 图的缺点如下。

(1) Jackson 图在表示选择或重复结构时存在一定的局限性，因为它无法直接在图上表示选择条件或循环结束条件。这影响了图的表达能力，也不易直接把图翻译成程序代码。

(2) Jackson 图中的框间连线采用斜线设计，不易在行式打印机上输出。

5.9.3　改进 Jackson 图

为了克服传统 Jackson 图的缺点，研究者提出了改进的 Jackson 图。这种改进版本在保留原有优点的基础上，针对存在的问题进行了优化。

1. 顺序结构

在改进的 Jackson 图中，对于顺序结构中的元素(如 B、C、D)，规定这些元素中任何一个都不能是选择出现或重复出现的数据元素(即不能是右上角有小圆圈或星号标记的元素)，如图 5-19 所示。

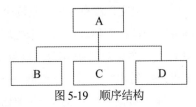

图 5-19　顺序结构

2. 选择结构

在选择结构中，改进的 Jackson 图通过在 S 右侧的括号中添加数字 i 来标识不同分支条件的编号，如图 5-20 所示。

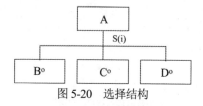

图 5-20　选择结构

3. 可选结构

可选结构作为选择结构的一种特殊形式，其中元素 A 要么是元素 B，要么不出现，如图 5-21 所示。

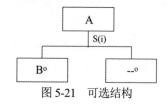

图 5-21　可选结构

4. 重复结构

通过在图中标注循环结束条件的编号为 i，可以增强其表达能力，如图 5-22 所示。

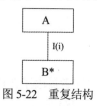

图 5-22　重复结构

下面是一个改进 Jackson 图的实例描述。

一个正文文件由若干个记录组成，每个记录是一个字符串。任务要求统计每个记录中空格字符的数量，以及文件中空格字符的总数。输出结果应满足特定格式：每输出一行输入字符串之后，另起一行显示该字符串中的空格数，最后输出文件中空格的总个数。

1) 输入数据结构的 Jackson 图

逻辑描述：程序遍历正文文件，如果文件没有结束，则逐个读取记录(字符串)。判断当前字符是否为空格，若是空格，则继续处理；若记录中仍有未处理的字符(字符*)，则继续判断。当一个记录处理完毕后，继续处理下一个记录(字符串*)，直至文件结束为止。

因此，处理顺序为：正文文件→字符串*→字符*→判断º→字符处理完毕→字符串*→…→所有字符串处理完毕→文件结束。输入数据结构的 Jackson 图如图 5-23 所示。

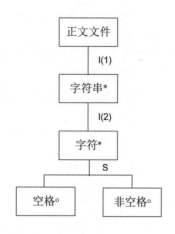

I(1):文件结束
I(2):记录结束
S(1):字符是空格

图 5-23　输入数据结构的 Jackson 图

2) 输出数据结构的 Jackson 图

逻辑描述：程序构建输出表格，先输出表格体，若表格体未输出完毕，则逐个输出串信息(串信息*)。每个串信息包括字符串本身及其空格数，先输出字符串，再输出空格数。若表格体中仍有未输出的串信息(串信息*)，则继续输出。所有串信息输出完毕后，输出空格总数。

处理顺序为：输出表格→表格体→串信息→字符串→空格数→串信息→...→表格体输出完毕→空格总数。输出数据结构的 Jackson 图如图 5-24 所示。

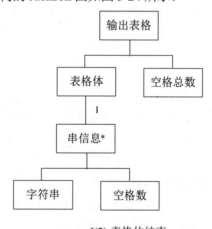

I(2):表格体结束

图 5-24　输出数据结构的 Jackson 图

3) 描绘统计空格程序结构的 Jackson 图

逻辑描述：程序开始统计空格数。首先检查程序体中文件是否结束。若文件未结束，则处理字符串。在处理过程中先打印字符串，然后分析字符串，判断字符串是否结束。若字符串未处理完毕，则继续处理空格和非空格字符(根据题目要求统计空格)。字符串处理完毕后，打印该字符串中的空格数。若文件中仍有未处理的字符串(处理字符串*)，则继续上述过程。当文件完全处理后，打印空格总数。

处理顺序为：统计空格→程序体→处理字符串→打印字符串→分析字符串→分析字符→处理空格和非空格→分析字符→…→字符串处理完毕→打印空格数→处理字符串→打印字符串→…→文件处理完毕→程序体结束→打印总数。描绘统计空格程序结构的 Jackson 图如图 5-25 所示。

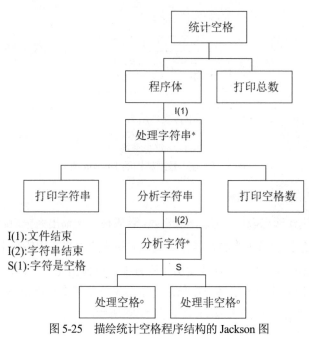

图 5-25　描绘统计空格程序结构的 Jackson 图

5.10　本章小结

本章节深入探讨了结构化设计的框架内容和设计方法，为软件工程的实践者提供了清晰的设计思路和实现方法。

首先，介绍了结构化设计与结构化分析之间的紧密联系。结构化设计建立在结构化分析的基础之上，继承了结构化分析阶段所产生的数据流图等成果，并将其转化为软件系统的模块结构图。接着，介绍了结构化设计的概念和原理。结构化设计是软件工程中的一个重要阶段，它涉及软件系统的整体架构、模块划分和接口设计等方面。通过合理的结构化设计，可以提高软件的可维护性、可重用性和可扩展性，从而更好地满足用户的需求和期望。

在衡量模块独立性的标准方面，本章详细阐述了耦合性和内聚性的概念及其重要性。低耦合和高内聚是模块设计的理想状态，有助于降低模块间的依赖关系，提高模块的独立性和可维护性。

此外，本章还介绍了启发规则在软件设计中的应用。这些规则是基于实践经验和软件工程原理总结出来的，为设计者在面对具体问题时提供了有益的指导和建议。

在体系结构设计部分，本章讨论了常见的体系结构的分类类型及其设计方法。不同的体系结构类型具有不同的特点和优势，设计者需要根据软件系统的具体需求和约束条件来选择合适的体系结构。

接口设计是软件设计中的一个关键环节，强调了接口设计的原则和方法。数据设计是软件设计中不可或缺的一部分。本章讨论了数据结构的选择和数据流的设计等关键内容，以确保软件系统中的数据能够高效、准确地传输和处理。过程设计则关注算法的选择和流程图的绘制等方面，确保软件系统中的每个模块都能够正确地实现其功能，并与其他模块协同工作。

最后，本章介绍了面向数据结构的设计方法——Jackson 方法。这种方法强调以数据结构为中心来设计软件系统，通过优化数据结构的组织和操作来提高软件的性能和效率。

综上所述，本章对结构化设计的各个方面进行了全面而深入的探讨。通过学习和实践这些内容，读者将能够掌握结构化设计的基本思想和方法，为后续的软件开发工作奠定基础。

5.11 思考与练习

1. 结构化设计技术的基本要点有哪些？
2. 如何具体实施结构化设计方法？
3. 模块独立性的重要性主要体现在哪两个主要方面？
4. 抽象与求精有什么联系与区别？
5. 为什么说功能独立性对于任何好的结构化设计都至关重要？
6. 什么是启发式？典型的启发式规则有哪些？
7. 典型的数据流类型有哪两类？请简要描述。
8. 简述事务分析方法的主要步骤。
9. 在人机交互界面中，用户界面应该具备哪些特性？
10. 哪些情形适合选择文件存储？请简要举例。
11. 结构化程序设计的主要原则有哪些？
12. PAD 图的优点有哪些？请简要描述。
13. Jackson 图的优缺点有哪些？请简要描述。
14. 简要绘制 N-S 图的基本控制结构图。

第 6 章

面向对象分析

面向对象分析(Object-Oriented Analysis，OOA)是一种以对象为核心的软件工程方法，旨在从需求出发，系统地识别和定义系统中的对象及其属性和行为，揭示对象间的交互关系，从而形成清晰的软件结构。通过抽象和封装等手段，将复杂问题分解为简单对象，再利用继承和多态等特性实现对象间的复用和灵活组合。面向对象分析不仅有助于提升软件的可维护性和可扩展性，还能有效促进团队协作，提高开发效率。

通过面向对象分析，软件开发者能够更准确地把握用户需求，设计出更符合实际业务场景的软件系统，从而为用户提供更优质的服务体验。面向对象分析作为软件开发过程中重要的一环，是现代软件开发不可或缺的重要工具之一。

本章的学习目标：
- 掌握面向对象方法学的概念
- 掌握面向对象方法学的要点以及优点
- 掌握面向对象分析过程中的三个子模型和五个层次
- 掌握需求分析并能够根据需求分析建立相应的对象模型
- 掌握定义动态模型的方法，包括编写脚本和设计用户界面等
- 掌握定义功能模型以及定义服务的方法

6.1 面向对象方法学概述

OOA(面向对象分析)的历史可以追溯到 20 世纪 60 年代，其发展大致经历了三个重要阶段。

(1) 雏形阶段。20 世纪 60 年代，挪威计算中心发布了 Simula 语言，首次引入了类的概念和继承机制。这被认为是面向对象发展历史上的第一个里程碑。进入 20 世纪 70 年代，CLU、并发 Pascal、Ada 和 Modula-2 等语言对抽象数据类型理论的发展起到了重要作用，这些语言支持数据和操作的封装。1972 年，Palo Alto 研究中心(PARC)发布了 Smalltalk 72，首次使用了"面向对象"这个术语。

(2) 完善阶段。PARC 陆续发布了 Smalltalk 的多个版本，直至 1981 年推出 Smalltalk 80。

Smalltalk 80 的问世被认为是面向对象语言发展史上最重要的里程碑,因为它是第一个成熟且能够实际应用的面向对象语言。

(3) 繁荣阶段。从 20 世纪 80 年代中期到 90 年代,面向对象语言走向了繁荣阶段。在这个阶段,面向对象的分析、设计和编程方法得到了广泛应用和发展。

如今,随着面向对象概念的普及和成熟,面向对象分析逐渐成为软件开发过程中的重要环节。面向对象分析技术使得开发人员可以更好地理解问题域,并将复杂的问题分解为更易于管理的部分,大大减少开发过程中的错误和返工,提高了软件的质量和可维护性。同时,面向对象分析还为后续的设计和开发阶段提供了清晰的指导,使得整个开发过程更加高效和有序。

面向对象分析的特点在于其深入洞察问题域,将现实世界中的实体抽象为对象,并围绕这些对象展开分析。它强调对对象的属性、行为以及对象间关系的细致描述,通过构建对象模型来反映系统的功能和结构。在面向对象分析中,每个对象都是相对独立的实体,拥有自己的属性和方法,这使得系统更加模块化,使得系统易于理解和维护。同时,面向对象分析还注重封装性,将对象的属性和方法封装在一起,对外提供统一的接口,从而隐藏了对象的内部细节,提高了系统的安全性和可维护性。此外,面向对象分析还支持多态性,即不同的对象可以对同一消息作出不同的响应,这使得系统更加灵活和可扩展。面向对象分析以其独特的视角和方法论,为软件开发提供了一种更加高效、直观和可靠的分析手段。

面向对象方法学的核心出发点和根本原则是力求模拟人类自然的思维方式,目的是使软件开发的流程和手段贴近人们理解和解决问题的自然方式,从而使得设计的解决方案(解空间)与问题的实际情境(问题域)在结构上达到高度一致性。

面向对象的方法代表了一种全新的编程理念。在这种理念中,程序不再被视为一系列对数据执行特定功能的过程或函数的简单集合,而是被看作由多个既相互协作又保持独立性的对象所组成的集合。每个对象都类似于一个小型程序,拥有自己的数据、操作、特定功能以及存在的目的。这种方法显著减少了语义的断层,让软件中的解空间对象能够更直接地反映问题空间中的实际对象。以面向对象思想构建的软件不仅结构清晰,而且更易于理解和维护。

面向对象方法主要包含以下几个核心要点:

- 面向对象方法认为,客观世界由多样的对象构成,任何事物都可以被视为对象,而复杂的对象则是由更简单的对象以某种方式组合而成。相应地,在面向对象的软件系统中,所有元素也都是以对象的形式存在,复杂的软件对象由简单的软件对象组合而成。通过对象分解的方式替代了传统的功能分解方式。
- 在面向对象的方法中,所有对象都被归类到各种对象类(简称类)。每个类定义了一组数据和相应的方法。数据代表对象的静态属性,即状态信息;而方法则描述了可以对该类对象执行的操作,体现了对象的动态行为。
- 类与类之间存在子类(或派生类)与父类(或基类)的关系,这些类按照这种关系组成一个层次结构的系统,称为类等级结构。在这个等级结构中,下层的派生类会自动继承上层基类的所有特性,包括数据和方法,这一机制称为继承。
- 对象之间只能通过传递消息来进行交互。与传统的数据不同,对象是主动的处理主体,而非被动等待外界操作。要请求对象执行某个操作或处理其私有数据，必须通过发送消息的方式，而不能直接操作其私有数据。这种将对象的私有信息封装在内部，对外界不可见且不可直接使用的特性，被称为封装。

6.2 面向对象方法学的优点

面向对象的分析与设计方法与人类习惯的思维模式紧密相连，能够以直观、自然的方式描述和理解现实世界中的实体。通过将描述事物静态属性的数据结构与表示事物动态行为的操作融为一体，面向对象的方法能够完整、自然地模拟客观世界中的各类实体。面向对象的分析与设计方法并不强调复杂的算法，而是更加注重对问题领域的自然分解，明确所需的对象和类，构建合理的类等级结构，并通过对象之间的消息传递实现必要的联系。这种方式使得软件系统的构建过程更加贴近人类的思维方式，支持从具体到抽象的归纳思维过程。

面向对象分析具有出色的稳定性。由于它基于对象模型来构造软件系统，因此当系统的功能需求发生变化时，通常不会导致软件结构的整体性变动。相反，只需对局部进行必要的修改，如从已有的类中派生出新的子类以实现功能扩展，或增加、删除某些对象。这种灵活性使得面向对象的分析方法能够轻松应对不断变化的需求，确保软件系统的持续稳定运行。

此外，面向对象分析还具有优异的可重用性。在面向对象方法中，对象作为数据和操作的统一实体，具有很强的自含性。同时，对象的封装性和信息隐藏机制使得对象的内部实现与外界隔离，进一步增强了其独立性。因此，对象成为了理想的模块和可重用的软件组件。通过创建类的实例直接使用对象，或者从已有的类派生出新的类以满足当前的需求，从而实现代码的高效复用。

面向对象分析同样适用于大型软件产品的开发。通过将大型软件产品分解为一系列本质上相互独立的小模块，面向对象方法降低了开发的技术难度，同时也使得对开发工作的管理变得更为简便。这种模块化的开发方式不仅提高了开发效率，也有助于确保软件系统的质量和稳定性。

面向对象分析还具有出色的可维护性。由于面向对象软件具有良好的稳定性和可重用性，使得软件系统的维护和修改变得相对容易。当需要对软件进行修改时，往往只需要关注相关的类或对象，而无需对整个系统进行大规模调整。此外，面向对象的软件技术符合人们的习惯思维方式，使得软件系统的结构与问题空间的结构基本一致，从而提高了软件的可理解性和可维护性。同时，面向对象的分析方法还使得测试和调试工作变得相对简单，有助于及时发现和修复软件系统中的错误。

6.3 面向对象分析过程

6.3.1 概述

无论采用何种软件开发方法，分析过程始终是提取系统需求的核心环节。这一过程包括理解、表达和验证三大核心内容。分析人员首先通过与用户及领域专家的深入交流，全面理解用户需求和应用领域的关键背景知识。在此基础上，需要以明确无歧义的方式将这些理解精准地表达成文档资料，其中最重要的是软件需求规格说明。

在面向对象的分析中，关键在于精准识别问题域内的类与对象，深入分析确定它们之间的关系。并最终建立起问题域的对象模型、动态模型和功能模型，这些模型构成了软件需求规格的关键组成部分。

然而，由于问题的复杂性以及人与人交流时存在的随意性和非形式化特点，理解过程往往不能一蹴而就。因此，验证软件需求规格说明的正确性、完整性和有效性显得尤为重要。一旦发现问题，便需及时进行修正。显然，需求分析是一个系统分析员与用户及领域专家反复交流、多次修正的迭代过程。在这个过程中，理解和验证往往交替进行，有时还需要借助原型系统作为辅助工具，以更直观地展示和验证需求，确保最终的需求规格说明能够准确反映用户的真实需求，为后续软件的顺利开发奠定基础。

6.3.2 三个子模型

面向对象分析过程中的三个子模型——对象模型、动态模型和功能模型，在软件开发中扮演着不可或缺的角色。

对象模型是面向对象分析过程的核心，它描述了现实世界中的"类与对象"以及它们之间的关系。对象模型不仅展示了系统的静态数据结构，还反映了问题域中实体的抽象和封装。通过对象模型，能够清晰地理解系统中的各个对象及其属性、操作以及它们之间的关联、聚合和继承等关系。这种模型化方法使得开发人员能够更加直观地把握系统的整体结构，为后续的设计和实现提供了坚实的基础。在构建对象模型时，需要深入分析用户需求，抽象出系统中的关键类和对象，并定义它们之间的关系。同时，还需要考虑对象的封装性和信息隐藏机制，以确保对象的内部实现与外界隔离。

动态模型主要关注系统中对象之间的交互作用和时序关系。它描述了对象在系统中的行为以及这些行为之间的顺序和依赖关系。动态模型对于理解系统的动态特性和行为至关重要，特别是在涉及复杂交互和时序问题的系统中。在构建动态模型时，需要关注对象之间的消息传递和调用关系，以及这些交互作用对系统状态的影响。通过状态图和顺序图等表示方法，能够清晰地展示系统中的交互过程，并发现可能存在的问题和瓶颈。这种模型化方法有助于开发人员更好地预测和控制系统的行为。

功能模型主要关注系统中数据的变换和处理过程。它描述了系统如何接收输入数据，并经过一系列操作后产生输出数据的过程。功能模型对于理解系统的计算逻辑和数据流至关重要，特别是在需要进行复杂运算和数据处理的系统中。在构建功能模型时，需要关注系统中的操作和数据流，分析它们之间的关系和依赖关系。数据流图等表示方法能够清晰地展示系统中的数据处理过程，这种模型化方法有助于开发人员更好地理解系统的计算逻辑，提高系统的处理能力和效率。

6.3.3 五个层次

复杂问题的对象模型通常由五个层次组成：主题层、类与对象层、结构层、属性层和服务层。这些层次逐步深化，提供了从宏观到微观的对象模型视图。在建立对象模型的过程中，需要进行五项主要活动：找出类与对象、识别结构、识别主题、定义属性和定义服务。这些活动相互交织，没有严格的顺序要求，也不必等到一项活动完全结束再开始下一项。

在面向对象分析的整体过程中，通常首先寻找类与对象，这是构建对象模型的基础。接着，识别对象之间的结构关系，如继承、聚合等。然后，识别系统的主要功能和业务领域。随后，定义对象的属性，描述其状态和特征。在此基础上，建立动态模型，描述对象间的交互过程。接着，建立功能模型，明确系统的数据处理和计算逻辑。最后，定义服务，即对象所能提供的操作和行为。

需要注意的是，面向对象的分析工作并不是线性的，而是一个迭代和逐步深化的过程。对于大型复杂系统，需要多次构建和修改模型，才能充分理解问题并建立起完整的对象模型。

6.4 需求陈述

需求陈述是软件工程中的关键环节，承担着明确项目目标、指导开发工作的职责，确保最终交付的产品能够精准满足用户的期望与需求。在撰写需求陈述时，首先需要明确界定问题的范围，包括清晰阐述软件要解决的核心问题、涉及的业务领域以及主要的用户群体。明确问题范围可以为后续的开发工作提供明确的指导，使整个开发团队集中精力解决核心问题。

功能需求是需求陈述中的核心部分，详细描述了软件应实现的具体功能。这些功能需求应当基于用户的实际需求进行提炼和整理，确保软件的功能能够真正满足用户的期望。同时，还需要区分必要功能与可选功能，以便在资源有限的情况下合理安排优先级。除了功能需求外，性能需求同样是需求陈述中不可或缺的一部分。性能需求涉及软件的响应时间、吞吐量、资源利用率等关键指标，这些指标直接影响到用户体验和系统稳定性。应用环境和假设条件也是需求陈述中需要考虑的重要因素。应用环境描述了软件运行的具体场景和条件，包括硬件平台、操作系统、网络环境等。假设条件是对可能影响软件运行的外部因素进行假设和约束，以确保软件在各种情况下都能稳定运行。

在撰写需求陈述时，还需要注意使用准确、清晰的语言。名词、动词、形容词和同义词的选择应慎重考虑，以确保表达准确且无歧义。同时，应避免对设计策略施加过多的限制，以保持开发的灵活性。需求陈述应聚焦于描述用户需求，而不是提出具体的解决方法。为了获取准确、全面的用户需求，在做需求陈述时需要与用户及领域专家紧密合作，共同提炼和整理用户需求。在这个过程中，快速原型法可以作为一种有效的沟通工具，帮助用户更直观地理解软件的功能和界面，从而提出更有针对性的反馈和建议。

6.5 建立对象模型

6.5.1 创建对象模型

面向对象分析的核心在于构建问题域的对象模型。对象模型不仅是对现实世界"类与对象"及其关系的精准描述，更是对目标系统静态数据结构的全面呈现。

在对象模型中，类是一个抽象的概念，定义了对象的共同属性和行为；而对象则是类的具体实例，拥有独特的状态和行为。通过定义类和对象及其之间的聚合、继承、关联等关系，对象模型构建了一个层次清晰、结构明确的静态数据结构。这种静态数据结构的特点在于其与应用细节的相对独立性。它主要关注于系统的基础组成和稳定特性，而非具体的执行流程或操作细节。因此，即便在用户需求频繁变化的情况下，静态数据结构也能展现出相对稳定的特性，这种特性是软件系统持续演进的基础。

6.5.2 确定类与对象

确定候选的类与对象是面向对象分析中的关键第一步。对象作为对问题域中有意义事物的抽象化表示，可以是物理实体，也可以是抽象概念。

为了寻找合适的候选对象，通常可以将客观事物划分为以下几个主要类别。

- 可感知的物理实体：这些实体代表了现实世界中的具体事物，如硬件设备、自然物体等。它们具有明确的物理属性，可以在软件系统中以对象的形式表示。
- 人或组织的角色：在许多应用场景中，用户、管理员、员工等角色对系统的功能和行为有显著影响。这些角色抽象出来的对象清晰地描述了他们与系统之间的交互关系。
- 应该记忆的事件：这些事件可能包括系统状态的变化、用户操作的触发等，对于系统的逻辑处理和业务规则至关重要。将事件作为对象进行处理，可以更好地捕捉和响应某些重要的时刻。
- 两个或多个对象之间的相互作用：这些相互作用可能涉及信息传递、数据交换或业务协作等，它们在系统中扮演着桥梁和纽带的角色。这些相互作用抽象为对象，能够构建更加灵活和可扩展的软件系统。
- 需要说明的概念：这些概念可能涉及特定的业务知识、行业术语或逻辑规则等，对于系统的正确性和完整性至关重要。将这些概念作为对象来处理，有助于确保软件系统在逻辑上保持严谨性和准确性。

还可以通过非正式分析来确定候选对象。这种方法主要基于自然语言书写的需求陈述，通过分析陈述中的名词、形容词和动词来提取对象、属性和操作的候选者。名词通常代表可能的对象，形容词提供了确定对象属性的线索，而动词则揭示了对象之间的交互和操作行为。

在筛选出正确的类与对象时，需要依据一系列严格的标准，以去除不正确或不必要的对象。以下是筛选过程中需考虑的关键因素。

- 警惕冗余现象：若两个名词或名词短语指向同一事物，则应仅保留问题域中描述力最强的那个，以消除冗余并确保对象命名的清晰性和一致性。
- 关注对象的关联性：现实世界中的对象众多，但并非所有对象都与当前问题密切相关。因此，必须仔细筛选，仅将那些与问题紧密相关的对象纳入目标系统中，以确保系统的针对性和高效性。
- 避免笼统和模糊的对象：在需求陈述中，有时会使用笼统或泛指的名词作为候选对象。然而，这些对象往往过于抽象或不明确，可能导致系统无法有效地记忆相关信息，或者在需求陈述中存在更具体、更明确的名词与之对应。因此，应该剔除笼统或模糊的对象来保障对象的明确性和精确性。
- 区分对象和属性：在需求陈述中，有些名词可能实际上是描述其他对象的属性。对于这些名词，应将其从候选对象中去除，除非该属性具有很强的独立性，可以作为一个独立的对象存在。
- 谨慎处理操作与对象的区分：在需求陈述中，有时会出现既可作为名词又可作为动词的词。在筛选过程中，应仔细考虑这些词在问题中的具体含义，以决定其是作为对象还是作为对象的操作。通常，那些本身具有属性且需要独立存在的操作应作为对象处理；否则，则应作为对象的操作处理。
- 避免过早考虑实现问题：在分析阶段，主要任务是确定系统的功能和结构，而不是如何实现它。因此，应排除那些仅与实现相关的候选对象，以确保分析过程的专注性和结果的准确性。

6.5.3 确定关联

关联是指两个或多个对象之间相互作用和相互依赖关系。

1. 初步确定关联

在需求陈述中，描述性动词或动词词组是识别实体间关联的关键线索。这些动词词组不仅直接揭示了显性关联，还是发现隐性关联的重要线索。为了初步确定这些关联，可以直接从需求陈述中提取动词词组，从而快速锁定大量显性关联。

深入剖析需求陈述的每一个细节，往往能够挖掘出那些并未明确提及但至关重要的隐性关联。这些隐性关联虽然在需求陈述中未被直接阐述，但对于全面、准确地理解问题域具有不可替代的作用。

为了更精准地确定关联关系，在进行需求分析时，需要与用户及领域专家进行充分的沟通与讨论。这将可以更好地理解实体间的相互依赖和相互作用，进而基于这些领域知识，进一步完善和丰富关联关系。

2. 筛选

初步分析后得出的关联并非都是最终需要的，它们仅仅是候选关联，还需要进行细致的筛选。筛选过程的目的是剔除那些不恰当或不必要的关联，以确保最终确定的关联既准确又精炼。在筛选时，通常应遵循以下标准。

- 已删除对象之间的关联：若在分析过程中某个候选对象被删除，与该对象相关的关联也应一并删除。若这些关联仍具有实际意义，应考虑用其他剩余对象来重新表达。
- 与问题无关的或者实现阶段才需考虑的关联：这些关联或与问题域无直接联系，或主要涉及实现细节，对当前的分析和设计阶段帮助不大，因此应该剔除。
- 瞬时事件：应该更加关注问题域的静态结构，而不是瞬时发生的事件。因此，描述瞬时事件的关联不应纳入考虑范围。
- 三元及多元关联：为了简化系统结构和提高可维护性，应该将涉及三个或更多对象的关联分解为二元关联。
- 派生关联：派生关联可能由其他已定义的关联推导得出，为了保持系统的简洁和一致性，应删除这类冗余关联。

3. 改进

为了确保关联的准确性、清晰度和适用性，经过筛选后的关联仍需要进一步的改进和优化。通常可以从以下几个方面对关联进行改进。

- 正名：为了确保关联的意义能够准确且清晰地传达，需要为关联仔细选择名称。这些名称应该具有明确的含义和精确的描述，以减少歧义和误解。通过正名，可以使关联更加易于理解和使用，从而提高系统的可读性和可维护性。
- 分解：分解是通过先前确定的类或对象进行拆分来增加关联的灵活性和通用性，可以将复杂的关联拆分为更简单的部分，使其更易于管理和扩展。
- 补充：在深入分析需求和对象之间的关系时，可能会出现一些之前未被注意到的关联。这些遗漏的关联可能是完善系统功能和结构至关重要的部分。因此，一旦发现这些遗漏的关联，应及时将其补充到系统中来确保系统的完整性和正确性。
- 标明重数：重数描述了关联中对象之间的数量关系，对于理解系统的运行方式和性能特点具有重要意义。在改进关联时，应该初步判定各个关联的类型，并粗略地确定关联的重数：这对后续的设计和实现中更准确地描述和处理对象之间的关系至关重要。

6.5.4 划分主题

在开发小型系统时，由于其结构简明、对象关系明确，因此可以直接识别并建模类、对象及其间的关联，无需额外的组织层级。然而，在处理包含大量对象的复杂系统时，引入主题层就显得十分重要。主题层为开发者和用户提供了一个观察和理解整个模型的清晰视角，同时也是指导项目后续阶段的有效工具。

当系统规模进一步扩大，特别是面对超大型系统时，主题的识别与划分工作变得尤为关键。在项目的初始阶段，高级分析员可能会基于初步的系统理解，识别大致的对象和关联，并据此划分出初步的主题。然而，随着项目的深入，对系统结构的认识逐渐加深，主题也需要不断地进行修正和完善，以更准确地映射到系统的业务逻辑和功能需求。

在确定主题时，应该重点关注问题领域本身，而不是进行功能上的分解。通过深入挖掘问题域的核心要素和业务流，能够识别出那些能有效组织和表达系统的主题。同时，为了降低系统复杂性、增强其可维护性和扩展性，应尽量确保不同主题内的对象之间保持最小的依赖和交互。这种划分方法可以大大降低系统的复杂性。

6.5.5 确定属性

1. 分析

确定对象的属性是至关重要的环节。通常可以从需求陈述中直接识别出部分属性。在需求陈述中，名词词组常常被用来表示对象的属性，比如"汽车的颜色"中的"颜色"就是一个典型的属性。而形容词则常用来描述可枚举的具体属性值，如"红色的汽车"中的"红色"。

然而，仅仅依靠需求陈述来识别属性是远远不够的。由于需求陈述往往只提供了部分信息，且可能不够详尽，因此还需要借助于领域知识和常识来补充和完善属性的识别。领域知识可以帮助理解问题域中对象的本质特征，而常识则可以用来推断那些没有在需求陈述中明确提及，但对于目标系统而言却是必不可少的属性。

在确定属性时，还需要注意属性的相关性和范围。属性的确定既与问题域有关，也和目标系统的任务有关。应该仅考虑与具体应用密切相关的属性，避免引入那些超出所要解决的问题范围的属性。这样既能确保系统的简洁性，也能提高系统的针对性和实用性。

2. 选择

对初步分析确定的属性进行认真考察和筛选可以确保模型的准确性和一致性，同时减少不必要的复杂性。以下是针对常见情况的详细解释和处理方法。

- 误将对象当作属性：在初步分析时，有时可能会将本应作为独立对象的实体错误地归类为属性。如果某个实体能够独立于其值存在，并且具有自身特定的性质和行为，那么它应该被视为一个对象而不是属性。因此，需要仔细评估每个被归类为属性的实体，确保其分类的正确性。
- 误将关联类的属性当作一般对象的属性：关联类通常描述对象之间的关系，其属性依赖于特定关联链的存在。如果某个属性与特定关联有关，应将其归类为关联类的属性，而不是一般对象的属性。需要识别这些属性，并准确归类。
- 将限定误认为属性：限定通常用于限制关联的多重性或对象的状态。如果一个属性实际上是用于限定的，那么应该重新表述它，将其作为限定词而不是属性。这样可以更准确地描述对象之间的关系和状态。
- 将内部状态误认为属性：对象的内部状态通常是私有且非公开的，不应该直接作为属性暴露给外部。如果某个属性实际上是对象的内部状态，那么应该从对象模型中删除这个属性，并通过适当的方法(如内部方法或私有属性)来管理它。
- 过度细化：在分析阶段，有时可能会过于关注细节，将一些对大多数操作都没有影响的属性也包含在内。为了提高模型的简洁性和效率，应该忽略这些属性，只保留那些对系统功能和行为有重要影响的属性。
- 存在不一致的属性：如果一个类包含了一些与其他属性毫不相关的属性，这可能意味着该类过于复杂或不一致。此时，应该考虑将该类分解成两个不同的类，以便更好地组织和管理属性。

6.5.6 识别继承关系

利用继承机制来共享公共性质并组织系统中的众多类，是软件工程中面向对象设计的重要一环。继承关系的建立不仅仅是技术操作，它实际上是知识抽取的过程，需要反映出一定深度的领域知识。

建立继承关系时，可以采用以下两种方法。

- 自底向上的方法：这种方法从现有的具体类开始，通过抽象出这些类的公共属性来泛化出父类。这个过程模拟了人类的归纳思维过程，即从个别到一般，从具体到抽象。逐步构建出一个层次清晰的类结构，使得系统中的类能够按照其属性和行为的相似性进行组织。
- 将现有类细化成更具体的子类。这种方法模拟了人类的演绎思维过程，即从一般到个别，从抽象到具体。根据业务需求的变化或系统的扩展需要，不断地丰富和完善类的层次结构，使得系统能够更好地适应各种复杂场景。

在使用多重继承机制时，需要注意避免继承层次过于复杂，以免导致系统难以理解和维护。一般情况下，应该指定一个主要父类，从中继承大部分属性和行为，以确保子类能够继承到核心的业务逻辑。同时，次要父类可以提供额外的特定属性和行为，以满足子类的特殊需求。

6.6 建立动态模型

6.6.1 编写脚本

脚本在建立动态模型的过程中扮演着至关重要的角色，它是对系统行为的一种详细描述，特别是在描述用户(或其他外部设备)与目标系统之间的交互过程时。通过脚本可以更具体地认识目标系统的行为，确保不遗漏重要的交互步骤，从而保证整个交互过程的正确性和清晰性。

在编写脚本时，需要明确脚本描述的范围，这主要取决于编写脚本的具体目的。范围可以包括系统中发生的全部事件，也可以只关注由某些特定对象触发的事件。在构思交互形式时，即使需求陈述中已经描述了完整的交互过程，仍需要投入大量精力来确保脚本的准确性和完整性。

在编写脚本的过程中，应首先关注正常情况，描述系统在正常操作下的行为。随后，应考虑特殊情况，如输入或输出的数据达到极值(如最大值或最小值)时系统的响应。最后，必须考虑出错情况，例如输入非法值或响应失败等异常情况，以确保系统在这些情况下能够稳定运行。

每个事件在脚本中都应该被清晰地描述，包括触发该事件的动作对象、接受事件的目标对象以及事件相关的所有参数。这样就能够完整地描述系统中对象与用户(或其他外部设备)之间的信息交换过程，从而更深入地理解系统的行为。

与用户充分交换意见是编写脚本过程中的重要环节，因为这直接关系到脚本的准确性和实用性。完成脚本编写后，应将其交给用户进行审查和反馈，以确保符合用户的期望和要求。

6.6.2 设计用户界面

设计用户界面时需要考虑很多因素，包括颜色、文字、图标等。这些元素的选择和布局应基于用户的认知习惯和心理需求，以便为用户提供直观、易用且美观的界面。同时，用户界面设计也需要考虑软件的功能和操作逻辑，确保用户能够顺畅地完成所需的任务。

在面向对象编程中，建立动态模型可以更加清晰地描述软件系统的行为和状态，从而设计出更符合用户需求和操作习惯的用户界面。例如，可以根据动态模型中的对象和方法来设计用户界面的交互方式和操作流程，使得用户能够更加直观地理解和使用软件。

6.6.3 确定时间跟踪图

完整且准确的脚本是构建动态模型不可或缺的部分。然而，由于自然语言本身的特性，这类脚本往往显得不够简洁，并且在解读时可能会产生歧义，这在一定程度上影响了模型建立的精确性。通常在绘制状态图之前，工程师会先绘制事件跟踪图。这一步骤的核心目的是进一步明确事件本身的定义，以及事件与系统中各个对象之间的复杂关系。

1. 确定事件

在构建动态模型的过程中，需要对每一个脚本进行详尽的分析，从中提炼出所有外部事件。这些事件涵盖了系统与用户(或外部设备)之间交互的各类信号、输入、输出、中断和动作等。尽管正常事件在脚本中通常比较常见，但必须完整考虑正常事件与异常事件，确保不遗漏任何异常事件或出错条件。

值得注意的是，传递信息的对象的动作同样应当被视为事件。在系统中，对象之间的交互行为往往都与特定的事件相对应。为了简化模型并提高可读性，应将那些对控制流产生相同效果的事件归为一类，并为它们赋予一个明确的且唯一的名称。但是对于那些对控制流产生不同影响的事件，必须严格区分，避免错误归类。需要清晰地界定每类事件的发送对象和接收对象。从发送对象的角度来看，一类事件是输出事件；而从接收对象的角度来看，它们则是输入事件。此外，在某些情况下，一个对象可能会将事件发送给自己，此时该事件既是输出事件又是输入事件。

2. 画出事件跟踪图

在明确了各类事件及其发送与接收对象之后，事件跟踪图便成为了一个强有力的工具，用于直观地展示事件序列以及事件与对象之间的复杂关系。这种图形化的表示方式实际上是脚本的一种扩展，也可以看作是 UML 顺序图的简化形式。事件跟踪图极大地提高了模型的可读性和理解性。

在事件跟踪图中，每个对象都以一条竖线的形式呈现，而事件则通过水平的箭头线来表示。这些箭头线的方向明确指出了事件的流向，即从发送对象指向接收对象。同时，时间的演进从上至下体现，箭头线在垂直方向上的相对位置直观地反映了事件发生的先后顺序。最上方的箭头线代表最早发生的事件，最下方的箭头线则代表最后发生的事件。值得注意的是，箭头线之间的间距并不表示事件之间的精确时间差，而仅用于展示事件发生的相对顺序。这种设计使得事件跟踪图能够聚焦于事件与对象之间的交互关系，而无需过分关注具体的时间细节。

6.6.4 确定状态图

状态图主要用于描绘事件与对象状态之间的关联关系。当对象接收到一个事件时，其下一个状态将取决于其当前状态以及所接收的事件类型。这种由事件触发的状态变化被称为"转换"。若某个事件并未导致当前状态发生转换，那么该事件可以被视为无关紧要的，因此在状态图中可以不予考虑。

一般而言，状态图用于描述一类对象的行为模式，它通过展示由一系列事件所引发的状态序列来揭示对象的动态特性。然而，并非所有类型的对象都需要通过状态图来描绘其行为。特别是对于那些仅对与历史无关的输入事件作出响应的对象，状态图可能并不是必要的表示手段。

在从事件跟踪图过渡到状态图的绘制过程中，应重点关注那些影响特定类对象的事件。影响特定类对象的事件指的是那些指向特定对象(在事件跟踪图中以竖线表示)的箭头线所代表的事件。这些事件将成为状态图中的有向边(即箭头线)，并需标注相应的事件名称。两个事件之间的间隔则代表了一个特定的状态。通常，如果同一对象对相同事件的响应因当前状态的不同而有所差异，那么这些不同的响应模式将对应不同的状态。为了提高状态图的可读性，每个状态都应赋予一个描述性的名称。

在绘制状态图时，还需要考虑当前对象在接收到事件后可能产生的行为，这些行为往往会引发其他类对象的状态转换。因此，从事件跟踪图中特定对象所发出的箭头线，可能代表了该对象在达到某个状态时对其他对象的影响。

完成基于单个事件跟踪图的状态图绘制后，还需将其他脚本的事件跟踪图合并到已有的状态图中。这通常通过在状态图中找到已有的分支点，并将其他脚本中的事件序列作为可选路径插入到状态图中来实现。

在构建状态图的过程中，除了考虑正常事件外，还需特别关注边界情况和特殊情况。这些包括在不适当的时候发生的事件(例如，系统正在处理事务时用户请求取消)以及因用户或外部设备响应延迟而导致的"超时"事件。尽管处理用户出错情况可能会使程序结构变得复杂，但这一步骤是不可或缺的，因为它对于确保系统的健壮性和提升用户体验至关重要。当状态图涵盖了所有相关脚本，并包含了影响特定类对象状态的所有事件时，该类的状态图即可视为构造完成。

6.6.5　审查动态模型

各个类的状态图通过共享事件的整合，共同构成了系统的动态模型。该模型的构建是软件工程中的关键步骤,对于深入理解系统在不同状态下的行为以及对象之间的交互关系至关重要。

在完成每个具有显著交互行为的类的状态图绘制之后，需要对系统级的完整性和一致性进行严格检查，以确保每个事件都拥有明确的发送对象和接收对象，从而保证系统中信息流动的清晰和准确。那些没有前驱或没有后继的状态可能表明模型中存在错误或遗漏，需要重点关注。如果一个状态既不是交互序列的起点也不是终点，那么它可能是不完整的，需要进一步审查。此外，还需要对每个事件进行细致的审查，跟踪它们在系统中对各个对象所产生的影响。这有助于验证模型与脚本之间的匹配程度，确保模型能够准确地反映系统的实际行为。

6.7　建立功能模型

功能模型详尽地描述了软件系统的数据处理功能，直接反映了用户对系统的核心需求。通常，该模型通过一组数据流图或用例图构建，并以图形化的形式展示了数据在系统内的流动和处理过程。在功能模型中，数据处理功能是关键要素，它描述了系统如何接收、处理并输出数据。为了更精确地描述这些功能，可以采用多种方法，如图(表)和过程定义语言(Program Design Language，PDL)等。这些方法提供了丰富的表达手段，能够详细地描述每个数据处理步骤的输入、输出、处理逻辑以及与其他组件的交互。

功能模型的构建通常在对象模型和动态模型之后进行。这是因为对象模型和动态模型是系统结构和行为的基础，使开发人员能够在更高层次上理解系统的需求和功能。

6.8 定义服务

在构建完整的对象模型过程中，界定类中应定义的属性与服务是不可或缺的步骤。一般而言，为确保服务的精准性，需要在动态模型与功能模型建立完毕后，才能最终确定类中应包含的服务。这是因为这两个子模型能更为明确地揭示每个类应提供的服务范围。在确定服务时，既要充分考量该类实体的常规行为模式，又需特别关注本系统所特有的服务需求，以确保对象模型的全面性与精确性。

1. 常规操作

在分析阶段，可以假定类中定义的每个属性均具备可访问性，即默认每个类均包含读取和写入其属性的操作。然而，在实际绘制类图时，这些常规操作通常无需显式标注，以免图表过于烦琐。

2. 从事件导出的操作

在状态图中，发往对象的事件实际上就是该对象所接收的消息。因此，对象必须实现由消息选择符所指定的操作，这些操作不仅用于修改对象的状态(即更新属性值)，还负责触发相应的服务。通常，这些服务的执行反映了对象在特定状态下的行为逻辑。

3. 与处理或用例对应的操作

数据流图中的每个处理节点或用例图中的每个用例，均与一个或多个对象所提供的操作紧密相关。为了更精确地界定对象应提供的服务，还需要将数据流图、用例图与状态图进行细致比对，以提高操作的准确性。

4. 利用继承减少冗余操作

为减少服务定义的冗余，应充分利用继承机制。在不违反领域知识和常识的前提下，尽量抽取相似类的公共属性和操作，构建新的父类。通过在不同层次的类等级中恰当定义继承操作，可实现代码的重用与简化，提高软件系统的可维护性。

6.9 本章小结

本章深入探讨了面向对象分析的核心概念和实践方法。面向对象方法学不仅是一种编程范式，更是一种全面的软件开发思维方式，它强调将现实世界的事物抽象为对象，并通过对象之间的交互来模拟和解决现实问题。

首先概述了面向对象方法学的基本要点，这些要点构成了面向对象编程和设计的基础，包括封装、继承和多态等核心概念。接着探讨了面向对象方法学的诸多优点，如代码的可重用性、易于维护和扩展，以及更直观的建模方式，这些都是传统程序设计方法难以比拟的优势。

在面向对象分析的过程中，详细介绍了三个子模型(对象模型、动态模型和功能模型)和五个层次(主题层、类与对象层、结构层、属性层和服务层)，这些构成了面向对象分析的基本框架。通过这些模型和层次，可以系统地分析和设计软件系统，确保其结构清晰、功能完备。

在需求陈述阶段，重点强调了准确捕捉和理解用户需求的重要性，这是软件开发成功的关键。随后详细介绍了如何建立对象模型，包括确定类与对象、确定关联、划分主题、确定属性和识别继承关系等步骤。这些步骤有助于将现实世界的事物抽象为计算机可理解的格式。

建立动态模型是理解系统行为的重要环节。通过编写脚本、设计用户界面、确定事件、状态图和审查动态模型等步骤，全面分析了系统的动态行为。这有助于确保软件系统的交互逻辑正确无误。

本章最后探讨了如何建立功能模型并定义服务。功能模型帮助我们理解系统的数据流和处理逻辑，而服务定义则明确了系统需要提供的功能和接口。

面向对象分析是软件开发过程中不可或缺的一环，它帮助开发人员更好地理解用户需求，构建结构清晰、功能完备的软件系统。通过本章的学习，用户应对面向对象分析有更深入的理解，并能够将其应用于实际的软件开发项目中。

6.10 思考与练习

1. 描述面向对象方法学的三个基本要点，并详细解释每个要点的意义。
2. 阐述面向对象方法学相较于传统方法学的优点。
3. 解释对象模型、动态模型和功能模型在面向对象分析中的作用。
4. 在面向对象建模中，类图的基本符号有哪些？请详细描述。
5. 解释用例图在面向对象分析中的作用，并举例说明。
6. 描述面向对象软件过程中需求分析阶段的主要任务，并解释为何此阶段至关重要。
7. 在面向对象设计中，什么是设计模式？列举至少三种常见的设计模式并简要说明它们的应用场景。
8. 解释在面向对象设计中"高内聚，低耦合"原则的重要性。
9. 在面向对象设计中，如何处理类和对象之间的关系以避免过度耦合？
10. 简述面向对象测试与传统测试方法的主要区别，并说明面向对象测试的挑战。
11. 尝试用面向对象方法分析并设计以下程序：在显示器屏幕上圆心坐标为(235，235)的位置画一个半径为90的圆，在圆心坐标为(200，300)的位置画一个半径为80的圆，在圆心坐标为(500，250)的位置画一条弧线，弧线的起始角度为30度，结束角度为150度，半径为100。
12. 简述用面向对象方法解决以下问题时所需的对象类(类与类之间有何关系)：在显示器屏幕上圆心坐标为(250,100)的位置画一个半径为25的小圆，圆内显示字符串you；在圆心坐标为

(250，150)的位置画一个半径为 100 的中圆，圆内显示字符串 world；在圆心坐标为(250，250)的位置画一个半径为 225 的大圆，圆内显示字符串 Universe。

13. 假设有一家工厂的采购部门每天都需要获取一份订货报表，以了解哪些零件需要重新订购。这份报表会按照零件编号进行排序，详细列出每一个需要补货的零件信息(对于每个待订购的零件，报表会详细展示以下数据：零件编号、零件名称、需订购的数量、当前价格，以及主要和次要的供应商)。每当零件入库或出库，这个操作被称作一个"事务"，该信息会通过仓库中的终端设备实时反馈给订货系统。系统会持续监控每种零件的库存量，一旦发现某种零件的库存低于预设的临界值，就会触发再次订货的流程。现在，请构建一个订货系统的用例模型，来满足上述的采购和库存管理需求。这个模型将能够自动化生成每日的订货报表，处理零件的入库和出库事务，监控库存并在必要时自动触发订货流程。

第 7 章
面向对象设计

面向对象设计是需求分析与系统实现之间的桥梁，它将抽象需求转化为具体实现的方案。在面向对象方法中，设计不仅仅是技术层面的工作，更是一种将现实世界的问题映射到计算机世界的思维方式。在面向对象设计的过程中，不仅关注系统的功能和性能需求，还兼顾成本和质量要求，力求在各方面达到平衡。通过逐步扩充模型，从面向对象分析过渡到面向对象设计，复杂的系统问题变得更易于管理和理解。随着分析和设计的多次反复迭代，模型也更加精确和完善。面向对象方法学在概念和表示方法上的一致性，使得开发任务能够平滑过渡。在接下来的章节中，我们将深入探讨面向对象设计的核心理念和技术细节，帮助读者更好地理解和掌握这一关键技能。

本章的学习目标：
- 理解并掌握面向对象设计的七大原则
- 理解启发规则与系统分解的相关概念
- 掌握分解思想及子系统的相关概念
- 掌握问题域子系统的设计方法
- 掌握人机交互子系统的设计方法
- 掌握任务管理子系统的设计方法
- 掌握数据管理子系统的设计方法
- 理解设计关联与设计优化相关概念

7.1 面向对象设计原则

面向对象设计主要有七大设计原则：单一职责原则、开闭原则、里氏替换原则、依赖倒转原则、接口隔离原则、迪米特法则、合成复用原则，不同的设计原则有着不同的设计方法，如表 7-1 所示。

表7-1 面向对象七大设计原则及其简介

设计原则	设计原则简介
单一职责原则(Single Responsibility Principle，SRP)	类的职责应保持单一，避免将过多的职责放在一个类中
开闭原则(Open Closed Principle，OCP)	软件实体对扩展是开放的，但对修改是关闭的，即在不修改一个软件实体的基础上扩展其功能
里氏替换原则(Liskov Substitution Principle，LSP)	在软件系统中，一个可以接受基类对象的地方必然可以接受一个子类对象
依赖倒转原则(Dependency Inversion Principle，DIP)	应针对抽象层编程，而不是针对具体类编程
接口隔离原则(Interface Segregation Principle，ISP)	使用多个专门的接口来取代一个统一的接口
迪米特法则(Law of Demeter，LoD)	一个软件实体对其他实体的引用应尽量少，如果两个类不必彼此直接通信，那么这两个类就不应当发生直接的相互作用，而是通过引入一个第三者进行间接交互
合成复用原则(Composite Reuse Principle，CRP)	在系统中应该尽量多使用组合和聚合关联关系，尽量少用甚至不使用继承关系

1. 单一职责原则

单一职责原则(Single Responsibility Principle，SRP)是面向对象设计的基本原则之一，其核心理念在于限制每个类或对象的职责范围，以提高系统的可维护性和可扩展性。单一职责原则主要有两种阐述方式。

- 从功能实现的角度：每个类或对象应当仅承担唯一的职责，并将这一职责完全封装在类中。这意味着在设计类时，应当确保其专注于实现一个明确的功能或业务逻辑，避免功能的混杂。这样做有许多好处，不仅可以使得每个类的功能边界清晰，易于理解和测试，而且也有助于提高代码的可读性和可重用性。
- 从变化的原因来考量：一个类应当只有一个导致其发生变化的原因。如果类承担了多项职责，那么这些职责之间的任何变化都可能导致类的修改。这种多变性不仅增加了系统的复杂性，也使得维护成本大幅上涨。

深入分析类的职责时，可以将其划分为数据职责和行为职责。数据职责主要体现在类的属性上，负责存储和管理类的状态信息；行为职责则通过类的方法来体现，定义了类可执行的操作和行为。当类承担的职责过多时，其复用性会降低，因为有些特定的应用场景可能仅需要类中的部分功能。此外，多个职责的紧密耦合还可能导致系统变得脆弱且难以维护。

为了构建出更加健壮、灵活且易于维护的软件系统，应当严格遵循单一职责原则，将不同的职责分离到不同的类或模块中，从而提高软件系统的可维护性、可读性和可扩展性。

以 Java 的 C/S(客户端/服务器)系统为例,"登录功能"通常是系统安全性的关键部分。然而,当此功能的所有方面都被集成到一个单独的 Login 类中时,就违反了面向对象设计的单一职责原则。SRP 规定,一个类应该只有一个引起它变化的原因。

Login 类中包含了多个方法,如图 7-1 所示,每个方法都涉及登录功能的不同方面。

- init:初始化登录界面。
- display:在用户界面上显示登录表单。
- validate:对用户输入的数据进行前端验证。
- getConnection:负责与数据库服务器的连接。
- findUser:通过查询数据库来验证用户的登录凭证。
- main:作为程序的主入口点。

Login 类融合了多个不同的职责,包括用户界面处理、数据库交互和系统流程控制。这种设计导致了高度的耦合,使得代码难以维护和扩展。例如,任何登录界面、数据库连接或用户验证逻辑的更改都可能需要修改 Login 类,从而增加了出错的风险。

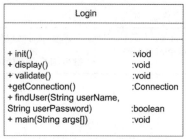

图 7-1　Login 类

为了遵循单一职责原则并提高代码的可维护性和可扩展性,可以将 Login 类拆分为几个更小且专门化的类,每个类都专注于一个特定的职责。这样,每个类的变化就只会由单一的原因引起,修改后的系统模型如图 7-2 所示。

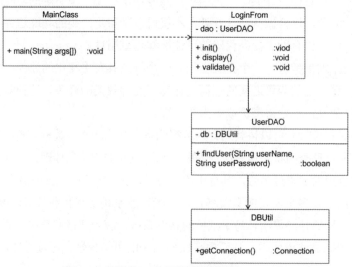

图 7-2　使用单一职责原则修改后的 Login 类

- **LoginUI**：负责与用户界面相关的所有操作，包括登录界面的初始化、显示以及用户输入的前端验证。
- **DatabaseConnector**：封装与数据库服务器的连接逻辑，提供连接的建立、查询的执行等功能。
- **UserAuthenticator**：使用 DatabaseConnector 来查询数据库，验证用户名和密码是否匹配。
- **ApplicationLauncher**：负责启动应用程序、初始化关键组件并触发登录流程，作为程序的主入口。

通过这种拆分方式，可以独立地修改和测试每个类，而不会影响到其他类。例如，如果想要更新登录界面的样式，只需要修改 LoginUI 类；如果想要更改数据库连接的方式，只需要修改 DatabaseConnector 类。这种模块化设计使得代码更加清晰、灵活，并且更容易适应未来的变化。

使用单一职责思想对系统模块进行拆分，每个类都只负责一个明确的职责，从而减少了类之间的耦合，提高了代码的可维护性和可读性。这也使得在需要修改某个功能时，只需要修改相应的类，而不会影响到其他类。

2. 开闭原则

开闭原则(Open Closed Principle，OCP)，由 Bertrand Meyer 于 1988 年提出，是面向对象设计的核心原则之一。它强调软件实体(如模块、类或组件)应当对扩展保持开放，而对修改保持关闭。也就是说，在设计模块时，应当使这个模块可以在不被修改的前提下被扩展。这意味着应该设计能够轻松扩展但无需修改原有代码的软件系统。

在开闭原则中，抽象化是达成这一目标的关键手段。通过将可变因素封装起来，可以创建一个稳定且灵活的系统架构。当需求变化时，通过添加新代码即可扩展系统，而不是修改现有代码，从而保持系统的稳定性和可维护性。

以图形界面系统中的按钮设计为例，考虑一个图形界面系统，其中包含多种不同类型的按钮，如图 7-3 所示。在原始设计中，LoginForm 作为登录页面，直接包含并展示了一个具体的按钮(如 button 类型)。每当需要更改按钮样式或添加新按钮时，开发人员都需要修改 LoginForm 中的代码。显然，这种设计违反了开闭原则，因为它要求对现有代码进行修改。

图 7-3 图形界面系统示例

使用开闭原则对图形界面系统进行重构，重构后的结构如图7-4所示。现在，若需要更改按钮的样式，只需要修改配置文件即可实现。另外，如果有新的按钮，只需要增加一个新button类继承AbstractButton，然后修改配置文件就可以很方便地进行扩展了，可以看到我们并未修改任何LoginForm中的代码就实现了功能的扩展，这种设计使得系统更加灵活和可扩展，同时减少了因修改现有代码而引入的潜在风险。这里的配置文件可以让LoginForm中AbstractButton类型的button对象是配置文件中指定的类(例如图7-4中是CircleButton)的实例。

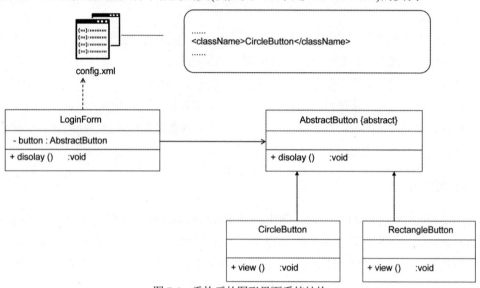

图7-4 重构后的图形界面系统结构

3. 里氏替换原则

里氏替换原则(Liskov Substitution Principle，LSP)有两种定义方式。第一种表述指出：对于任何类型为S的对象o1，若存在类型为T的对象o2，使得所有以T定义的程序P在将o2替换为o1时，程序P的行为保持不变，则类型S可视作类型T的子类型。第二种表述则强调：所有对基类(父类)的引用在应用中必须能够无缝地使用其子类的对象，即替换过程应完全透明。

第一种表述的关键在于"替换后的行为不变性"。若替换后行为出现变化或运行时产生业务错误，那么这两个类之间的父子关系不成立。第二种表述中的"透明"一词意味着在基类被子类替换时，使用者无需关注这一变化，确保程序行为的一致性。

里氏替换原则由2008年图灵奖得主Barbara Liskov教授和卡内基·梅隆大学的Jeannette Wing教授于1994年共同提出。这一原则通俗地表述为：在软件设计中，凡是可以使用基类对象的地方，同样能够使用其子类对象。换句话说，将基类替换为子类时，程序应能正常运行而不产生错误或异常。反之，若软件实体使用子类对象，则不一定能直接使用基类对象。里氏替换原则是实现开闭原则的重要手段之一。它鼓励在程序中尽量使用基类类型进行对象定义，而在运行时根据实际需要确定子类类型，从而实现父类对象与子类对象的灵活替换。

以下是里氏替换原则在数据加密中的应用。假设某个系统需要对敏感数据(如用户密码、用户关键数据等)进行加密处理，项目结构如图7-5所示。在数据操作类DataOperator中，需要调用加密类提供的 encrypt 方法来执行加密操作。系统提供了两个实现不同加密算法的类：CipherA 和 CipherB。

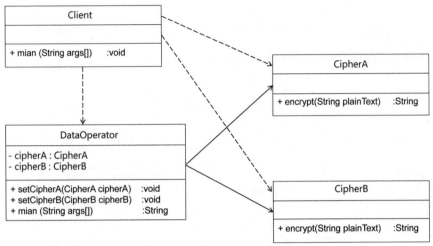

图 7-5　数据加密应用项目结构

在不遵循里氏替换原则的情况下，如果需要更换加密算法，比如从 CipherA 切换到 CipherB，或者增加一个新的加密算法 CipherC，就必须在 DataOperator 类中通过条件语句(如 if-else)来选择使用哪种加密算法，并在客户端代码(如 Client 类的 main 方法)中显式地创建和设置所需的加密类实例。这种设计方式违背了开闭原则，因为每次更改加密算法时都需要修改 DataOperator 类的源代码。

Client 中的 main 方法如图 7-6 所示：

```
CipherA         ca = new CipherA();
DataOperator    do = DataOperator();

do.setCipherA(ca);
do.encrypt(passWord);
```

图 7-6　main 方法

DataOperator 中的 setCipherA 方法如图 7-7 所示：

```
//setCipherA
this.choosed = 1;
```

图 7-7　setCipherA 方法

DataOperator 中的 encrypt 方法如图 7-8 所示：

```
if(choosed ==1)
    return cipherA.encrypt(plainText);
else
    return cipherB.encrypt(plainText)
```

图 7-8　encrypt 方法

通过对原有系统进行重构，可以应用里氏替换原则来确保系统的灵活性和可扩展性，同时满足开闭原则的要求，如图 7-9 所示。重构后的系统结构可以轻松修改加密算法或添加新的加密算法。

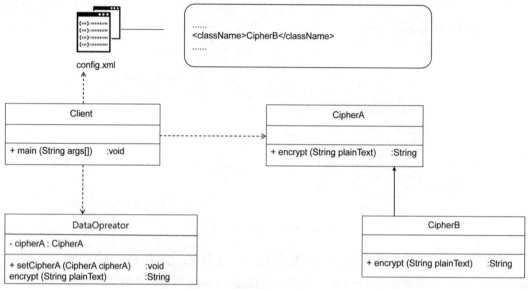

图 7-9　重构后的加密应用结构

具体来说，需要定义一个加密接口 Cipher，其中包含了加密方法 encrypt。所有加密算法类(如 CipherA、CipherB 以及未来可能添加的 CipherC 等)都实现该接口。这样，数据操作类 DataOperator 就可以依赖于 Cipher 接口，而非具体的加密算法类。

在重构后的系统中，通过引入了一个配置文件(如 Config)，用于指定当前使用的加密算法。当需要修改加密算法时，只需更新配置文件中的相关设置，而无需修改任何源代码。

同时，如果需要扩展新的加密算法，只需创建一个新的加密类(如 CipherC)，实现 Cipher 接口，并在配置文件中添加相应的配置。这样，系统就可以自动识别并使用新的加密算法，而无须对现有代码进行任何修改。

里氏替换原则确保了开闭原则的实现。系统对扩展是开放的，可以轻松地添加新的加密算法。同时，系统对修改是封闭的，修改加密算法或添加新算法都无须修改核心代码。这种设计不仅提高了系统的可维护性和可扩展性，还降低了出错的可能性。

Client 中的 main 方法如图 7-10 所示：

```
CipherA      ca ;
DataOperator  do = DataOperator();
// 从config.xml读取并实例化后赋给ca
do.setCipherA(ca);
do.encrypt(passWord);
```

图 7-10　Client 中的 main 方法

里氏替换原则在面向对象设计中是一个重要的指导原则，它不仅可以用于确保系统的灵活性和可扩展性，还可以用来判断两个类之间是否应该建立父子关系。以员工计算报酬为例，里氏替换原则可以帮助分析 Employee 类与其子类之间的关系，确保继承结构的合理性。相关 UML 类图如图 7-11 所示。

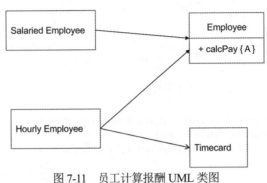

图 7-11　员工计算报酬 UML 类图

首先，有一个抽象类 Employee，代表公司的员工。这个抽象类定义了一个抽象方法 calcPay，用于计算员工的工资。由于不同类型的员工(如领月薪员工和领时薪员工)可能有不同的工资计算方式，因此 calcPay 方法的具体实现留给了子类来完成。

接下来，存在两个子类：一个是领月薪员工的类(假设为 MonthlyPaidEmployee)，另一个是领时薪员工的类(假设为 HourlyPaidEmployee)。这两个子类继承了 Employee 类，并实现了 calcPay 方法，以反映它们各自特定的工资计算方式。

在判断这两个子类与 Employee 父类之间是否应该保持父子关系时，可以根据里氏替换原则来进行检验。里氏替换原则告诉我们，如果在一个使用基类对象的地方，可以无差别地使用其子类对象，并且不会导致程序行为的改变，那么这两个类之间就可以建立父子关系。

在这个例子中，可以设想一个使用 Employee 对象的场景，例如一个计算所有员工总工资的方法。该方法接收一个 Employee 对象列表，遍历列表并调用每个对象的 calcPay 方法来计算工资。由于 MonthlyPaidEmployee 和 HourlyPaidEmployee 都继承了 Employee 类，并且正确地实现了 calcPay 方法，因此在这个场景中，可以无差别地使用这两个子类对象替换父类对象，而不会影响程序的正确性。

根据里氏替换原则可以判断 MonthlyPaidEmployee 和 HourlyPaidEmployee 与 Employee 之间应该保持父子关系。这种关系是合理的，因为它们共享"员工"这一抽象概念，并且具有相似的行为(即计算工资)，只是具体实现上有所不同。

此外，如果后续需要添加新的员工类型(如计件工资员工等)，只要新的子类能够正确地实现 calcPay 方法，就可以无缝地集成到现有的系统中，这再次体现了里氏替换原则和开闭原则的优势。

现在如果考虑要增加一个 VolunteerEmployee(志愿者员工)类继承自 Employee 类(即这类员工没有薪水)，对于 calcPay 方法的实现，有以下需要关注的设计考量与潜在风险。

第一种方法是直接在 return 方法中返回 0，代码如图 7-12 所示。但是这样没有意义，因为如果在其他地方有一个转账方法，那么它会给志愿者转账 0 元，这显然违反常识。

```
public class VolunteerEmployee extends Employee {
    public double calcPay() {
        return 0;
    }
}
```

图 7-12　return 0 实现 calcPay

第二种方法，抛出异常，代码如图 7-13 所示。

```
public class VolunteerEmployee extends Employee {
    public double calcPay() {
        throw new UnpayableEmployeeException();
    }
}
```

图 7-13　抛出异常代码

派生类中抛出的异常必须被捕获，这意味着基类用户也受到了派生类上的约束影响。如果使用第二种方法，那么原来的计算所有员工工资的代码(如图 7-14 所示)会出现变动。

```
for(int i=0;i<employees.size();i++){
    Employee e = (Employee) employees.elementAt(i);
    totalpay += e.calcPay();
}
```

图 7-14　原有的代码

变动后的代码将使用 try catch 语句进行处理，如图 7-15 所示。

```
for(int i=0;i<employees.size();i++){
    Employee e = (Employee) employees.elementAt(i);
    try{
        totalpay += e.calcPay();
    }
    catch (UnpayableEmployeeException e1){
    }
    return 0;
}
```

图 7-15　使用 try catch 变动后的代码

另外一种方法是使用 instaceof 来判断对象的类型，但种做法更为不理想。原本基于 Employee 基类编写的代码，现在必须要明确引用其子类 VolunteerEmployee，示例如图 7-16 所示。

```
for(int i=0;i<employees.size();i++){
    Employee e = (Employee) employees.elementAt(i);
    if(!(e instanceof VolunteerEmployee))
        totalPay +=e.calaPay();
}
```

图 7-16　使用 instaceof 判断类型

无论采取何种变动方式，都影响到了其他模块的代码。其根源在于违背了里氏替换原则，因为 VolunteerEmployee 不能和 Employee 是父子关系。如果是父子关系会违背里氏替换原则，因为 VolunteerEmployee 不能透明地替代 Employee。只要调用一个派生类上的方法时造成了非法使用，就会违反里氏替换原则。如果使用了一个退化的派生类的方法(该类中什么也没有实现)，也违背了里氏替换原则。继承应该关注行为，而不是直观地将志愿者员工视为员工。真正的员工类是那些计算薪水的员工，而志愿者员工不涉及薪水计算，因此志愿者员工不应该继承员工类。

4. 依赖倒转原则

依赖倒转原则(Dependency Inversion Principle，DIP)有两种经典的表述方式。第一种表述指出：高层模块与低层模块之间不应直接依赖，而应依赖于抽象层。抽象层作为中间桥梁，使高层模块与低层模块的细节实现解耦。换句话说，抽象不应受制于细节，而细节应围绕抽象进行构建。第二种表述则强调：编程时应面向接口，而非具体实现。这一原则鼓励开发者将关注点放在接口定义上，而非具体的实现细节。

依赖倒转原则由 Robert C. Martin 在 1996 年首次提出。其核心理念是：代码应基于抽象类进行构建，而非直接依赖于具体的类。换言之，开发者应当针对接口或抽象类进行编程，而非直接针对具体的类。依赖倒转原则使得客户端与具体实现之间的耦合得以降低，而依赖关系则更多地建立在抽象之上。这种以抽象方式进行的耦合是依赖倒转原则的关键所在。

下面通过一个具体实例来阐述依赖倒转原则的应用。如图 7-17 所示，在原始设计中，代码分为三层：高层策略层、中层机制层以及底层工具层。高层调用中层，中层再调用底层，形成一种从抽象到具体的依赖关系。然而，这种设计存在明显缺陷：高层对中层和底层的改动极为敏感，一旦底层发生变动，中层甚至高层都可能受到影响。

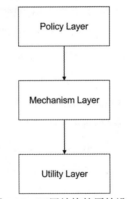

图 7-17 三层结构的原始设计

为了改善这一状况，需要运用依赖倒转原则对代码进行重构。重构后的结构如图 7-18 所示，在每一层之间引入了抽象化的接口，使得下一层通过实现这些接口与上一层进行交互。这样，当下一层发生变动时，由于接口层保持不变，因此不会影响到上一层。上一层仅依赖于抽象的接口，而非下一层具体的实现细节。依赖倒转原则大大降低了模块间的耦合度，提高了系统的可维护性和可复用性。

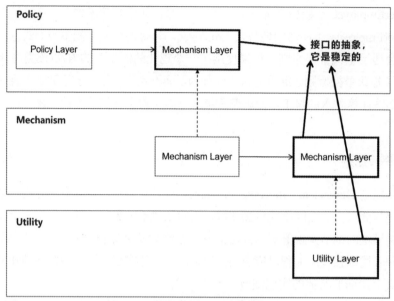

图 7-18　利用依赖倒转原则进行重构

5. 接口隔离原则

接口隔离(Interface Segregation Principle，ISP)原则有两种定义方式。首先，客户端不应依赖于其并不需要的接口。其次，当一个接口过于庞大时，应将其分解为更细粒度的接口，确保使用该接口的客户端仅需了解与其相关的操作方法。

接口隔离原则的核心思想是采用多个专用的接口，而非一个综合性的大接口。每个接口应明确承担一种独立的职责，既不过多也不过少，专注于自身所应完成的任务。在实施接口隔离原则进行接口拆分时，首先要遵循单一职责原则，将紧密相关的操作组织在同一个接口内，并在保证高内聚性的同时，尽量减少接口中的方法数量。系统设计时，可以采用定制服务的方法，为不同的客户端提供精确匹配其需求的接口，从而仅暴露用户所需的功能，而隐藏不必要的功能。

下面通过一个客户系统来阐述接口隔离原则的应用。在图 7-19 所示的系统中，原本存在一个庞大的接口(俗称"胖接口")——AbstractService，它服务于所有的客户端类。然而，对于 ClientA 类，AbstractService 不仅提供了它所需的 operatorA 方法，还包含了它并不需要的 operatorB 和 operatorC 方法。同样的问题也存在于 ClientB 类和 ClientC 类。这样的设计显然是不合理的，一方面，接口的实现类会变得异常庞大，因为它需要实现接口中的所有方法，这大大降低了系统的灵活性。如果某些方法未实现而以空方法的形式存在，将导致系统中充斥大量无用的代码，进而影响代码质量。另一方面，由于客户端是基于大接口进行编程的，这在一定程度上破坏了程序的封装性，使客户端能够看到那些本不应暴露的方法，也没有为客户端提供定制化的接口。这样的设计结构显然违背了接口隔离原则。

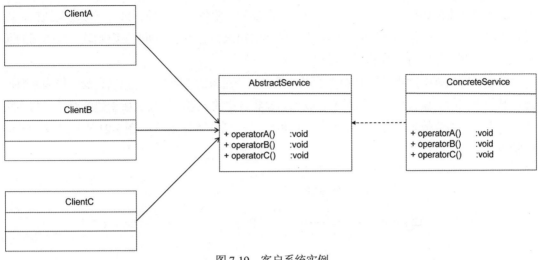

图 7-19 客户系统实例

为了优化系统，需要运用接口隔离原则对系统进行重构。重构之后的系统架构如图 7-20 所示。通过将原本的 AbstractService 接口拆分为多个细粒度的接口，确保每个客户端仅依赖它真正需要的接口。不同的客户端可以使用不同的接口，系统只暴露客户端所需的功能，而隐藏不必要的操作。这样的设计显然更为合理和高效。

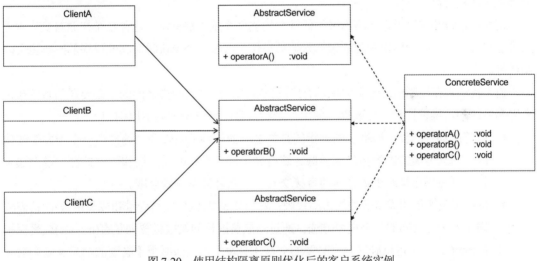

图 7-20 使用结构隔离原则优化后的客户系统实例

6. 迪米特法则

迪米特法则(Law of Demeter，LoD)，又称最少知识原则(Least Knowledge Principle，LKP)，是面向对象设计中的一个重要原则，旨在减少类之间的耦合度，增加系统的可维护性和可复用性。其核心思想是：一个对象应只与直接相关的对象进行通信，对其他对象保持最少的了解，避免不必要的依赖和复杂的耦合关系。

迪米特法则的典型定义有三种表述方式：不要和"陌生人"说话、只与直接朋友通信，以及每个软件单元对其他单元只应保持最少且必要的知识。这些定义强调了限制软件实体间的通信范围，以减少系统各部分的相互影响。

在迪米特法则中，"朋友"的概念至关重要。一个对象的"朋友"包括它自身、作为参数传递给其他方法的对象、它的成员对象、成员对象集合中的元素，以及它所创建的对象。与这些"朋友"进行通信是允许的，而与其他"陌生人"直接通信则应避免。图7-21直观地展示了这一特点。

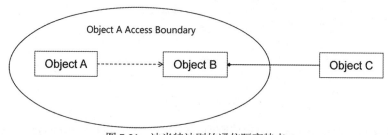

图7-21 迪米特法则的通信隔离特点

狭义上理解迪米特法则，如果两个类之间没有必要直接通信，那么它们就不应该发生直接的相互作用。当需要调用另一个类的方法时，可以通过引入一个中间层来转发该调用，从而降低类之间的耦合度。

遵循迪米特法则对于设计高内聚、低耦合的软件系统非常有益。这种系统在面对变化时更加灵活和可维护，因为模块间的依赖关系被最小化，修改一个模块时对其他模块的影响也会降到最低。

迪米特法则在控制信息过载领域具有广泛的应用，通过减少类之间的不必要通信和依赖，来提高系统的可维护性和可扩展性。使用迪米特法则时应该遵守以下原则。

- 创建松耦合的类：松耦合的类指的是类之间的依赖关系较弱，这样当一个类发生变化时，对其他类的影响会降到最低。这有助于提升系统的灵活性和可维护性。遵循迪米特法则可以尽量减少类之间的直接交互，从而降低系统耦合度。
- 降低成员变量和成员函数的访问权限：限制类成员(包括成员变量和成员函数)的访问权限是迪米特法则的一个重要方法。通过将成员的访问权限设置为私有(private)或受保护的(protected)，可以确保只有必要的交互才会发生，从而减少不必要的信息暴露和潜在的错误操作。
- 设计一成不变类(Immutable Classes)：如果可能，将类设计为不可变的(即状态在创建后不能再被修改)。不变类一旦创建，其状态就不能再被改变。这可以减少错误和意外的状态变化，从而简化系统的理解和维护。
- 最小化对其他类的引用：迪米特法则强调一个对象应该尽可能少地了解其他对象。应该尽量减少一个类对其他类的直接引用。通过减少引用，可以降低系统的复杂性，使得每个类更加专注于自己的功能，同时减少因为其他类的变化而带来的影响。

下面通过举例来说明迪米特法则的应用。如图7-22展示了某系统界面类(如Form1、Form2

等类)与数据访问类(如 DAO1、DAO2 等类)之间的调用，可以从图中可以看出，它们的调用关系较为复杂。迪米特法则强调不要有太多的紧耦合而是应该采用松耦合，一个软件实体应当尽可能少的与其他实体发生相互作用。从图 7-22 中可以看出，Form3 与 DAO2、DAO3、DAO4 这三个 DAO 都有关联，其中有一个发生变换都会影响到 Form3。另外 DAO2 发生改变除了会影响 Form3 还会影响 Form4 和 Form5。因此，下面的设计是一个不太理想的设计。

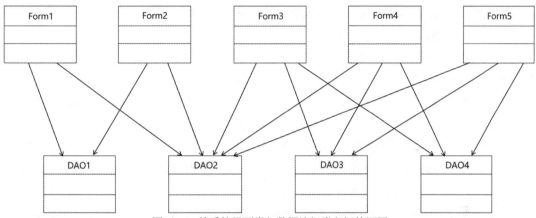

图 7-22　某系统界面类与数据访问类之间的调用

使用迪米特法则进行重构。重构后的结果如图 7-23 所示。在 Form 和 DAO 的中间添加了一个中间层 Controller，这样就降低了系统的耦合度。Form 通过中间的 Controller 与 DAO 发生间接的通信。这样，当 DAO 发生改变时就不会直接影响到 Form，从而实现了 Form 尽可能少的与其他实体发生相互作用的目的。

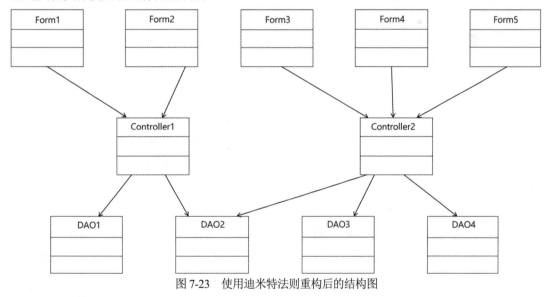

图 7-23　使用迪米特法则重构后的结构图

7. 合成复用原则

合成复用原则(Composite Reuse Principle，CRP)强调在软件设计中应优先考虑使用对象组合，而不是继承，以实现代码复用。通过在新对象中关联(包括组合关系和聚合关系)和使用已有的对象，使得这些已有对象成为新对象的一部分。新对象通过调用这些已有对象的方法来复用其功能，这一过程称为委派调用。

合成复用原则鼓励尽量使用组合和聚合关系，而减少继承的使用。虽然通过继承实现复用相对简单，但它可能会破坏系统的封装性。从基类继承而来的实现是静态的，无法在运行时动态改变，这大大限制了系统的灵活性并且增加了系统耦合度，使得这种复用方式只能在特定的环境中使用，这被称为"白箱"复用。

相比之下，通过组合和聚合来实现复用具有许多优势。它可以降低系统各组件之间的耦合度，能够选择性地调用成员对象的操作。此外，这种复用方式可以在运行时动态进行，提供了更高的灵活性，这通常被称为"黑箱"复用。因此，在实际的软件设计中，应遵循合成复用原则，以优化代码结构，提高系统的可扩展性和可维护性。

下面举例来说明合成复用原则的应用。某教学管理系统部分数据库访问类设计如图 7-24 所示，可以看到 StudentDAO 和 TeacherDAO 通过继承来复用 DBUtil 中的 getConnection 方法来链接数据库。然而，DBUtil 和 Student/TeacherDAO 并不直接构成继承关系。此外，如果需要更换数据库连接方式(如原来采用 JDBC 连接数据库，现在采用数据库连接池连接)，则需要修改 DBUtil 类源代码。如果 StudentDAO 采用 JDBC 连接，但是 TeacherDAO 采用连接池连接，则需要增加一个新的 DBUtil 类，并修改 StudentDAO 或 TeacherDAO 的源代码，使之继承新的数据库连接类，这种做法违背了开闭原则，导致系统扩展性较差。

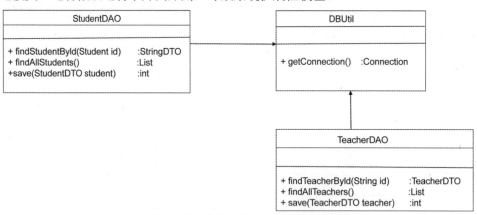

图 7-24　教学管理系统部分数据库访问类

现在使用合成复用原则对其进行重构。重构的结果如图 7-25 所示。采用了聚合的方式来复用 DBUtil，当需要更换数据库链接方法时，可以创建一个新类 NewDBUtil 来继承 DBUtil 从而在满足开闭原则的前提下，对功能进行扩展。这种设计结构显著提高了系统的可维护性和可复用性。

七大面向对象设计原则提供了在设计软件系统时的两大指导方向：一是如何精妙地构思并设计一个单独的类，二是如何恰当地规划并处理两个类之间的关系。

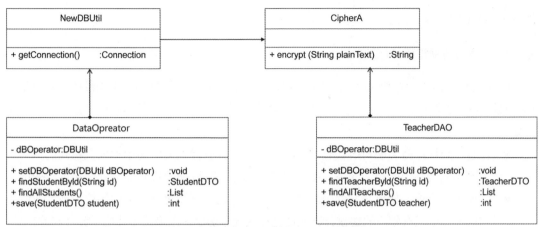

图 7-25　使用合成复用原则重构后的数据库访问类

首先，当考虑如何设计一个类时，应着重遵循单一职责原则。这一原则的核心思想是：每个类应当仅有一个引起变化的原因，即避免将多个不同的功能或责任堆积在同一个类中。这可以减少类的变化点，从而提高其稳定性和可维护性。开闭原则也是设计类时应遵循的重要准则。它鼓励对扩展持开放态度，而对修改保持封闭，这意味着应当在无需修改现有代码的情况下，灵活地添加新功能。两个原则使得类设计达到高内聚的标准，即类内部的元素紧密相连，而与外部的交互则通过清晰、明确的接口来实现。

其次，当转向设计两个类之间的关系时，首先应考虑迪米特法则，也称为最少知识原则。该原则倡导类之间的交互应尽量减少，每个类只应与其直接相关的类进行通信，以降低系统的复杂性。然而，当类之间的交互不可避免时，应遵循依赖倒置原则，即依赖于抽象而非具体实现。这意味着应该面向接口或抽象类进行编程，而非直接依赖于具体的类。这样做的好处是提高了代码的可复用性和可维护性。

在处理类之间的依赖关系时，接口隔离原则也显得尤为重要。该原则鼓励使用多个小而专门的接口，而不是一个庞大且通用的接口。这样可以确保每个类只依赖于它真正需要的服务，从而减少不必要的依赖和耦合。

此外，当面临功能复用的需求时，应首先考虑合成复用原则。这意味着，应优先考虑使用关联关系来实现复用，而非简单地通过继承来扩展功能。这是因为关联关系通常比继承关系更加灵活和可扩展。然而，当关联关系无法满足系统需求时，也可以选择使用继承，并在此过程中遵循里氏替换原则。该原则要求在设计系统时，能够在任何使用基类的地方无缝替换为其子类的对象，以确保系统的行为不会因替换而发生变化。

7.2　启发规则

面向对象方法学在软件开发中的历史虽然较短，但已经积累了许多宝贵的经验。基于这些经验，涌现出了一些重要的启发式规则，这些规则对于软件开发人员提高面向对象设计的质量具有重要的指导意义。

1. 设计的清晰性与可理解性

确保软件系统设计结果清晰、易读和易懂,是提升软件可维护性和可重用性的关键措施。那些难以理解的设计往往不会被重用。为了保障设计的清晰性与可理解性,应关注以下几个核心要素。

- 命名一致性:命名应与所代表的事物相吻合,且应优先采用通用和为人熟知的术语。对于不同类别中的相似服务,应使用统一的命名,以增强代码的可读性和可维护性。
- 遵循现有协议:如果开发同一软件的其他设计人员已经建立了类的协议,或者在所使用的类库中已有相应的协议,则应遵循这些既定协议,以确保设计的一致性和兼容性。
- 简化消息模式:在设计消息协议时,应该尽量减少消息模式的数量,保持消息模式的一致性,以便于读者理解。
- 避免模糊定义:类的用途应明确且有限,其名称应能直观地反映其用途。清晰的类的定义有助于增强代码的可读性和可理解性,降低软件系统的维护成本。

2. 保持适当的一般-特殊结构深度

在类等级中,应保持适当的层次深度。对于中等规模(大约包含 100 个类)的系统而言,建议将类等级的层次数维持在 7±2 的范围内。这是为了避免过深的继承层次导致的系统复杂性增加。同时,不应仅仅为了编程的便利而随意创建派生类,而应该确保一般-特殊结构与领域知识或常识的一致性。

3. 设计简洁的类

在设计面向对象软件时,应该尽量创建小而简洁的类,这样不仅便于开发,也利于后期的管理。当类过于庞大时,全面把握其所有功能和服务会变得相当困难。实践经验表明,如果一个类的定义能够控制在一页纸(或两屏显示)以内,那么这个类的使用将会更加便捷。为了确保类的简洁性,应关注以下几点。

- 属性精简:避免类中包含过多的属性,属性过多可能意味着类承担了过多的功能,从而导致复杂度上升。
- 明确定义:每个类应有清晰的任务定义,最好能够用尽量少的代码简明扼要地描述其职责。
- 简化合作关系:尽量减少对象间的复杂协作,若某个功能需要多个对象紧密配合才能完成,可能损害类的简洁性和清晰度。
- 服务数量控制:一个类提供的服务(方法)不应过多,通常建议一个类提供的公共服务不超过 7 个。

4. 采用简洁的协议

在设计消息传递时，通常建议消息中的参数不要超过 3 个。虽然这个限制不是绝对的，但经验表明，通过复杂消息相互关联的对象往往紧密耦合，对其中一个对象的修改可能会引发对其他对象的相应修改。

5. 使用简单的服务

在面向对象设计中，类中的服务(方法)通常应保持简洁，一般仅包含 3 到 5 行源代码。如果某个服务过于复杂，包含过多的代码行、嵌套层次或复杂的条件语句(如 CASE 语句)，则应仔细审查并尝试分解或简化该服务。通常应避免设计过于复杂的服务。如果服务中确实需要使用复杂的条件判断，可能应该考虑使用更一般化的类或结构来替代。

6. 最小化设计变动

高质量的设计往往能够在更长时间内保持稳定。即使必须进行修改，也应尽量将修改范围控制在最小。理想的设计变动曲线应呈现出在设计初期变动较大，但随时间推移逐渐趋于稳定的特点。图 7-26 中的峰值与设计错误或非预期的变动相对应。峰值越高，表明设计质量越差，可重用性也越差。因此，应在设计初期就力求高质量和稳定性，以减少后期的修改和调整工作。

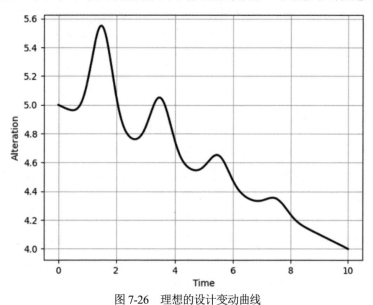

图 7-26　理想的设计变动曲线

7.3　系统分解

在采用面向对象方法进行软件系统设计时，设计模型(即求解域的对象模型)与分析模型(即问题域的对象模型)的构成十分相似，均由主题、类、结构、属性和服务这五个层次所构成。这些层次呈现出递增的细节层级，构成模型的五个水平切片，逐层深入揭示系统的内在逻辑与结构。

大多数系统的面向对象设计模型都可以归纳为四个核心子系统。这四个子系统与目标系统的四个主要组成部分相对应，它们分别是：问题域子系统、人机交互子系统、任务管理子系统以及数据管理子系统。这四个子系统在软件体系中的重要性和规模因系统而异，可能存在显著差异。对于规模过于庞大的子系统，应该进一步细化分解为更小的子系统，以提高系统的可管理性和可维护性；而对于规模较小的子系统则可以考虑与其他子系统合并，以实现资源的优化配置。需要注意的是，某些特定的应用系统可能仅包含三个或更少的子系统。这种灵活性和可配置性正是面向对象设计的突出优势。

7.3.1 分解思想及子系统相关概念

1. 分解思想

在设计复杂的应用系统时，通常采用分解思想作为指导原则。这种思想的核心在于，先将庞大而复杂的系统拆分成若干个相对较小、功能更为单一的部分，再逐一对这些部分进行详细设计。这种"分而治之"的策略不仅有效地降低了设计的难度，使得每个部分的设计更加易于掌控，而且为团队中不同的成员提供了明确的分工协作基础。每个成员可以专注于自己负责的部分，从而提高工作效率。从长期维护的角度来看，分解思想也大大增强了系统的可维护性。由于各部分之间相对独立，维护人员可以更容易地理解和修改系统的各个组成部分，这对于快速定位和解决问题至关重要。

2. 子系统

在复杂的软件系统中，那些承担主要功能、可以独立运行或作为系统关键组件的部分被称为子系统。子系统的划分主要基于它们所提供的功能，通常遵循以下原则。

- 功能导向：子系统的划分应以其提供的功能为依据，确保每个子系统都承担着明确且不可或缺的任务。
- 规模匹配：子系统的数量应与系统的整体规模相适应。过多的子系统可能导致管理复杂性的增加，而过少的子系统则可能使得单个部分过于庞大和复杂，难以维护。
- 接口简化：各个子系统之间的交互应通过简洁、明确的接口来实现。简化的接口有助于减少子系统间的耦合度，提高系统的稳定性和灵活性。
- 减少依赖：在设计子系统时，应尽量减少子系统之间的相互依赖。

7.3.2 面向对象的设计模型

设计模式是软件开发中的一个重要概念，代表了经过时间验证的最佳实践。这些实践是资深软件开发者在长期的编程过程中，面对各种问题和挑战，通过不断的试验和错误总结出来的智慧结晶。简而言之，设计模式是在软件开发中经常遇到的问题的最佳解决方案，广为开发者所熟知并反复使用。

使用设计模式有多重好处。首先，它能够提高代码的重用性，通过抽象和封装，使得相同的代码可以在不同的场景中重复使用，大大提高了开发效率。其次，设计模式能够使代码更加清晰易懂，这对于团队协作和后续维护至关重要。另外，由于设计模式已经过大量实践验证，因此使用设计模式可以保证代码的可靠性。

设计模式主要分为三种类型：创建型模式、结构型模式和行为型模式。创建型模式关注的是对象的创建过程，包括工厂模式、抽象工厂模式、单例模式、建造者模式和原型模式。这些模式提供了一种更为灵活和可控的方式来创建对象，而不是简单使用 new 操作符。例如，工厂模式通过定义一个创建对象的抽象方法，允许子类根据需要决定实例化的类；而单例模式则确保一个类只有一个实例，并提供全局访问点。

结构型模式关注如何将现有的类和对象组合成更大的结构，以提供新的功能或统一的外部视图。这些模式利用继承和组合的机制来扩展系统的功能，使代码更加模块化和可维护。

设计模式是软件工程中的一项重要工具，它们不仅提高了代码的质量和效率，也使得代码更加易于理解和维护。合理地运用设计模式，有助于构建出更加健壮、灵活和可扩展的软件系统。

行为型模式关注对象之间的交互和通信方式，包括观察者模式、策略模式等，它们能够优化对象之间的消息传递和处理机制，从而提高系统的灵活性和可扩展性。这些模式在构建复杂系统时特别有用，可以更好地组织和管理代码，降低系统复杂性。

在实际开发中，可以根据需要选择合适的设计模式来解决遇到的问题。例如，在需要频繁创建相似对象时，可以使用工厂模式或原型模式来提高效率；在构建复杂对象时，可以使用建造者模式来逐步构建对象；在需要保证某个类只有一个实例时，则可以使用单例模式。灵活运用这些设计模式，可以编写出更加优雅、高效和可维护的代码。

行为型模式在软件设计中占据着重要地位，其专注于对象间的通信与交互方式。这些模式描述了在不同对象之间如何传递信息、分配责任以及协调操作。行为型模式不仅增强了代码的可读性和可维护性，还提高了系统的灵活性和可扩展性。

行为型模式包括多种具体模式，每一种都有其独特的应用场景。例如，责任链模式通过建立一条处理请求的对象链，实现了请求的发送者与接收者之间的解耦，使得多个对象都有机会处理该请求，直至某个对象作出响应。这种模式在异常处理、日志记录等场景中特别有效。

命令模式通过将请求封装为对象，实现了请求发出者与执行者的分离。这种分离带来了极大的灵活性，使请求的存储、传递、调用和管理变得更加方便。在实际应用中，撤销操作、日志记录、事务处理等都可以通过命令模式来实现。

解释器模式为特定语言定义了文法表示和解释器，使程序能够理解和执行该语言的句子。这在需要自定义简单脚本语言或实现特定领域语言(Domain-Specific Language，DSL)时非常有用。

迭代器模式提供了一种顺序访问聚合对象中各个元素的方法，同时不暴露该对象的内部表示。这在需要对聚合对象进行遍历操作时非常有用，如列表、集合等。

中介者模式通过引入一个中介对象来封装多个对象之间的交互，从而降低系统的耦合性，使对象之间的交互更加灵活和可维护。这种特性有助于处理复杂交互场景，如图形用户界面(GUI)中的事件处理。

备忘录模式允许在不破坏对象封装性的前提下捕获并保存其内部状态，以便在需要时恢复到原先的状态。这种模式适用于需要撤销或回滚操作的场景。

观察者模式定义了一种一对多的依赖关系，当一个对象的状态发生改变时，所有依赖于它的对象都会得到通知并被自动更新。这在实现事件驱动的系统和实时数据更新等场景中非常常见。

状态模式允许对象在其内部状态改变时改变其行为，从而使对象能够根据当前状态作出不同的响应。策略模式则定义了一系列可互换的算法，使得算法的变化不会影响到使用算法的客户代码。这两种模式大多出现在处理多种状态或策略的场景，如游戏中的角色状态管理、排序算法的选择等。

模板方法模式定义了一个操作的算法骨架，同时将某些步骤延迟到子类中实现。这使得子类可以在不改变算法结构的前提下重定义特定步骤，从而确保用户在使用时遵循一定的流程和规范。

访问者模式允许在不改变对象结构的前提下定义新的操作来访问对象结构中的元素。该模式通常应用于需要对复杂数据结构进行多种不同操作的场景，例如 XML 或 JSON 数据的解析和处理等。

行为型模式为软件设计提供了丰富的工具和思路，以处理对象之间的交互和通信问题。合理运用这些模式，可以构建出更加灵活、可扩展和可维护的软件系统。

7.3.3 子系统之间的交互方式

在软件系统中，子系统之间的交互方式对于整体的设计和维护至关重要。常见的子系统交互方式有以下两种。

1. 客户-供应商关系

在这种关系中，子系统作为"客户"调用另一个作为"供应商"的子系统。供应商子系统负责提供特定的服务，并将结果返回给客户子系统。客户子系统需要了解供应商子系统的接口，以便正确地发起调用并处理返回的结果。供应商子系统无需了解客户子系统的接口，因为所有的交互行为均由客户子系统驱动。这种单向的交互方式简化了子系统之间的关系，使系统的设计和修改更加容易。

2. 平等伙伴关系

在这种关系中，各个子系统之间可能相互调用，没有明确的客户与供应商角色。因此，每个子系统都需要了解其他子系统的接口，以便在需要时进行交互。然而，这种平等伙伴关系会使子系统之间的关系变的更加复杂，可能导致通信环路，增加系统理解的难度和设计错误的风险。由于每个子系统都需要关注其他子系统的状态和接口变化,因此这种交互方式对系统的可维护性和可扩展性也提出了更高的要求。

单向的客户-供应商关系相较于双向的平等伙伴关系,具有更简单、更易于理解和修改的特点。在软件系统设计中,应优先考虑采用客户-供应商关系来组织子系统之间的交互,以降低系统的复杂性并提高可维护性。

7.3.4 组织系统的方案

在组织子系统构建完整的软件系统时,主要有两种组织方案:层次组织和块状组织。

1. 层次组织

在这种方案中,软件系统被结构化为一个明确的层次系统,其中每一层均代表一个独立的子系统。这种组织方式确保了系统的有序性和依赖性。各层之间的关系是递进和依赖的,上层子系统建立在下层子系统的基础之上,而下层子系统则为上层提供必要的服务功能。同一层内的对象保持相互独立,而不同层次间的对象则往往存在某种关联。这种上下层之间的关系可以视为一种客户-供应商关系:下层子系统作为供应商提供服务,而上层子系统则作为客户使用这些服务。

2. 块状组织

这种方案将软件系统垂直分解为若干相对独立、弱耦合的子系统。每个子系统(或称为"块")负责提供特定类型的服务。块状组织方式强调模块化和独立性,有助于降低系统的复杂性并提高可维护性。

层次结构和块状结构并非互斥,可以灵活组合使用。在混合应用中,同一层次可以由多个块组成,以满足不同功能和服务的需求;同时,同一块也可以根据需要进一步细分为多个层次。这种灵活性使得软件系统能够更有效地适应复杂的业务需求和技术环境。

7.4 设计问题域子系统

面向对象分析阶段所得出的问题域精确模型为问题域子系统设计工作奠定了基础,并构建了一个完整的框架。在设计过程中,应尽可能地保留在面向对象分析阶段所确立的问题域结构,以保证系统的一致性和连贯性。从实现的角度出发,需要对这个模型进行一些补充或调整。这些调整包括增加、合并或分解类、属性及服务,以及对继承关系进行微调。在设计复杂的问题域子系统时,需要将其进一步细化为若干个更小、更易于管理的子系统,以提高系统的可维护性和可扩展性。

在面向对象设计过程中,需要对面向对象分析阶段得出的问题域模型进行以下修改和优化。

- 需求调整:随着项目的推进和客户需求的明确,需要不断调整对目标系统的期望功能或性能。这通常意味着需要相应地修改在面向对象分析阶段得出的结果,并将这些调整反映到问题域子系统的设计中。
- 重用已有的类:为了提高开发效率和代码质量,重用已有的类是一个有效的策略。具体步骤如下:在已有的类库中搜索与当前问题域内某个需求最为匹配的类,将其作为被重用的候选。从选定的已有类派生出新的问题域类,并根据需要添加或重写特定的属性和服务。新派生的问题域类可以继承已有类的属性和服务,简化类的定义过程。根据新的设计需求,需要修改与问题域类相关的关联,甚至将它们与被重用的类建立新的关联。
- 类组合与根类的引入:通过引入一个根类或基类来组织和管理问题域中的类,将多个相关的问题域类组合在一起。这种设计不仅提高了代码的组织性,还可以通过根类为具体类定义一个统一的接口或协议,从而增强代码的可读性和可维护性。
- 继承层次的调整:如果面向对象分析阶段构建的模型包含了多重继承关系,但项目所选用的编程语言不支持这一特性,则需要对模型进行调整。即使编程语言支持多重继承,为了避免潜在的属性或服务命名冲突,并提高代码的清晰度和可维护性,也可能会对继承关系进行一些优化和调整。

7.5 设计人-机交互子系统

在面向对象分析的过程中,已经对用户的界面需求进行了初步的探索和分析。然而,这些分析主要是基于用户的功能需求和使用场景,对于具体的界面细节和设计元素并未深入探讨。因此,在面向对象设计的阶段,还需要对人机交互子系统进行更为详细和深入的设计。

设计人机交互子系统的核心目标是确定人机交互界面的具体细节。这包括但不限于指定窗口和报表的布局、样式和功能,设计命令的层次结构和操作流程,以及确定界面元素的交互逻辑和响应方式。这些设计决策将直接影响到用户的使用体验和系统的易用性。

由于人机界面的评价在很大程度上受到主观因素影响,因此不能仅仅依赖于理论分析和设计规则来进行设计。相反,应采用一种由原型支持的系统化的设计策略。这种策略的核心思想是快速制作出界面的原型,让用户在实际使用过程中提供反馈,然后根据这些反馈进行迭代和优化。

具体来说,可以先根据初步的设计方案制作一个简单的界面原型,并邀请真实用户来进行测试和使用。通过观察和记录用户的使用过程和反馈,可以识别设计中存在的问题和不足,然后针对这些问题进行改进和优化。这种迭代的设计过程不仅可以确保设计更加符合用户的实际需求和期望,还可以及时发现并解决潜在的问题,从而提高系统的整体质量和用户体验。

7.5.1 设计人-机交互界面的概念

在面向对象设计的过程中,需要对系统的人机交互子系统进行详细的规划与设计。这不仅涉及窗口和报表的展现形式,还包括命令层次的精心设计。因为人机交互界面的每一个细节都直接影响用户的使用体验和对系统的整体印象。

一个人机交互界面设计得当的系统,能够产生强大的吸引力,使用户在操作过程中感受到流畅与愉悦。当用户面对一个直观、美观且易于操作的界面时,更加容易投入到与系统的互动中,从而提高工作效率,甚至激发出更多的创造力。优秀的界面不仅仅是美观的,还能准确地引导用户,提供必要的信息反馈,使用户在操作过程中始终保持清晰的思路。

相反,如果人机交互界面设计得不够人性化,用户在使用过程中可能会遇到诸多困扰。界面布局不合理、操作不直观或反馈不明确,都可能导致用户产生不良的使用体验。这不仅损害了用户对系统的整体印象,还可能导致用户放弃使用系统,从而影响到系统的普及和应用效果。

人机交互界面的设计不仅仅是一个表面的美观问题,它更关乎到系统的实用性、易用性和用户的满意度。在设计人机交互界面时需要深入了解用户的需求和习惯,结合人类认知的特点,创造出既美观又实用的界面,从而提升用户的整体体验。

7.5.2 设计人-机交互界面的准则

人机交互界面设计是确保人与计算机之间顺畅、有效沟通的关键环节。一个出色的界面设计不仅能提升用户体验,还能显著提高工作效率,降低用户的学习和使用成本。在进行设计时,需要遵循以下七大核心原则。

1. 可见性原则

可见性原则强调的是界面应提供清晰、直观的信息反馈,使用户能够准确理解当前界面的状态以及可进行的操作。这意味着需通过合理的颜色搭配、明确的图标和及时的提示信息,确保用户能够轻松识别界面元素,了解其功能,并获得操作后的即时反馈。

2. 一致性原则

一致性原则要求界面的功能、布局和交互方式保持统一,以便用户在使用时能够快速适应和掌握新界面。这种一致性不仅体现在整体的视觉风格上(如色彩搭配、字体选择和排版布局),还体现在具体的交互细节中。例如,相似功能的按钮应放置在相同的位置,并采用相同的操作方式。

3. 可预测性原则

可预测性原则强调用户在使用界面时,应能够根据界面提供的线索准确预测操作的结果。实现软件系统界面的可预测性需要设计师精心设计界面布局和操作逻辑。例如,将相似功能的按钮合理分组，使用直观且易于识别的图标和标签，并为用户提供明确、逻辑清晰的操作步骤和指导，都是增强界面可预测性的有效手段。

4. 灵活性原则

灵活性原则要求界面能够适应不同用户的需求和习惯，提供个性化的配置选项。在现代软件设计中，用户的多样性和个性化需求日益突出，因此，界面的灵活性显得尤为重要。设计师可以通过提供多种主题、布局和快捷键设置等功能，让用户根据自身的喜好进行个性化配置。

5. 简洁性原则

简洁性原则主张界面的设计应去除冗余和复杂的元素，突出核心功能和信息，使用户能够快速准确地找到所需的功能。在界面设计中，简洁并不意味着简单，而是要求设计师精心选择和安排界面元素，合理运用布局、颜色和图标等视觉元素，以清晰、直观的方式呈现信息和功能。

6. 反馈性原则

反馈性原则强调界面应及时向用户提供操作反馈，以便用户了解操作是否成功、进展情况以及下一步该如何操作。及时的反馈能够极大地提升用户体验。设计师可以通过各种方式提供反馈，例如使用提示信息、进度条和动画等，确保用户能够清晰地理解界面的当前状态和操作结果。

7. 容错性原则

容错性原则要求界面能够有效处理用户的异常操作和错误输入。优秀的界面设计应该考虑到用户可能犯的错误，并设置相应的容错机制，例如警告提示、操作确认和撤销功能等。

人机交互界面设计应遵循可见性、一致性、可预测性、灵活性、简洁性、反馈性和容错性等原则。这些原则相互关联、相互支撑，共同构成了优秀界面设计的基础。在进行界面设计时，应深入理解这些原则，并灵活地应用于实践，以创造出既美观又实用、既符合用户需求又具备良好用户体验的界面。

7.5.3 设计人-机交互子系统的策略

在设计人机交互子系统时，需要采取一系列措施来确保系统的有效性和用户满意度。以下是一些关键策略。

1. 用户分类

为了更好地理解用户需求，应将可能与系统交互的用户进行分类。这种分类可以基于用户的技能水平、职务或所属集团。例如，可以将用户分为初级用户、中级用户和高级用户，或者根据他们在组织中的角色(如管理员、普通员工或客户)进行分类。通过对用户的分类，可以更准确地了解每类用户的需求和期望,从而为用户提供更贴合需求的交互体验。

2. 用户描述

深入了解每类用户的情况至关重要。需要收集并记录有关用户类型、使用目的、特征、关键成功因素、技能水平以及他们完成本职工作的脚本等信息。提前构建一个全面的用户画像,以便在设计过程中充分考虑用户的需求和习惯。

3. 设计命令层次

在设计图形用户界面时,应遵守广大用户已经习惯的约定,以确保新设计的界面能够迅速被用户接受和喜爱。通过深入研究现有的人机交互意义和准则,使新界面在视觉设计、交互逻辑和动效表现等方面都符合用户的直觉和操作习惯。

首先,确定初始的命令层次。命令层次是用抽象机制组织起来的可供选用的服务的表示形式。在设计命令层次时,通常先从服务的过程抽象开始,然后根据具体应用环境的需要进行修改和完善。理解服务流程的核心逻辑是首要任务,然后再根据用户的实际需求和使用场景进行细化。

接下来,精细化命令的层次。为了进一步完善初始的命令层次,需要考虑多个因素,包括命令的顺序、整体与部分的关系,以及命令层次的宽度和深度等。通过精心调整这些因素,可以确保命令层次既符合逻辑又易于使用,从而提升用户的操作效率和满意度。

4. 设计人机交互类

人机交互类的设计与所使用的操作系统及编程语言密切相关。在设计时需要充分考虑所选技术和平台对人机交互的影响。例如,不同的操作系统可能提供不同的人机交互接口和控件,而不同的编程语言则可能影响交互逻辑的实现方式。为了确保人机交互的顺畅性和一致性,需要根据所选技术和平台的特点来设计相应的人机交互元素。这包括定义交互元素的外观、行为和交互逻辑,并确保它们在不同设备和浏览器上的兼容性和可访问性。

7.6 设计任务管理子系统

7.6.1 设计任务管理子系统的必要性

在复杂的软件系统中,设计任务管理子系统显得尤为重要。随着系统规模的扩大和功能的增加,系统中的对象数量不断增加,导致了对象之间存在着错综复杂的依赖关系。这些错综复杂的依赖关系可能出现数据不一致和功能异常等问题,因此对象之间的执行顺序变得至关重要。

此外,在实际使用的硬件环境中,可能只有一个处理器支持多个对象的运行。这些对象需要共享处理器资源,因此处理器的调度和分配就显得尤为关键。若没有一个有效的任务管理子系统来协调这些对象的执行,就可能出现处理器资源分配不均、对象执行效率低下等问题。

高效的任务管理子系统,不仅可以有效地管理对象之间的依赖关系,确保对象的正确执行顺序,还可以合理分配处理器资源,提高系统的整体运行效率。设计高效的子系统能够监控任务的执行状态,进行优先级调度,处理任务间的同步与通信,确保每个任务都能得到及时且合理的处理。这对于保障系统的稳定性、可靠性和性能至关重要。

7.6.2 设计步骤

1. 分析并发性

- 并发性:并发性是指在同一个时间片内,两个或多个任务能够同时执行的能力。在系统中,如果两个对象之间没有直接的交互,或者它们能够同时响应外部事件,那么这些对象在本质上是并发的。
- 方法:通过面向对象的分析方法建立的动态模型是识别和分析系统中对象并发行为的主要工具。通过详细审查各个对象的状态图和它们之间交换的事件,可以识别出哪些对象可以同时活动,哪些对象需要顺序执行。这种动态模型将非并发的对象组合到单一的控制线中,从而简化系统的并发管理。
- 控制线:控制线代表了一系列状态转换的路径,路径上的对象每次只有一个是活动的,在计算机系统实现中,控制线通常通过进程来管理,而多个任务的并发执行则通过多任务处理机制来实现。

2. 设计任务管理子系统

- 确定事件驱动型任务:这类任务主要由外部事件触发,如中断信号。任务在大部分时间处于休眠状态,等待来自数据线或其他数据源的中断。一旦接收到中断,任务被唤醒,执行数据接收和存储操作,并通知相关对象,随后再次进入休眠状态。
- 确定时钟驱动型任务:这类任务根据预设的时间间隔定期触发。任务在设定了唤醒时间后进入休眠状态,等待系统时钟中断。当中断到来时,任务被唤醒并执行预定操作,然后通知相关对象,再次进入休眠状态。
- 确定优先任务:根据任务的重要性和紧急性,分配不同的优先级。高优先级任务用于处理需要快速响应和严格时间限制的服务,而低优先级任务则处理相对不那么紧急的服务。分离不同优先级的任务可以确保关键服务的及时响应。
- 确定关键任务:关键任务是指对系统成功运行具有决定性作用的处理任务,通常对可靠性有着严格的要求。在设计过程中,应通过独立的任务来处理这些关键操作,以确保其高可靠性。
- 确定协调任务:当系统中存在多个并发任务时,引入一个协调任务来管理这些任务的交互和同步是必要的。协调任务通过状态转换矩阵来描述其行为,并专注于协调各个任务之间的交互,不参与其他服务工作。

- 尽量减少任务数：为了简化系统设计并提高效率，应尽量减少并发任务的数量。通过合并相似或相关的任务来降低系统的复杂性。
- 确定系统资源需求：通过计算系统的负载来估算所需的处理器能力。在综合考虑一致性、成本、性能以及未来的可扩展性和可修改性的基础上，确定系统的资源需求。此外，还需要决定哪些子系统应通过硬件实现，哪些则应通过软件实现，以确保软件系统达到最佳的性能和成本效益。

7.7 设计数据管理子系统

数据管理子系统是软件系统中的关键部分，它是系统存储或检索数据的基础架构。该子系统依托于特定的数据存储管理系统，巧妙地抽象了底层数据存储的细节，使得上层应用无需关心数据存储的具体模式，包括文件存储、关系型数据库或面向对象数据库等。

不同的数据存储管理模式具备独特的特性，并适用于特定的场景。在设计数据管理子系统时，设计者必须根据应用系统的具体需求和特点，审慎选择合适的存储管理模式。

设计数据管理子系统的工作不仅涉及数据格式的规划，还包括相关服务的构思与实现。数据格式设计旨在确保数据的结构化、一致性和可扩展性，而服务设计则提供数据的增删改查、事务处理、数据备份与恢复等核心功能。

7.7.1 选择数据存储管理模式

在选择数据存储管理模式时，需权衡各种因素，包括成本、易用性、功能需求以及系统复杂性等。以下是三种常见的数据存储管理模式以及其优缺点分析。

1. 文件管理系统

优点：作为操作系统的一部分，文件管理系统具有低成本和简单性的优势。它提供了一种直接的方式来长期保存数据，无需额外的数据库管理系统。

缺点：文件操作的层级较低，为了实现适当的抽象级别，通常需要编写额外的代码。此外，不同操作系统的文件管理系统存在差异，这可能导致跨平台使用时的不一致性。

2. 关系数据库管理系统

优点：关系数据库管理系统建立在坚实的理论基础之上，提供了丰富的数据管理功能，如中断恢复、多用户共享、完整性检查以及事务支持等。此外，关系数据库管理系统还为多种应用提供了一个统一的接口，并使用标准化的 SQL 语言进行查询和操作。

缺点：关系数据库管理系统的运行开销相对较大，即使执行简单的事务也可能需要较长的时间。关系数据库管理系统主要服务于商务应用，这些应用虽然数据量庞大，但数据结构相对简单，因此它可能无法满足高级应用的需求。关系数据库管理系统的另一个缺点是，SQL 语言支持面向集合的操作，属于非过程化语言，而大多数程序设计语言是过程性的，这使得两者之间的连接不够自然。

3. 面向对象数据库管理系统

优点：面向对象数据库具有丰富的数据模型，可以自然地表示现实世界中的实体和它们之间的关系。对象、类和继承等面向对象的概念可以更直观地映射到实际应用场景中。此外，面向对象数据库管理系统能够高效地处理包含大量数据和复杂关系的大型对象，如 CAD 设计和空间数据库等。

缺点：尽管面向对象数据库技术已经发展多年，但相较于关系数据库，其市场占有率和技术成熟度仍然较低。在性能方面，面向对象数据库在处理大规模数据和复杂查询时，可能不如经过高度优化的关系数据库。此外，关系数据库管理系统有严格的 SQL 标准，而面向对象数据库的查询语言和相关技术则缺乏广泛接受的标准。

7.7.2　设计数据库管理子系统

在设计数据库管理子系统时，必须细致考虑数据格式的设计以及配套服务的构建。以下是针对不同存储管理模式的详细设计策略。

1. 设计数据格式

1) 对于文件系统

(1) 第一范式表定义。首先详尽列出每个类的所有属性，然后将这些属性规范化至第一范式，确保属性的原子性并消除重复列。

(2) 文件结构确定。为每个规范化后的第一范式表建立相应的文件，用于数据的持久化存储。

(3) 性能与容量预评估。对设计的数据结构进行性能和存储容量方面的预估，以验证其是否满足系统的整体需求。

(4) 设计迭代与优化。根据预评估结果，对初始的第一范式设计进行必要的调整，以提升性能和存储效率。

2) 对于关系数据库管理系统

(1) 第三范式表设计。详细列出类的属性，并将表规范化到第三范式，消除传递依赖，保证数据的完整性和最小化数据冗余。

(2) 数据库表构建。在数据库中为每一个第三范式表创建相应的数据表。

(3) 性能与容量评估。对设计的数据库结构进行性能和容量的评估。

(4) 设计优化。根据评估反馈，进一步优化第三范式设计，以提高系统性能。

3) 对于面向对象数据库管理系统

(1) 沿用关系数据库方法。如果选择此路径，则遵循关系数据库管理系统的设计原则。

(2) 利用面向对象特性。若采用面向对象编程语言的扩展途径，则无需进行属性规范化，因为面向对象数据库已经内置了对复杂对象和继承等高级特性的支持。

2. 设计相应的服务

1) 在文件系统中

(1) 对象存储与高效检索。设计服务机制，确保对象能够准确打开对应的文件，快速定位到目标记录，高效检索旧数据，并使用新数据进行更新操作。

(2) ObjectServer 类实现。定义并实例化 ObjectServer 类，以提供核心服务功能。

2) 在关系数据库管理系统中

(1) 数据库交互服务。开发服务以帮助对象精确访问数据库表，快速定位到数据行，实现旧数据的检索和新数据的更新。

(2) ObjectServer 类服务声明。声明 ObjectServer 类的对象，以提供数据库交互服务。

3) 在面向对象数据库管理系统中

(1) 沿用关系数据库服务模式。如果选择此路径，服务设计与关系数据库管理系统相类似。

(2) 利用面向对象数据库集成服务。若采用面向对象编程途径，则通常无需额外开发服务。只需为需要持久化的对象添加标记，由面向对象数据库管理系统自动处理这些对象的存储和恢复。这种高度集成的方式显著简化了数据管理子系统的服务构建复杂度。

7.8 设计类中的服务

在设计类中的服务时，需要综合考虑对象模型、动态模型和功能模型，以确定每个类中应提供的服务。对象模型作为对象设计的基础框架，提供了初步的类结构和核心服务。然而，面向对象分析阶段所得到的对象模型通常仅包含每个类中的几个关键服务。因此，设计者需要将动态模型中对象的行为和功能模型中的数据处理需求，转化为各类提供的具体服务。设计实现服务的方法如下：

- 设计实现服务的算法。
- 选择合适的数据结构。
- 定义内部类和内部操作。

7.8.1 确定类中应有的服务

在确定类中应提供的服务时，需要综合考虑对象模型、动态模型和功能模型等多个方面。以下是确定类中服务的具体步骤和相关启发规则。

1. 确定服务的总体思想

对象模型提供了进行对象设计的基本框架，是确定服务的基础。动态模型中的状态图描述了对象状态之间的转换，这些转换通常通过执行类的服务来实现。功能模型指明了系统必须提供的服务，这些服务需要映射到具体的类上。

2. 确定操作目标对象的启发规则

这些规则确定了哪个对象应该作为特定服务的目标。如果某个处理的功能是从输入流中抽取一个值，则输入流对应的对象通常是该服务的目标对象。当处理具有类型相同的输入流和输出流，且输出流是输入流的另一种形式时，这个输入输出流对应的对象是该服务的目标。如果处理需要从多个输入流中得出输出值，则该处理通常应定义为输出类中的一个服务。当处理的结果输出给数据存储或动作对象时，该数据存储或动作对象是服务的目标。

3. 确定处理归属的启发规则

这些规则决定了哪个类应该包含特定的服务：如果某个处理影响或修改了一个对象，该处理通常应归属到该对象所属的类。通过考察处理涉及的对象类及这些类之间的关联，可以找出在处理中处于中心地位的类。这个中心类通常是包含该处理的最佳候选。

7.8.2 设计实现服务的方法

在设计实现服务的方法时，需要综合考虑算法、数据结构和内部设计等因素。下面是具体的设计步骤和要点。

1. 设计实现服务的算法

- **算法复杂度**：优先选择复杂度较低、效率较高的算法，但也要以满足用户需求为前提，不必过分追求高效率。
- **易理解与易实现**：算法应易于理解且便于实现，这有助于提高代码的可读性和可维护性。虽然这与高效率可能存在矛盾，但设计者需要在这两者之间做好权衡。
- **易修改**：要预测未来可能进行的修改，并在设计时做好相应的准备，使得服务能够灵活地适应需求变化。

2. 选择数据结构

选择能够方便且有效地实现算法的物理数据结构。合理的数据结构可以显著提高算法的执行效率。

3. 算法与数据结构的关系

- **分析问题与数据特点**：深入分析问题，提炼出数据的特征，并基于此设计高效的算法。
- **定义关联的数据结构**：根据所提炼的算法来定义与算法相关联的数据结构，以确保数据能够有效地支持算法的执行。

- 详细设计算法：在确定了数据结构后，进行算法的详细设计，包括具体的操作步骤和逻辑。
- 实验与评测：通过一定规模的实验和评测，验证算法和数据结构的实际效果，确保其能够满足性能要求。
- 确定最佳设计：根据实验和评测结果，选择最佳的设计方案。

4. 定义内部类和内部操作

在执行算法过程中，需要增添一些用于存放中间结果的类，这些类在需求陈述中可能并未明确提到。复杂操作可以通过定义在简单对象上的底层操作来实现。在分解高层操作时，可能需要引入新的底层操作，并通过定义相应的内部类和内部操作来支持这些底层操作的实现。

7.9 设计关联

在设计面向对象系统时，关联定义了不同对象之间的联系，以下是对关联设计的详细介绍。

1. 定义

关联是对象模型中不同对象之间的连接，它明确了对象之间的访问路径。通过关联，对象可以访问和操作与其相关的其他对象。

2. 确定实现关联的策略

在实现关联时，可以采取两种主要策略：全局性策略和具体策略。全局性策略指为所有关联选择一种统一的实现方式，这简化了设计工作，但可能无法适应每个关联的最佳实现方式。而具体策略是为每个关联选择最合适的实现方式，以适应其在系统中的特定使用场景。虽然使用具体策略实现关联更加灵活，但也增加了设计的复杂性。

关联的使用方式主要涉及关联的遍历和实现。关联的遍历又分为单向遍历和双向遍历。单向遍历是指只能从一个对象遍历到另一个相关联的对象；双向遍历则允许从任一对象遍历到与之相关联的另一个对象。一元关联与多元关联的单向遍历如图 7-27 所示。

对于一元关联，可以通过简单指针来实现；而对于多元关联，则需要使用一个指针集合(如数组、列表等)来实现，如图 7-28 所示。

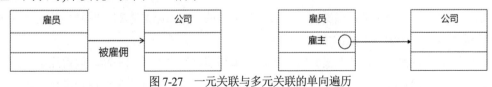

图 7-27 一元关联与多元关联的单向遍历

3. 实现双向关联

双向关联的实现方式有三种：第一种是仅通过属性实现一个方向的关联，这在两个方向的遍历频度差异较为大，且需要节省存储和修改开销时较有效；第二种是两个方向的关联都用属性实现，这种方式适用于访问频率远多于修改次数的场景，能够实现快速访问；第三种是使用独立的关联对象实现双向关联，此关联对象不属于任何参与关联的类，而是独立关联类的实例。一个典型的双向关联实例如图 7-28 所示。

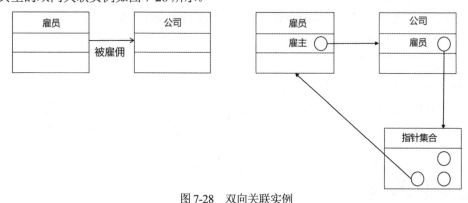

图 7-28　双向关联实例

4. 关联对象的实现

关联类用于保存描述关联性质的信息。在关联中，每个连接都对应于关联类的一个对象。

关联对象的实现方法有三种：第一种是一对一关联，此时关联对象可以与任一参与关联的对象合并；第二种是一对多关联，关联对象通常与多端对象合并；第三种是多对多关联，由于关联的性质不可能只与一个参与关联的对象有关，因此需要独立的关联对象来表示这种复杂关系。

在设计关联时，需要综合考虑系统的需求、性能、存储开销等多方面因素，以选择最合适的实现策略。合理的关联设计有助于提升系统的可扩展性和可维护性。

7.10　设计优化

7.10.1　确定优先级

在系统设计过程中，各项质量指标的重要性各有不同。为了确保优化设计的有效性，设计人员需要仔细评估并确定这些指标的相对优先级，从而在指标发生冲突时能够制定合理的折中方案。

系统的整体性能和质量直接受到设计人员所选择的折中策略的影响。明确系统目标并选择正确的优先级，对于最终产品的成功至关重要。

在实际设计过程中，设计人员经常需要在效率和清晰度之间找到平衡。值得注意的是，在确定折中方案的优先级时，应保持一定的灵活性，因为很难为这些优先级精确量化。采用模糊的优先级设定，可以更好地适应项目需求和外部环境的变化。

7.10.2 提高效率的技术

1. 引入冗余关联以提升访问效率

在面向对象的分析阶段，应尽量避免在对象模型中引入冗余关联，以免影响模型的清晰度。然而，当在深入分析用户访问模式及不同类型访问之间的依赖关系时，可能会发现分析阶段所确定的关联并不总是构成最优的访问路径。因此，为了提高查询效率，尤其是针对那些频繁执行且开销较大、命中率较低的查询，可以考虑为其建立索引。这类索引在某种意义上可以视为一种冗余关联，但它是显著提高查询性能的关键方法。

2. 优化查询顺序

在改进对象模型结构并提升常用遍历效率后，还需要进一步关注算法的优化。一个有效的优化方法是尽量缩小查找范围，通过调整查询的顺序，可以更快地定位到所需信息，从而提高查询效率。

3. 保存派生属性

派生属性是通过特定运算从其他数据中得出的，从某种程度上来说，派生属性是一种冗余数据。这类数据通常被"存储"或"隐藏"在计算表达式中。为了避免重复计算复杂表达式所带来的额外开销，可以选择将这些派生属性保存。这样做的好处是，在需要时可以直接访问这些属性，而无需再次进行计算，从而提高数据处理效率。

7.10.3 调整继承关系

在面向对象设计中，精心构建继承关系是优化设计的关键环节。继承关系不仅为类族定义了一个统一的协议，还促进了代码在类之间的共享，显著减少了冗余代码。一个基类与其派生类共同构成了一个类继承体系。建立良好的类继承体系对于面向对象设计至关重要，因为良好的继承关系能够将多个类逻辑地组织成一个清晰的结构。

1. 设计类继承的方法论

在设计类继承时，纯粹的自顶向下方法并不常见。通常的做法是首先创建一些针对特定用途的类，然后对这些类进行归纳。一旦识别出通用的类特征，就可以根据需要进一步派生出具体的类。在经历了一定程度的具体化(即专门化)之后，可能需要进行新一轮的归纳。对于某些类继承体系来说，这是一个持续演化和优化的过程。

2. 为提高继承程度而调整类定义

如果在一组相似的类中发现了共同的属性和服务，可以将这些公共元素提取到一个共同的祖先类中，以供其派生类继承。在进行类归纳时，需要注意以下两点：首先，不能违背领域知识和常识；其次，应确保现有类的接口(即对外协议)保持不变。更常见的情况是，尽管现有类中的属性和服务相似，但并不完全相同。在这种情况下，可能需要对类定义进行微调，以便定义一个合适的基类，供其派生类从中继承所需的属性或服务。

利用委托实现操作共享是一种更为安全可靠的策略。仅当存在明确的一般与特殊关系(即子类是父类的一种特定形式)时，利用继承机制实现操作共享才是合理的选择。如果继承仅被用作实现操作共享的手段，那么利用委托(即将某类对象作为另一类对象的属性，从而在两类对象之间建立组合关系)同样可以达到目的，而且这种方法更为安全可靠。在使用委托机制时，只有有意义的操作才会被委托给另一类对象实现，从而避免了继承无意义或有害操作的风险。

7.11 本章小结

面向对象设计在软件工程领域中占据着举足轻重的地位，它是将软件需求有效转化为稳定、高效且可维护的系统结构的关键环节。本章深入探讨了面向对象设计的核心要素和步骤，为读者提供了一套系统且全面的设计方法。

首先，面向对象设计的原则被详细介绍，这些原则构成了面向对象设计的基础，指导设计师在创作过程中如何保持代码的清晰、可维护性及可扩展性。遵循这些原则，可以有效地规避设计中的潜在问题，如代码冗余、过度复杂及难以适应变化等。

接着，通过引入启发规则，阐述了良好设计需要具备的特性，包括清晰性与可理解性，同时保持适当的一般-特殊结构深度。设计应尽量简洁，遵循简洁的协议和使用简单的服务，并注意最小化设计变动。通过这些规则的引导，可以寻找出恰当的解决方案。

在系统分解部分，本章深入剖析了如何将庞大的软件系统分解为更小、更易于管理的子系统(这种分解不仅有助于设计师更好地理解系统的整体架构，还能提升开发效率和质量)。同时，讨论了子系统之间的交互方式以及如何将这些子系统有机组织在一起。

在设计各个子系统时，本章特别强调了问题域子系统、人机交互子系统、任务管理子系统和数据管理子系统的设计方法和策略。每个子系统都拥有独特的设计要求和实现细节。例如，在设计人机交互子系统时，本章着重强调了用户体验与界面友好性的重要性；在设计数据管理子系统时，数据的完整性、安全性和高效性则是关注的焦点。

此外，本章还深入探讨了类中服务和关联的设计方法。服务是类中定义的操作或功能，而关联则揭示了类之间的关系。通过精心设计服务和关联，可以构建出功能完备且结构清晰的软件系统。

最后，在设计优化部分，本章探讨了如何确定设计的优先级，并介绍了提高效率的技术和调整继承关系等优化策略。这些技术对于提升软件系统的性能和可维护性具有至关重要的意义。例如，通过优化算法和数据结构，可以显著提升系统的运行效率；而通过调整继承关系则可以简化代码结构，提高代码的可读性和可维护性。

7.12 思考与练习

1. 面向对象设计的核心准则有哪些？请详细解释每个准则的含义及其在设计中的重要性。
2. 阐述启发规则在面向对象设计中的作用，并举例说明几个常用的启发规则。
3. 软件重用带来的具体效益是什么？请结合实际案例进行说明。
4. 在系统分解过程中，如何确保子系统之间的高内聚和低耦合？请给出具体策略。
5. 设计问题域子系统时，应如何识别关键的业务实体？请结合实例说明。
6. 在设计人机交互子系统时，如何考虑用户友好性和易用性？请给出设计建议。
7. 设计任务管理子系统时，需要考虑哪些核心功能和性能要求？
8. 在设计数据管理子系统时，如何确保数据的完整性和安全性？
9. 在设计类中的服务时，如何避免方法过长和类过大？请给出具体的优化方法。
10. 关联设计中有哪些常见的优化策略？请结合实际案例进行说明。
11. 设计一个公共图书馆自动化系统软件，以支持图书馆的高效运行。该系统包含多个工作站，由图书馆馆员操作以处理读者事务。读者借书时，首先扫描借书卡，再通过条形码阅读器扫描书籍代码，还书时则仅需扫描书籍代码。此外，系统还允许读者在馆内任意 PC 上，通过指定检索方式(如作者姓名、书名或关键词)检索图书目录。

第 8 章
统一建模语言

统一建模语言(Unified Modeling Language，UML)的历史可以追溯到 20 世纪 90 年代初。当时，面向对象的设计技术和符号经历了分化，不同的软件开发组织使用不同的符号来记录面向对象的设计。甚至在同一组织内，不同的项目团队也可能使用不同的符号来记录各自面向对象分析和设计的结果。这种多样化的符号体系导致了许多混乱。因此，在当时的软件系统复杂性不断增加的挑战下，迫切需要一种统一的、标准化的建模语言来帮助项目开发者更好地理解、设计和交流系统。本章将深入探讨统一建模语言的核心概念和建模机制，帮助读者更好地理解和掌握这一关键技能。

本章的学习目标：
- 理解并掌握统一建模语言相关概念
- 掌握静态建模机制
- 掌握动态建模机制

8.1 概述

8.1.1 UML 产生

UML 的起源可以追溯到 Rumbaugh、Booch、Jacobson、Odell 和 Shlaer 等人在软件工程领域的贡献。他们各自开发了不同的建模方法，具体如下：
- OMT [Rumbaugh 1991]
- Booch 方法论[Booch 1991]
- OOSE [Jacobson 1992]
- Odell 方法论[Odell 19921
- Shlaer 和 Mellor 方法论[Shlaer 1992]

因此，为了规范在 20 世纪 90 年代早期大量存在并得到广泛使用的面向对象建模符号，UML 应运而生。

UML 借鉴了许多已有的建模技术概念，尤其是前三种建模方法中的大量理念。各种对象建模技术对 UML 的影响如图 8-1 所示(虽然其余两种建模方法也有所借鉴，但影响较小。因此未在图 8-1 中展示)。可以很明显看出，Rumbaugh 提出的 OMT 对 UML 影响最为深远。

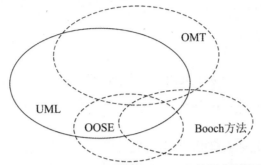

图 8-1　不同的对象建模技术对于 UML 的影响的图示

经过一些企业几轮的合作和讨论，UML 于 1997 年被对象管理组织(OMG)采纳为事实上的标准，即 UML1.0 版本。需要注意的是，OMG 并不是一个标准制定机构，而是一个产业协会，企业之间通过该协会来制定相关标准。OMG 的目标是促进对于符号和技术的共识，一旦这些符号的使用广泛普及，它们就会自动成为事实上的标准。OMG 在 1999 年发布了 1.1 版和 1.2 版。逐渐完善了 UML 的语法、符号和建模元素，使其成为一个更加完善和通用的建模语言。从 2000 年开始，UML 持续改进和发展。陆续发布了 2.0 版、2.1 版、2.2 版等版本，丰富了语言的特性和功能，以满足不断变化的软件开发需求。

UML 比其他各种建模方法更加复杂，这是必然的，因为它旨在成为一个更为全面的建模语言，必须考虑到更多的情况。UML 包含了相当广泛的一套符号，并提出了用于构建多种类型的图表。它已经成功应用于对大型和小型问题的建模。OMG 的采用以及业界的广泛支持使得 UML 得到了广泛地接受。目前在全世界范围内，有很多软件开发项目使用 UML。UML 的使用并不局限于软件开发领域。在其他领域也得到了广泛使用。例如，在食品制造公司的生产流程中，可以使用 UML 活动图来表示从原材料到最终产品的整个生产过程。活动图中的节点可以表示不同的生产步骤，边则表示步骤之间的流程和依赖关系。通过分析活动图，可以识别出潜在的优化点和瓶颈，从而改进生产效率和质量。

许多 UML 符号很难在纸上绘制来，因此最好使用 CASE 工具(例如 Visio)来绘制这些符号。许多可用的 CASE 工具也有助于辅助从初始对象模型到最终设计的工作。在 UML 模型构建完成之后，有些 CASE 工具还能够生成不同语言的代码模板。常见的 CASE 工具有 Visual Paradigm、Enterprise Architect、IBM Rational Rose 和 CodeWarrior 等。

1. 模型是什么？

在详细讨论 UML 之前，必须搞清楚模型的一些相关概念。模型是什么？为什么需要创建一个模型？模型会抓住对于某些应用程序来说比较重要的方面，同时忽略其他不那么重要的部分。在软件开发中，模型是对软件系统的某个方面的抽象表示。这种抽象表示可以采用不同的形式，例如图形、文字、数学符号或程序代码。在大多数应用场景中，相对于其他模式，图形模式更受欢迎，因为它们易于理解和构建。接下来将要介绍的 UML 就是一个主要的图形建模工具。然而，仅有图形模式是不够的，图形往往还需要使用文本进行解释，因此通常将文本解释与图形模式联系在一起。

2. 为什么要构建模型？

构建模型在软件开发中有多种重要用途。构建模型的一个主要原因是它有助于应对软件的复杂性。一旦系统模型构建完成，在软件开发的过程中有很多地方都可以用到它，包括以下几个方面。

- 分析和设计：通过建立模型，软件开发人员可以分析系统的需求、特性和相关约束，并设计出满足这些需求的系统结构和组件。
- 沟通：模型所提供的可视化的方式可以用来描述系统的结构、行为和功能，使软件开发团队成员之间更容易沟通和理解。
- 代码生成：如前所述，某些 CASE 工具可以根据模型自动生成相对应的程序代码，这样可以加速软件开发的进程。开发人员可以直接使用从模型中生成部分或全部的代码，从而减少手工编码的工作量，并降低编码出错的风险。
- 文档和维护：模型本身也可以作为系统文档的重要组成部分，记录系统的设计和实现细节。
- 验证和测试：模型可以模拟系统的某些行为、执行测试用例或进行形式化验证，开发人员可以检查系统是否符合需求，并及早发现项目的错误和问题。

在所有这些用途中，UML 模型不仅可以用来记录结果，还可以实现预期的结果。由于一个模型可以服务于多种目的，因此可以合理地预计。模型的构建目的不同，其表现也会有所不同。例如，开发用于分析和设计的模型和用于代码生成的模型将会有显著差异。一个正用于分析和设计的模型旨在分析系统的需求、特性和约束，但并不提供任何关于代码生成的帮助。相对而言，一个用于设计目的的模型应当捕捉所有设计决策。因此，明确构建模型的目的将是一个明智的选择。

8.1.2 UML 图

UML 可以用于构建多种不同类型的图表，以捕捉系统的不同视图。就像一幅艺术品可以从不同的角度观察一样(例如从材质、色彩、构图和主题等角度)，不同的 UML 图提供待开发的软件系统的多维视角，帮助全面理解该系统。对于这类模型进行进一步改进，为可以为系统的实际实施提供重要的支持。

UML 图可以捕捉系统的以下 4 个视图：

- 结构视图
- 行为视图

- 实施视图
- 环境视图

图 8-2 显示了负责提供各种视图的 UML 图类型。大多数面向对象的分析和设计方法强调在不同的视图中进行反复迭代的设计过程。这种迭代的过程使得我们能够通过在不同视图中反复审查和完善设计,得到一个全面而周密的设计方案。因此,下面将首先简要概述一些利用 UML 开发系统时可采用的不同视图,随后深入讨论用于实现这些关键视图的具体图。

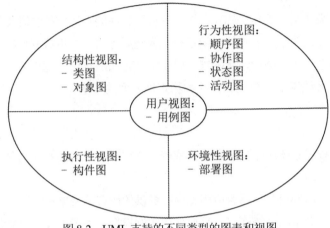

图 8-2 UML 支持的不同类型的图表和视图

1. 用户视图

用户视图用于描述系统或软件应用程序的用户角度及交互。这种视图定义了系统向用户提供的功能(设施)。用户视图是系统的一个黑匣子视图,因此其内部结构、各个部件的动态行为以及实施等都是不可见的。此外,用户视图和其他所有视图都有很明显的差别,因为和所有其他视图的对象模型相比,它是一种功能模型。用户视图专注于描述系统的功能、用户的需求和交互方式,而不涉及系统内部的具体实现。用户视图是从用户角度出发,关注用户与系统的交互,以及用户需要完成的任务和活动。

用户视图也可被视为中心视图,其他所有视图均需符合用户视图的需求与规范。这一理念深刻体现了以用户为中心的设计哲学,贯穿于各类开发模式之中。即使是在面向对象的开发范式下,也需要一个功能视图来确保系统功能与用户需求的紧密对接和实现。

2. 结构视图

结构视图用于描述系统的静态结构和组件之间的关系。它主要关注系统的组织结构、模块划分以及组件之间的关系和依赖。该视图定义了对于了解系统工作及其执行很重要的各种对象(类)。结构模型也被称作静态模型,系统的结构并不随时间的变化而变化。

项目开发团队可以通过结构视图更好地理解系统的组织结构和组件之间的关系,从而指导系统的设计和实现过程。结构视图通常与其他视图(如行为视图和环境视图)相互配合,共同构建一个全面的系统设计模型。

3. 行为视图

行为视图用于描述系统的动态行为和交互。该视图着重关注系统的动态行为和交互，帮助理解在不同情境下组件或对象的活动方式及其相互作用。行为视图通常与结构视图、部署视图等相互配合。

4. 实施视图

实施视图用于描述系统实际实施和部署。该视图关注的是系统的物理结构、部署方案和实施细节。例如，实施视图指定了软件组织运行在哪些服务器、主机或其他物理资源上，细致规划了这些物理资源之间如何进行连接配置，以及组件之间的接口、通信协议、消息传递等的细节内容，从而确保系统满足安全性、性能和稳定性方面的要求。

5. 环境视图

环境视图用于描述系统运行环境和外部依赖。该视图着重关注系统与外部实体、资源和条件的交互和依赖关系。

对于任何给定的问题而言，是否应用 UML 提供的所有图表来构建所有视图呢？答案当然是否定的。对于一个简单的系统而言，只要使用实例模型、类图以及一个状态转移图就够了。如果一个系统要在众多硬件上执行，那么可能需要一个部署图。因此，待开发模型的类型取决于当前的问题。例如，当在烹饪一道美食时，并不需要使用厨房里的每个器具和调料，只需要选择适合所准备菜肴的工具和材料，以便达到预期的味道和质感。同样的，在建模系统时，也会根据需要选择合适的 UML 图表和建模元素，以准确地表达系统的结构和行为，而不必使用所有可用的选项。这样可以避免问题复杂化，使模型更加清晰和易读。

8.1.3 UML 的应用领域

到目前为止，UML 已成功应用于多个领域，包括电信、金融、政府、电子、国防、航天航空、制造与工业自动化、医疗、交通、电子商务等。在软件工程中，UML 的应用是必要的，而且相比其他的传统方法，具有显著优势。

在软件开发中，需要进行需求分析。UML 在需求分析中十分重要。因为 UML 提供了丰富的图形符号和语法来表达系统的行为和交互过程。如用例图、活动图、类图和时序图等，这些图型能够以直观、清晰的方式描述系统的功能、结构和行为。从而使客户与软件开发人员的沟通更加方便，使软件开发人员更加准确地了解系统的需求和设计，确保最终交付的系统符合用户的期望和需求。

在系统设计过程中，如果需要对数据库进行设计与建模，同样可以使用 UML。因为 UML 提供了一种用于描述数据结构和关系的工具，如类图和关联图等。通过使用 UML 进行数据库设计和数据建模，开发人员可以更加清楚地了解数据的结构和关系，从而提高数据库的可维护性和性能。此外，UML 还提供了一些用于描述数据库操作和查询的工具(如顺序图和活动图等)，使得开发人员能够更加方便地进行数据库开发和优化。

UML 模型还可作为测试阶段的依据。系统通常需要经过单元测试、集成测试、系统测试和验收测试。不同的测试小组使用不同的 UML 图作为测试依据：单元测试使用类图和类规格说明；集成测试使用部件图和合作图；系统测试使用用例图来验证系统的行为；验收测试由用户进行，以验证系统测试的结果是否满足在分析阶段确定的需求。

总之，标准建模语言 UML 适用于以面向对象技术来描述任何类型的系统，并且在系统开发的不同阶段都可以使用(从需求规格描述直至系统完成后的测试和维护)。

8.2 静态建模机制

静态建模机制是一组用于描述系统静态结构的技术、概念和方法，其主要目标是关注系统的组成部分、它们之间的关系以及系统的静态属性。通过使用这些机制，可以捕捉系统的静态视图，即系统的组成和结构。此外，任何建模语言都以静态建模机制为基础，标准建模语言 UML 也不例外。UML 的静态建模机制包括用例图、类图、对象图、包、组件图和部署图。

本节将深入探讨 UML 的上述几种主要静态建模机制。通过深入的了解这些图表及其应用，将能够更好地理解和描述系统的静态结构，从而有效地设计和开发软件系统。

8.2.1 用例图

在静态建模机制中，用例图是一种强大的工具。它主要用于描述系统的功能，展示系统的各个用例，即系统所提供的各种功能和用户所执行的动作。在了解这些内容之前，需要先了解用例。

任意系统的实例模型都包括一系列的"用例"。用例可以直观地表示用户使用系统的不同方式。当需要找到一个系统的所有用例时，有一个相对简单的方式，即询问系统的使用者"使用这个系统可以做些什么？"。对于在线购物系统而言，其用例可以是：

- 用户注册
- 用户登录
- 商品搜索
- 添加商品到购物车
- 支付订单
- 商品评价等

用例将系统行为划分为一系列事务，这样在用户看来每个事务都执行了一些有益的行动。每个事务都可能涉及一个单一信息或者是用户和系统之间的多次信息交换，以便实现特定目的。

用例的目的是确定一条连贯的行为，而无须披露系统的内部结构。用例并未提及将实现某些功能所需要使用到的任何具体算法，也没有提及系统内部数据的表示以及软件的内部逻辑结构等。一个用例通常代表了用户和系统之间的一个序列的交互，这些交互构成了一个主线序列。主线序列代表了用户和系统之间正常的交互，它是最常见的交互序列。例如，在线网购系统的一个主线序列中，一个主要的用例可能是下列步骤构成的主线序列：用户登录、浏览商品、添加至购物车、查看购物车、结算、支付、确认订单以及确认收货完成交易。该主线序列也可能存在一些变化。通常情况下，当一些特定情况发生时主线序列就会出现一个变体。就在线购物系统这个例子而言，如果用户取消订单或对商品不满意并选择退货，那么就可能发生变体或其他的情况。这些变体也被称为替代路径。

用例由一组相关情况构成，共同服务于实现特定目标的过程。主线序列和每个变体都被称为情景或用例实例。每个情景都是用户事件和系统活动的独特交互路径。

在了解了用例的概念后，需要表示用例。可以通过绘制一个用例图并撰写一个附带文本来说明该图的含义。在用例图中，每一个椭圆代表一个用例，并且椭圆中标有其中用例的名称。每个椭圆描述了系统中的一个完整的功能或用户需求。一个系统中所有的椭圆(即用例)被包含在一个矩形内，矩形代表系统的边界。被建模的系统的名称(如"在线购物系统")会出现在矩形内部。

系统的不同用户是用主角表示的。主角就是考虑到系统使用的用户所扮演的角色。同一个用户可以扮演多个主角的角色，每个主角都可以参与一个或多个用例。连接主角和用例的线即是所谓的沟通关系，它表明主角使用用例提供的功能。

用户和外部系统都可以使用主角来表示。当一个主角表示一个外部系统时，它会被标注<<external system>>模板。

在这一点上，有必要先解释 UML 中模板的概念以及为什么会出现模板。UML 创造者的主要目标之一是限制语言中原始符号的数量。一个具有大量原始符号的语言不仅难学，而且使用这些符号和理解基于这些基本符号构建的大量图表也会很难。相应的就会导致没有太多人愿意使用这种语言。考虑到上述原因，UML 的创建者引入了一种模板，在用来注释一个基本符号时，它可以稍微改变一下基本符号的意义。想象一下，在一张班级名单上，除了每个学生的姓名和学号，还可以使用模板赋予他们特殊的意义。假设班级有以下几个学生。

- 张三 (学号: 001)：勤奋的学生。
- 李四 (学号: 002)：善于合作的学生。
- 王五 (学号: 003)：创造力非凡的学生。

在这个例子中，模板赋予了每个学生一个特殊的意义，用于注释基本的学生符号。通过模板，可以更加清晰地了解每个学生的特点或行为，而不仅限于基本信息。这种灵活的模板注释机制提供了一种强大工具，使得用户可以根据实际需求在 UML 图表中自定义注释，从而提高可读性和可理解性，有助于更好地传达系统的设计意图和特性。

例 8.1

图 8-3 展示了 Tic-Tac-Toe 问题的用例模型。该软件仅有一个用例 play move。需要注意的是，该用例没有命名为 get-user-move。因为 get-user-move 这个名字在用例图中是不合适的，用例应当从用户或者使用者的角度来命名。

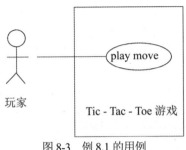

图 8-3 例 8.1 的用例

用例图上的每个椭圆都应附有一份文本说明，通常是一个简短而具体的句子或几句话，用以定义用户与计算机之间交互的细节以及其他方面的使用情况。用例图通常包括所有与用例相关的行为、正常行为的不同变体、与用例关联的系统回应以及行为中可能发生的特殊情况等。行为描述通常会以对话的形式展示，这样可以描述主角与系统之间的交互。这种文本描述没有要求一定是正式的，但建议描述要有一定的结构。下列是一些信息类型，除了主线序列和交替情况之外它们也可被包含在一个用例文本描述中。

- 联系人：列出将一起讨论用例的客户组织的人员和会议的时间地点等。
- 主角：除了识别主角之外，如果有关使用此用例的主角的信息有助于执行该用例，那么这些信息就会被记录下来。
- 前置条件：前置条件是在执行特定用例之前必须满足的条件或状态，描述了用例执行所依赖的前提条件。
- 后置条件：这在特定用例成功完成之后所期望达到的状态或结果，描述了用例执行完成后系统所处的状态或产生的影响。
- 非功能需求：包括系统在运行过程中的性能和质量特征，例如平台和环境条件、定性标准、响应时间需求、可靠性、安全性、可用性、可维护性等方面。
- 例外错误情况：指的是执行特定用例时可能出现的与正常流程不符的情况，例如数据库连接失败、服务不可用等，但不涉及与域无关的错误(例如软件错误)。
- 简单对话：用于描述用例的例子。
- 特殊的用户界面需求：包含对用例的用户界面的特殊要求(如表格、快照、交互方式等)。
- 文献资料：包括对于可能有用的特定的域相关文档的引用。

例 8.2

下面是商场奖励计划的用例图，如图 8-4 所示。

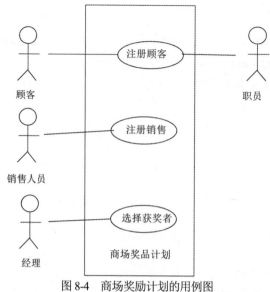

图 8-4 商场奖励计划的用例图

文本描述

用例 1：注册顾客

当使用此用例时，顾客需要提供一些必要的细节信息，以便在商场的系统中注册。

场景 1：主线序列

(1) 顾客：选择"注册顾客"选项。

(2) 商场系统：弹出窗口，要求顾客输入姓名、年龄、地址和电话号码等必要信息。

(3) 顾客：输入系统所需的相关信息。

(4) 商场系统：显示注册生成的顾客 ID，并告知顾客在系统中注册成功的消息。

场景 2：主线序列的第 4 步

商场系统：显示顾客已注册的消息，提示无需重复注册。

场景 3：主线序列的第 4 步

商场系统：显示顾客输入信息不全或者输入信息不满足格式要求的消息，并弹出窗口要求顾客输入缺失的值或修改输入的信息。

用例 2：注册销售

使用该用例，商场职员可以录入顾客购买商品的详细信息。

场景 1：主线序列

(1) 商场职员：选择"注册"销售选项。

(2) 商场系统：弹出注册销售窗口，要求商场职员输入购买详细信息和顾客 ID。

(3) 商场职员：输入购买详细信息、顾客 ID 以及其他必要信息。

(4) 商场系统：弹出相应窗口显示交易成功录入的消息，并告知商场职员。

用例 3：选择获奖者

此用例为商场经理使用，允许其能够在商场系统注册的顾客中生成获奖者名单。

场景 1：主线序列

(1) 商场经理：在商场系统中选择"选择获奖者"选项。

(2) 系统：在注册的顾客中选择一部分作为获奖者，并显示相关信息。

接下来，考虑用例之间的共有属性的因子化。用例的因子化是一种将大型、复杂的用例拆分成更小、更简单的子用例的方法。

通常，将用例因子化分解为组件用例。实际上，有两种情况必须要使用用例的因子化。首先，复杂用例需要被因子化为更简单的用例，这不仅可以使与用例相关的行为更加容易理解，也可以使相应的交互图表更易于处理。如果没有分解，那么复杂用例的交互图表可能会过于庞大，可能一张标准尺寸的 A4 纸都无法完整呈现这个复杂的用例。其次，只要不同的用例之间存在一个共有的行为，那么用例就必须被因子化。因子化只需要定义类似行为一次，之后的任何时候都可以进行复用。从一组用例中分解出如错误控制等共同用途是一个值得期待的结果，这使得类设计的分析更加简单而优雅。需要注意的是，使用用例的因子化只适合实现上述两个目标，若设计目标与之不符，则不应当使用用例的因子化。因为如果从设计角度来看，单纯为了分解而将用例分成很多较小的部分，可能没有任何好处，甚至会带来潜在的负面影响。下面将介绍 UML 提供的三种机制。

1. 泛化

当一个用例与另一个用例类似，但前者所做的事又有些不同或更多时，可以使用用例泛化。例如，在线购物系统中(如图 8-5 所示)，首先定义一个通用的父用例"购物"，它包含基本的购物操作，如浏览商品、添加到购物车、结算等。可以使用泛化关系创建几个子用例，每个子用例代表不同类型的购物方式。例如"在线支付"子用例继承自 "购物"父用例，并可以添加选择支付方式、输入支付密码等；"购物卡支付"子用例继承自 "购物"父用例，并可以添加输入礼品卡代码、核验等。这样，每个子用例可以保留父用例"购物"的通用操作，并添加自身的特殊操作和流程。值得注意的是，泛化并不只是用于用例图，泛化同样可以用于后续需要介绍的类图，但应谨慎使用，以避免过度继承而增加复杂性。父用例和子用例相互之间是不同的，因此它们的文本说明应当分开。

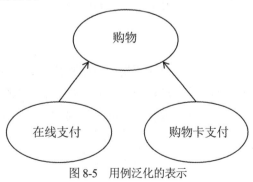

图 8-5 用例泛化的表示

2. 包含

在早期的 UML(UML1.x)中，并没有明确定义包含关系。然而，随着 UML 的演化和标准化过程，UML 2.0 引入了用例图中的包含关系。在 UML 2.x 版本中，包含关系经过准确的定义和解释。它明确表示包含方用例包含了被包含方用例的一部分行为，并具体说明了包含关系的条件和执行流程。这样，用例图能够更准确地描述系统功能的组合和扩展。这是 UML 的一个重要改进，为系统分析与设计提供了更好的表达能力。包含关系涉及一个以其事件和动作的序列包含另一个用例的行为的用例。当很多用例具有一系列的类似行为时，包含关系就会发生。这种类似行为的因子化将有助于避免规格的重复以及在不同用例之间反复执行，因此包含关系探讨了通过因子化用例之间的共有属性进行复用的问题。在将一个大型并且复杂的用例分解为更加易于管理的部分时，使用包含关系的效果更加显著。

如图 8-6 所示，包含关系由一个预定义的模板<<包含>>表示。在包含关系中，基用例必须自动包含一般用例的行为，如图 8-6 所示。

图 8-6 用例包含的表示

借出书籍和续借书籍都包含了更新已选书籍用例，因此这两个用例都包含更新已选书籍。此外，每一个基本用例可以包含多个用例，如图 8-7 所示。续借书籍包含了检查预留、获得用户选择和更新已选书籍三个用例。在这种情况下，可能把它们相关的一般用例一起插入。一般用例会成为一个单独的用例，那么它也应该有一个独立的文本描述。

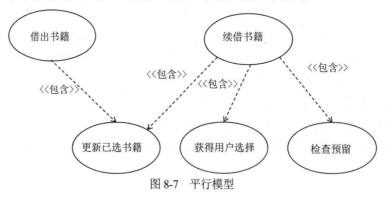

图 8-7 平行模型

3. 扩展

在用例图中，用例之间的扩展是指一个用例根据某些特定条件(或触发事件)在执行过程中可选地扩展了另一个用例的行为。需要注意的是，这种扩展是可选的，只在特定条件满足时才会发生，从而增强了用例的功能和灵活性。用例之间的这个关系被预定义为一个模板，如图 8-8 所示。

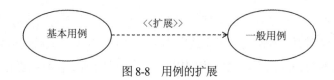

图 8-8　用例的扩展

扩展关系类似于泛化。但需要注意的是，虽然它们都用于建立用例之间的关系，并且都允许一个用例(或者类)继承另一个用例(或者类)的结构和行为。但拓展和泛化不同，扩展用例只有在特定条件满足的情况下才能添加额外的行为。而泛化关系描述了一个用例(类)是另一个用例(类)的特殊情况，即子用例(类)继承自父用例(类)的结构和行为。扩展点指的是用例内主线(正常)行为序列可能发生变化的点。扩展关系通常用于捕捉其他的路径或场景。

4. 组织

当用例被因子化时，它们将会有层次地组织起来。高级用例被改进为一组更小、更具体的用例，如图 8-9 所示。顶级用例位于改进用例之上，而改进用例则依赖于高级用例。需要注意的是，只有复杂的用例应该按照正确的方式被分解成更小的用例，并有层次地将这些小的用例组织起来。对于原本就简单的用例，则没有必要进行分解。

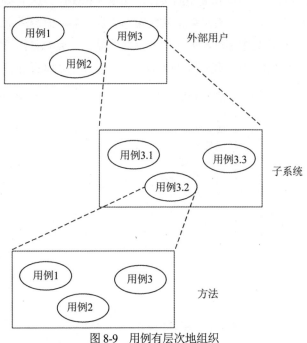

图 8-9　用例有层次地组织

上位用例的功能对于它们的下位用例而言是可以追踪到的。因此，上位用例提供的功能是下位用例功能的组合。

用例模型本身并没有严格的层级结构，但在实际应用中，可以根据建模的复杂程度和需求的详细程度，将用例模型从高级到低级进行分层。在用例模型的最高级别中只显示了最基本的用例。这一级别的重点是放在应用层面上的，因此也称为关系图。关系图强调了系统极限。在顶级图中只显示了外部用户可以与之交互的用例。一流的用例指明了系统提供给其外部用户的完整服务，子系统级别的用例指明了子系统所提供的服务。涉及子系统任何数量的级别都可以被利用。在最低级的用例层次上，类级用例指明了类提供的细小功能或操作。

8.2.2 类图

在谈论静态建模机制时，类图是不可忽略的重要内容。与用例图不同的是，用例图主要用于描述系统的功能需求和用户与系统之间的交互，并关注系统的外部视图和交互过程。而类图描述了一个系统的静态结构，它说明了系统是如何构建的而不是如何表现的，一般包括类、接口、关联、继承等。一个系统的静态结构体系包含了若干类图及其相关的依赖关系。类图的主要成分是类及其关系，包括泛化、聚合、关联以及各种依赖关系。下面将讨论代表类及其关系的 UML 语法。

1. 类

类代表的是一种具有相似结构和关系的实体，如属性和操作。这类实体多用于面向对象系统中。在 UML 中的类图里，使用有分割的实线矩形来表示类。值得注意的是，类图中的类具有一个强制性的命名分栏，其中名称需要居中并以黑体显示。类的名称通常使用混合事例规范书写，以一个大写字母开始，并且使用单数名词。一个类的各种表示的例子如图 8-10 所示。

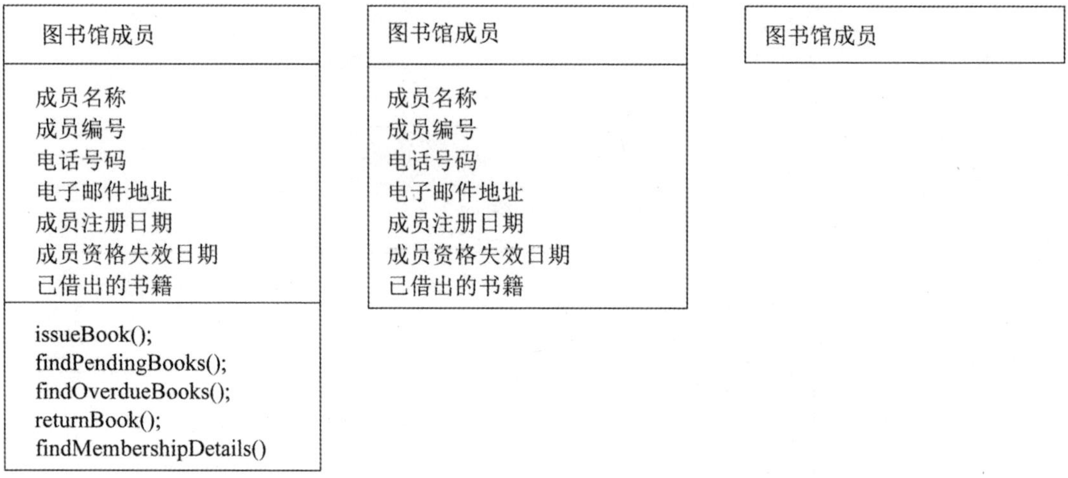

图书馆成员
成员名称 成员编号 电话号码 电子邮件地址 成员注册日期 成员资格失效日期 已借出的书籍

issueBook();
findPendingBooks();
findOverdueBooks();
returnBook();
findMembershipDetails()

图书馆成员
成员名称 成员编号 电话号码 电子邮件地址 成员注册日期 成员资格失效日期 已借出的书籍

图书馆成员

图 8-10 图书馆成员类的不同表示

2. 属性

属性是一个类的命名实体，用于描述了对象可能包含的数据类型。属性与其名称列在一起，并且可以包含类型描述(如 Int、Double、Boss、Worker 等)、初始值和约束。属性名称以一般字体书写，左对齐，并以小写字母开头。

属性名称后面可以跟上括号，表示多种表达方式，例如 sensorStatus[10]，其中多重表达显示了该类每个实例的属性数量。没有方括号的属性只能持有一个值。属性的类型在属性名称后面用冒号表示，例如 sensorStatus[1]:Int。

属性名称后面可以跟上一个等号和一个初始值，这样可以初始化新创建对象属性的初始值，例如 sensorStatus[l]:Int=0。

3. 操作

操作名通常需要左对齐，无特定的格式要求，但总是以一个小写字母开头。抽象操作以斜体书写(抽象操作针对的是那些在类定义中未提供具体实现的操作)。一个功能的参数可能需要一种特定的类别。这种类别可以是 in，表示参数被用于向此操作提供输入数据，传递给操作并在操作内部使用，但不返回任何结果给调用方；或者是 out，表示参数仅从操作中返回结果，而在输入时不提供任何值，用于从操作中获取结果，而不作为初始输入；或者是 inout，表示该参数既被用于输入操作的初始值，又可以用于返回操作的结果，在操作的传递过程中既充当输入数据的载体，又在操作执行后返回结果。使用这种类型的参数通常表示可以在操作中读取和写入的值。如果不特殊标注的话，默认类别是 in。

很多 UML 符号实际上都可以在 CASE 环境中使用。例如，手写很难写出斜体字。当需要手绘 UML 图时，可以使用<>之类的模板或{abstract}之类的约束。

一项操作可以具有一个返回类型，包含一个单返回类型的表达式，例如 issueBook(in bookName):Boolean。此外，操作可能具有类范围(即在该类的所有对象之间共享)，由在该操作名下的下画线表明。

需要注意区分"操作"和"方法"这两个名词。操作主要由类支持，描述了类或对象的功能，并可以由其他类的对象调用。实施同一操作不代表只有一种方法，相反，一般都会有多种方法。这其实就是所谓的静态多态性。虽然方法的名称可以相同，但通过检查参数可以区分它们，通常称这种行为为方法的重载。上述的区别只能在有多态时才能区分。如果不存在多态，可以不区分这两个词。

4. 关联

通常，对象之间需要进行通信，要使对象相互之间能够通信就需要建立关联。关联描述了类之间的连接，表示一个类与另一个类之间存在某种关联或依赖。两个对象之间的关系被称为对象连接或链接。需要注意的是，链接和关联概念有一定的区别，链接是关联的实例。一个链接是对象实例之间的一种物理或概念上的联系。例如，假设 Bob 选择了软件工程这门课程。这里的"选择"是对象 Bob 和软件工程之间的联系。从数学上来说，一个链接可被视为一个元组，即由对象实例按照特定顺序排列组成的列表。关联描述了一组具有共同结构与共同语义的链接。例如，CLassMember select Course 这个语句，其中 select 是 CLassMember 类和 Course 类之间的关联。

大部分情况下，一个关联是一个二元关系(两个类之间)。然而，在特定的情况下，一个关联中可以涉及三个或三个以上的不同类别。一个类还可以和它自身有一个关联关系(称为递归关联)。这种关联关系在面向对象编程中是比较常见的，特别是在建模树结构、链表以及图等数据结构时经常会遇到。例如，一个树节点可能与其子节点或父节点存在关联，而这些节点都属于同一个类。

可以通过用一条直线连接两个类来表示类与类之间的关联关系。图8-11显示了关联关系的图形表示。关联名称应该写在关联的直线上。关联线上还可以画出一个箭头，标明关联的类之间联系的方向。该箭头不应被误解为表明的是实施一个关联的指针方向。在关联关系的每一方中，多重性被标记为一个独立的数字或单个值范围。多重性指的是一个类有多少实例和其他的关联在一起。多重性的值范围将由指明一个最低值和最高值来表示，这两者之间以两个圆点隔开。星号(*)代表一个通配符，表示的是零到多个实例的关系，也称为"零到多"。例如，在图 8-11 中，可以理解为"许多书籍可能是由一个图书馆成员借出的"。通常，关联(链接)在问题语句中以动词形式出现。

图8-11　两类之间的关联

通常可以给涉及的类赋予合适的引用值来实现关联。因此，可以使用从一个对象类到另一个对象类的指针来实现关联。另外，也可以使用一个特定的类来存储与某个类和另一个类相关联的对象。一些 CASE 工具能够根据关联的角色名称，为自动生成的属性提供相应的实现。

5. 聚合

聚合也是一种关联关系，但它是一种特殊类型的关联，其中涉及的类代表了一个整体和部分之间的关系。具体来说，聚合表示一个类包含另一个类的对象，并且被包含的对象可以独立于包含它的对象下存在。这种关系通常用来表示"has-a"的关系，即一个对象包含或拥有另一个对象。

考虑一个学校管理系统。如图 8-12 所示，其中包括两个重要的类：图书馆类(Library)和书籍类(Book)。在这个系统中，图书馆类可以容纳多本书籍，但即使没有图书馆，书籍也可以独立存在。这意味着图书馆和书籍之间存在一种特殊的关系，被称为聚合关系。在这种关系中，图书馆"拥有"书籍，但书籍并不依赖于图书馆的存在。

在类图中，一般用一个空心的菱形箭头来表示聚合关系，箭头指向包含整体的类。这种关系强调了整体对象(图书馆)和部分对象(书籍)之间的联系，但并不意味着它们之间存在强耦合。因此，部分对象可以独立于整体对象存在。

图8-12　聚合的表示

值得注意的是，聚合关系不具备自反性(即递归)。换句话说，一个对象不能包含其自身所在类的对象，因为这会导致无限递归或无限循环的问题。另外，聚集关系不是对称的，一个类(整体对象)包含另一个类(部分对象)，而部分对象通常不会包含整体对象。这种关系是单向的，因此不是对称的。例如，图书馆可以包含书籍，但是书籍明显不能包含图书馆。然而，聚合关系是可以传递的。这意味着聚集可以包含任意数量的层级关系。

6. 组装

组装是聚合的一种更加严格的形式，其中部分紧密依赖于整体存在。组装关系强调整体对象控制部分对象的生命周期。在组装关系中，一个对象(整体)由其他对象(部分)组成，并且整体对象负责创建、拥有和销毁其部分对象。在组装关系中，整体对象控制整个生命周期，如果整体对象失去了它的部分对象，整体对象也无法正常运行。

组装的一个典型例子是有 invoice 项的 invoice 对象。invoice 对象一旦被创建，其中所有的 invoice 项也会被创建；而 invoice 对象一旦被摧毁，所有的 invoice 项就被摧毁。组装关系由一个画在组合端的实心钻石符号所表示。如图 8-13 所示，一辆汽车由引擎、车轮、座椅等多个部分组成。汽车作为整体对象，负责创建和管理其部分对象。如果汽车被销毁，其部分对象也会随之被销毁。

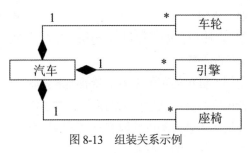

图 8-13 组装关系示例

7. 继承

继承关系表示一个类(子类或派生类)继承另一个类(父类或基类)的属性和方法。这种关系主要用于描述类间的一种特殊关系，其中子类可以继承父类的特征和行为，并且可以在父类的基础上扩展或修改一些特征，以满足某些场景的需求。在类图中，继承关系通常用一个带空心箭头的实线来表示，箭头从子类指向父类。子类从父类继承属性和方法，并且可以添加新的属性和方法，也可以重写父类的方法以改变其行为。另外，从子类绘制的继承箭头也可以组合进一条直线(如图 8-14 所示)。继承关系形成了类之间的层次结构，使得代码的重用性增强，并且有助于实现抽象和多态。

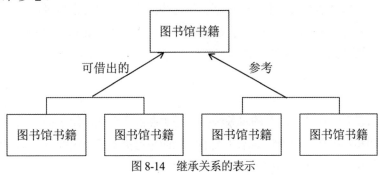

图 8-14 继承关系的表示

直接箭头在布局图表时提供了灵活性,并且易于手工绘制。组合箭头强调子类的集合,特别是基于某些检验器的特殊化。在图 8-14 所示的例子中,"可借出的"和"参考"都是检验器,能够用来区分超类的不同子类。一组类中拥有相同检验器的子类被称为一个分区。

在建模时提到检验器通常非常有用,因为这些检验器已经成为有记录的设计决策。

8. 依存

依存关系是两个类之间的一种关联形式,表明一个类的改变要求对其依存的另一个类也做出改变,但它们之间并不具备强耦合的关系。这种关系通常是临时性的。依存关系用虚线箭头表示(如图 8-15 所示)。

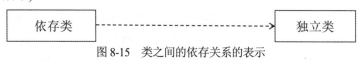

图8-15 类之间的依存关系的表示

依存关系产生的原因可能有多种,其中两个重要原因如下:
- 一类引用另一类提供的方法。
- 一类使用另一类的特定接口。如果提供该结构的类的属性发生变化,那么使用该接口的类也需要进行相应的调整。

以一个订单管理系统为例,订单类可能依赖于商品类来获取商品的详细信息。当订单被创建或修改时,订单类需要查询商品类以获取商品的价格、描述等详细信息,以便将其包含在订单中。此外,订单类也可能依赖于客户类以获取客户的某些信息。当订单被创建或修改时,订单类同样需要查询客户类以获取客户的一些基本信息。只有成功获取了这两个依赖类的信息,才能将订单正确地分配给相应的客户。这种依赖关系并非强制性的,因为订单类并不直接包含商品类或客户类的实例,而是在特定情况下才需要调用这些类的方法或查询其信息。因此,这种依赖关系是临时性的,只有在订单管理过程中需要获取商品信息或客户信息时才会产生。

9. 约束

约束关系与其他关系(如组合、聚合、依赖、继承等)存在显著差异,它们描述了类或成员应遵守的规则,而不是类之间的结构或关联关系。约束能够描述一个可设定集合的属性,明确操作的前后断言,定义一个具体的顺序等。以 UML 中的{Constraint}为例,它允许使用任何自由的表达方式来描述约束。唯一的规则就是这些描述都要包含在括号内。约束虽然可以用非正式的语言来表达,但 UML 也提供了对象约束语言(Object Constraint Language,OCL)作为一种更为精确和规范的方式来指明约束。

10. 对象图

对象图展示了系统在某一时刻的对象快照,是类图的实例化,用于描述系统中特定时刻对象之间的状态和相互关系。由于它显示了类的实例而不是类本身,因此也称为实例图。对象图中的对象通常使用圆角矩形表示(如图 8-16 所示)。

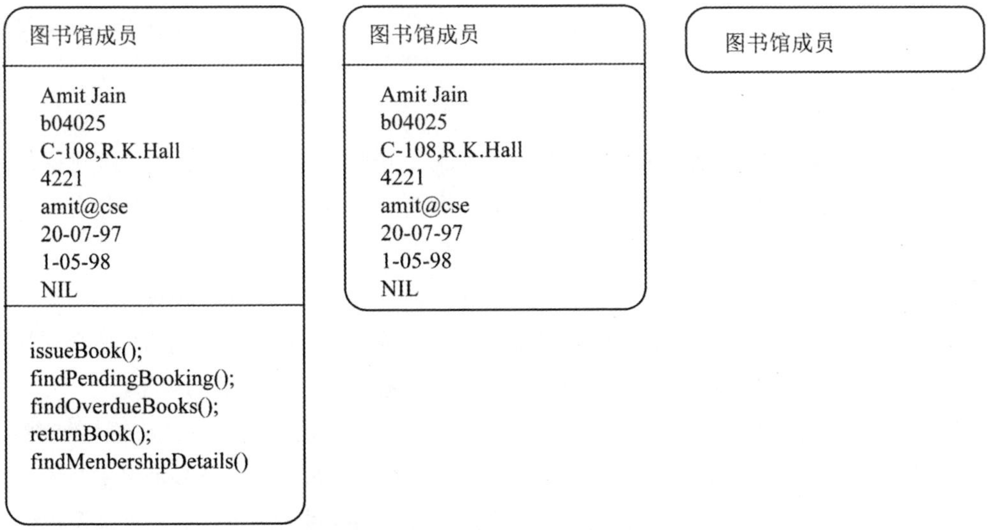

```
┌─────────────────────┐    ┌─────────────────────┐    ┌─────────────────┐
│    图书馆成员        │    │    图书馆成员        │    │   图书馆成员     │
├─────────────────────┤    ├─────────────────────┤    └─────────────────┘
│ Amit Jain           │    │ Amit Jain           │
│ b04025              │    │ b04025              │
│ C-108,R.K.Hall      │    │ C-108,R.K.Hall      │
│ 4221                │    │ 4221                │
│ amit@cse            │    │ amit@cse            │
│ 20-07-97            │    │ 20-07-97            │
│ 1-05-98             │    │ 1-05-98             │
│ NIL                 │    │ NIL                 │
├─────────────────────┤    └─────────────────────┘
│ issueBook();        │
│ findPendingBooking();│
│ findOverdueBooks(); │
│ returnBook();       │
│ findMenbershipDetails()│
└─────────────────────┘
```

图 8-16 一个图书馆成员对象的不同表示

对象图并不是一成不变的。相反，对象图可以随着程序执行不断改变，例如，对象之间的链接可以形成或断裂，对象也可以被创建或销毁。因此，对象图在解释系统的运行时非常有用。

8.3 动态建模机制

在 UML 中，动态建模机制主要用于描述系统中对象之间的行为和交互。UML 中的动态模型包括状态模型、顺序模型、协作模型和活动模型。相应的，这些模型通常以状态图、顺序图、协作图和活动图来表示。其中，顺序图和协作图通常合起来称为交互图，它们用于描述系统中对象之间的交互行为，特别是对象之间的消息传递顺序。这两种图表现了对象之间的通信和交互过程，但它们在展示交互的方式上略有不同，顺序图强调消息传递的时序关系，而协作图更加注重对象之间的通信结构和交互关系。状态模型关注一个对象生命周期内的状态及状态变迁，以及引起状态变迁的事件和对象在状态中的动作等。活动图用于描述系统中的某个具体功能或业务流程的执行过程，以及参与者(Actor)如何执行各种活动来完成特定的任务或实现某个功能。

8.3.1 消息

在面向对象技术中，对象间的交互是通过对象之间消息的传递来完成的。同样的，在 UML 中，消息在顺序图、状态图、协作图、活动图等动态建模图中被广泛使用。通常，当一个对象调用另一个对象中的操作时，即完成了一次消息传递，从而引起相应的行为。当操作执行后，控制便返回到调用者。对象通过相互间的通信(消息传递)进行合作，并在其生命周期中根据通信的结果不断改变自身的状态。在 UML 中，消息的图形表示通常是用带有箭头的线段将消息的发送者和接收者连接起来。箭头的类型表示消息的类型，箭头由消息的发送者指向消息的接收者。

UML 定义的消息类型有以下三种。

(1) 简单消息(simple message)表示简单的控制流，用于描述控制如何在对象间进行传递，而不考虑通信的细节。简单消息通常用于同步通信场景，其中发送者需要等待接收者完成操作后才能继续执行后续步骤。

(2) 同步消息(synchronous message)表示嵌套的控制流。操作调用是一种典型的同步消息。同步消息是一种阻塞式的消息，特点是通信双方需要实时交互，调用者发出消息后必须等待消息返回，只有当处理消息的操作执行完成后，调用者才能继续执行自己的操作。

(3) 异步消息(asynchronous message)表示异步控制流。异步消息是一种非阻塞式的消息，调用者发出消息后不需要等待消息的处理结果即可继续执行自己的操作。异步消息主要用于异步通信、事件驱动系统、解耦合及长时间操作，有助于提高系统的并发性、响应性能及模块间的解耦合。

此外，可以将一个简单消息和一个同步消息合并成一个消息，原同步消息的箭头和简单消息的箭头分别放在合并后的消息两端。这样的消息意味着操作调用一旦完成就会立即返回。

8.3.2 顺序图

顺序图把对象之间的交互显示为一系列消息传递顺序，从而展示了系统中对象的动态交互过程。它通过按照时间顺序排列消息来呈现对象之间的交互。参与交互对象显示在图的顶部，表现为附着在一条垂直曲线上的方框。方框内是对象的名字，由一个冒号和类的名称分隔。对象名和类名都有下画线。

出现在顶部的对象意味着用例执行开始时对象已经存在。然而，如果有些对象是在用例执行期间创建并参与交互(如方法调用)，则这些对象应在图中适当的位置显示其创建过程。

垂直虚线表示对象的生命线。生命线用于表示对象在一段时间内的存在，通常沿着顺序图的垂直方向延伸。它们是顺序图中对象存在的视觉表示，可以理解为对象的生命周期轨迹。画在生命线上的长条状矩形被称为激活标志，只要矩形存在，那么对象就是活跃的。每条信息显示为两个对象的生命线之间的箭头。信息是按照时间顺序从上到下显示的，越靠近顶部的消息表示发生的时间越早，越靠近底部的消息表示发生的时间越晚。这种布局方式使得顺序图可以直观地呈现出对象之间交互的时间顺序。

每条消息都注明了消息名称，当然也可以包括消息类型、消息参数、消息的返回值以及消息的顺序号。此外，有些控制信息也可以被包括进来。下面这两种类型的控制信息尤其有价值。

- 条件(如[invalid])，表明只有当条件为真时才会发送信息。
- 迭代标记(*)表示消息已被多次发送到多个接受对象。在集合或阵列的元素上迭代时出现，也可以指定迭代的条件，例如[for every book object]。

图书馆自动管理软件的书续借用例的序列图如图 8-17 所示。顺序图的开发有助于清晰描述对象间的交互流程、展示系统的动态行为、指导编码实现、支持测试验证、促进团队沟通,并为文档生成提供基础。它是项目开发中不可或缺的重要工具之一。

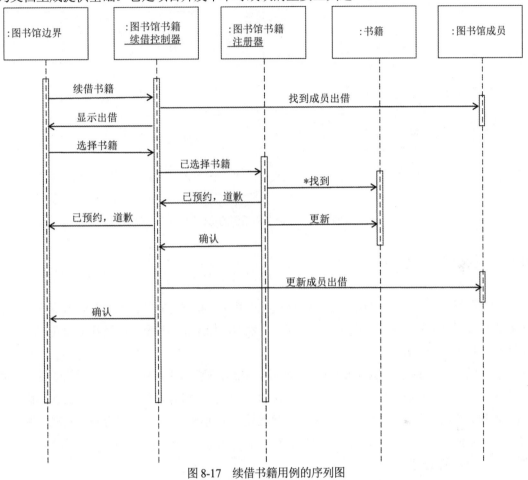

图 8-17 续借书籍用例的序列图

8.3.3 协作图

UML 中的协作图是一种用于描述对象间协作关系和消息传递的图形化建模工具。它展示了系统中的对象之间如何协作以完成特定的任务或实现特定的功能。与顺序图不同,顺序图的重点在于描述对象之间的时间顺序消息交互,强调消息的传递顺序和时序关系,而协作图会更侧重于描述对象之间的静态关系和协作模式,强调对象之间的结构和交互模式。在协作图中,对象也被称为协作者。

对象之间的链接以实线表示,并可以用于展示两个对象之间的关系和交互信息。从发送者对象指向接收者对象的箭头线条表示消息的传递方向和接收者。消息箭头上标注有序列号码和消息的内容,其中,序列号码用于描述图中消息的顺序。在协作图中,如果有需要可以添加注释,通常在图形旁边或下方加上文字描述。

图 8-17 所示例子的协作图如图 8-18 所示。在开发过程中，协作图的一个用途是可以帮助我们确定哪些类与其他类之间存在关联。

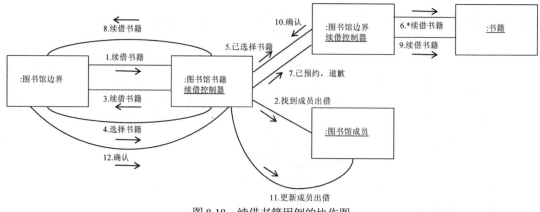

图 8-18 续借书籍用例的协作图

8.3.4 状态图

状态图通常用于描述系统中对象随时间变化的状态和状态之间的转换。它展示了对象所处的状态以及由外部事件或条件引起的状态转换。然而，如果我们想要对涉及几个相互之间协作的对象的行为进行建模，状态图并不适合。

状态图基于有限状态机(Finite State Machine，FSM)模型。FSM 是一种抽象的数学模型，用于描述系统在不同状态下以及状态之间的转移规则。它由一组有限个状态、初始状态、状态转移函数和最终状态组成。FSM 形式在面向对象的技术出现很久之前就已经存在，通常应用于建模各种系统的行为，如软件控制流、硬件电路等。除了建模，FSM 还被用于理论计算机科学中，作为正规语言的生成器。

FSM 形式的一个主要缺点是状态爆炸问题。当用于实用系统的建模时，随着系统复杂性的增加，状态机中的状态和状态转移规则可能会呈指数级增长，导致状态空间变得非常庞大，难以管理和理解。在 UML 中，状态图有效地克服了这个问题。状态图通过状态的抽象合并、分层结构、继承复用、事件驱动以及使用状态机工具等方式，有效解决了状态爆炸问题。状态图形式是由 David Harel 于 1990 年提出的。它为系统提供了一种层次模型，并引入了组合状态(也称为嵌套状态)的概念。

行动和过渡相关联，被视为快速发生且不可中断的过程。活动和状态也相关联，活动的持续时间通常较长，而一个活动可以被事件中断。

状态图的基本元素如下。

- **初始状态**：通常由一个实心圆圈表示。
- **最终状态**：由一个大圆圈中的实心圆圈表示。
- **状态**：描述系统在某一时刻所处的状态，通常用圆角矩形表示，内部标注状态名称。

- **转移**：表示状态之间的转移关系，即系统从一个状态转移到另一个状态的条件和动作。转移由两个状态之间的箭头表示，并且需要在箭头上方标注触发条件，下方标注转移动作。此外，可以为转移分配一个警戒条件。警戒是一个布尔逻辑条件，只有在该条件被评估为真时，转移才会发生。标记转移的句法由三部分组成：事件[警戒]行动。

在线购物平台交易自动化软件的命令对象状态图如图8-19所示。

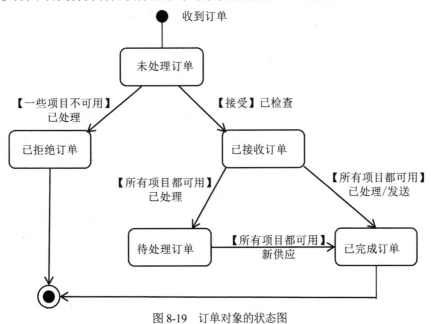

图8-19 订单对象的状态图

8.3.5 活动图

UML活动图最早出现在1997年发布的UML 1.1版本中。活动图是UML中用于描述系统行为和流程的一种图形表示工具，主要用于可视化系统、软件或业务流程中的活动、行为和工作流程。

活动图着重表示可能与类的方法相对应的活动或大量程序处理。一项活动是一个有内部行动的状态和一个(或多个)自动跟随内部活动终止的输出转移。如果一个活动有一个以上的输出转移，就必须通过一些条件进行确定。

活动图和顺序图有些类似。但也有一定的区别。首先，活动图主要描述系统中的活动、行为和工作流程，强调活动之间的控制流程和依赖关系。而顺序图强调对象之间的时序关系和消息传递。其次，活动图不强调时间维度，而这一点在顺序图中尤为重要。最后，活动图的图形表示和顺序图也有一定差异。活动图使用矩形框表示活动、菱形表示决策节点、箭头表示控制流等；而顺序图使用对象之间的垂直虚线表示消息传递，使用水平箭头表示消息接收。它们在UML建模中，都发挥着重要作用。在使用时，我们应根据模型的需求选择相对应的图示。

某个学校的学生入学过程在图8-20中被显示为一个活动图。此图显示了在入学过程中学院的不同部门所扮演的角色。首先，教务处检查学生记录，然后财务部门核对费用是否缴纳。当财务部门收到费用后，宿舍、医院和院系开始将执行各自的一系列活动。在所有这些活动完成后(此同步用一条水平线表示)，学生证将由教务科发给学生。

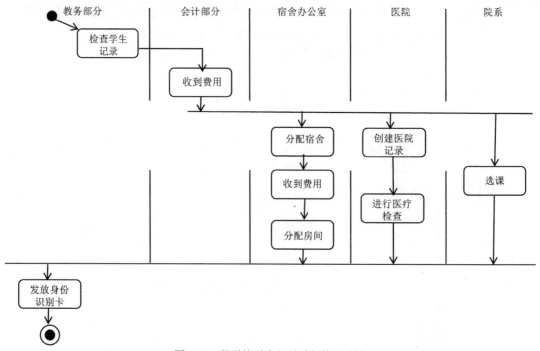

图 8-20　某学校学生入学过程的活动图

8.4 本章小结

　　本章的第一节概述首先介绍了 UML 的发展历史，接着回顾了与面向对象方法相关的一些重要概念。在软件开发中，模型是对软件系统某个方面的一种抽象的表示。构建模型有助于应对软件的复杂性。因为一旦系统模型建立起来，就可以在软件开发过程中的很多地方使用它。接着，简要的介绍了 UML 图的四个视图，以及每个视图的含义和在 UML 如何表示这些视图。最后，介绍了 UML 的应用领域，目前 UML 已成功应用于电信、金融、政府、电子、国防、航天航空、制造与工业自动化、医疗、交通、电子商务等多个领域。

　　第二小节主要介绍了 UML 建模机制中的静态建模部分，包括用例图和类图。在用例图中，首先介绍了用例图的概念和作用，接着举了几个例子来展示用例图的表示方法。在类图中，首先介绍了类、属性和操作的概念，接着详细介绍了类图中的各种关系，主要包括关联、聚合、组装、集成、依存以及约束关系。这些关系展示了类之间的依赖性、关联性和继承性，从而帮助理解系统中各个类之间的关系和交互。

　　在第三节中，介绍了 UML 建模机制中的动态建模部分。首先介绍了 UML 中的消息的含义、表示方法以及分类。随后，介绍了动态建模机制中的顺序图、协作图、状态图和活动图。

8.5 思考与练习

1. 简要介绍 UML 的历史。
2. UML 应用领域有哪些？UML 在软件开发生命周期中有哪些应用？
3. UML 有哪几种建模机制？请详细解释每一种建模机制。
4. 什么是模板？模板的优势有哪些？
5. 什么是用例泛化关系？泛化中的父用例与子用例之间的关系是什么？
6. 什么是用例包含关系？包含关系一般如何表示？
7. 什么是用例拓展关系？拓展和泛化的区别是什么？
8. 如何理解封装？使用封装的好处有哪些？
9. 类是什么？类中的属性有什么含义？功能参数的类别有哪几种，分别是什么？
10. 分别解释类图中的关联、聚合、组装、继承、依存与约束关系的含义，并选择两种关系进行举例说明。
11. 对象图是什么？它和类图之间存在什么联系？
12. 动态建模机制中，对象之间的交互是如何完成的？这种消息传递方式有什么好处？
13. 描述续借书籍用例的顺序图和协作图。
14. 活动图和顺序图的区别是什么？请详细描述。
15. 绘制一个学校入学过程的活动图，展示不同部门的角色。首先由教务处检查学生记录，接着财务部门核对费用是否缴纳。当财务部门收到费用后，宿舍、医院和院系将平行进各自的活动。在所有这些活动完成后(此同步表示为一条水平线)，学生证将由教务科发给学生。
16. 某公司有一个简单的订餐系统。员工可以在网站上查看菜单并提交当天午餐订餐信息。若订餐信息有误，员工可取消订餐。前台需对网站上的菜单进行管理(包括增加、删除和修改菜式)，并汇总每个员工的订餐信息，将汇总后的订餐信息传给餐厅。请绘制该系统的用例图。
17. 某电话公司决定开发一个管理所有客户信息的交互式网络系统。该系统的功能如下。

- 浏览客户信息：任何使用互联网的网络用户都可以浏览电话公司所有的客户信息(包括姓名、住址、电话号码等)。
- 登录：电话公司授予每个客户一个账号。拥有授权账号的客户可以使用系统提供的页面设置账号密码，并使用账号和密码登录系统。
- 修改个人信息：客户登录系统后，可以通过发送电子邮件或使用系统提供的页面修改个人信息。
- 删除客户信息：只有公司的管理人员才有权限删除不再接受公司服务的客户信息。

请绘制该客户信息管理系统的用例图。

第9章

编码与测试

本章将重点讨论软件生命周期中的编码和测试。在完成设计并经过严格的复审后，项目将进入编码阶段。在编码阶段中，设计文档中详尽描述的每一个模块都会被独立进行编码和单元测试，以确保代码质量与功能实现符合预期。通过这种流程，旨在提升软件开发的准确性与可靠性，为后续系统整合与全面测试奠定坚实的基础。

当一个系统的所有模块都完成编码与单元测试后，整合工作将随即展开，按照预先制订的整合计划进行模块整合。只有当所有模块成功整合后，产品整体才能真正成形。整合计划是整合不同模块的关键指导，它通常预先规划了一系列有序的整合步骤，确保模块能够按照既定的顺序和方式融入系统中，从而保障整合过程的顺利进行和产品的最终质量。在整合的每一个阶段，都会将一定数量的模块融入到部分已整合好的系统中，随后对这一阶段所得到的成果进行测试，以确保新增模块与现有系统的兼容性及功能完整性。所有的模块都完成整合与测试后，便可启动系统测试。在系统测试过程中，已经完全整合好的系统将严格依照 SRS 文档中所记录的要求进行全面检测，以确保系统性能与功能均符合预期标准。

测试是软件开发过程中一个非常重要的阶段，通常其工作量是整个开发过程中最大的，是确保软件质量的关键环节。与规约、设计和编码等初始开发活动相比，测试软件产品更具有挑战性。它要求工程师具备大量的创新思维，深入挖掘潜在问题，确保软件的稳定性与可靠性。

本章将探讨不同类型的测试，解释与编码阶段紧密相关的一些关键问题。这些问题对于确保软件开发的顺利进行及最终产品的质量至关重要。

本章的学习目标：

- 掌握编码规范，编写清晰、高效的代码
- 理解测试原理，熟悉不同类型的测试方法
- 熟练运用测试工具和框架进行自动化测试
- 设计并编写有效的测试用例，确保测试覆盖率
- 发现并修复代码缺陷，以提高软件质量
- 加强团队协作，与团队成员共同推动项目进展

9.1 编码概述

编码阶段的输入主要是设计文档。在编码阶段，开发者将根据设计文档中明确的模块规约，针对每个模块进行编码。完成设计阶段后，获得系统的模块结构(例如结构图)和详尽的模块规约，这些规约详细规定了每个模块的数据结构和算法，为编码工作提供了明确的指导。因此，编码阶段的目标在于将一个系统的设计转化为高级语言的代码，并确保每个模块的代码均符合其模块规约的要求。在编码过程中，还需对生成的代码进行单元测试。

一般而言，良好的软件开发组织会要求程序员遵循一套明确且规范的标准编码风格，这被称为编码标准。大多数软件开发组织会形成一套最适合自己的编码标准，并严格要求工程师遵循，原因主要有以下几点：

- 编码标准确保了不同工程师编写的代码在外观上保持高度一致。
- 编码标准有助于对代码的深入理解。
- 鼓励良好的编程实践，对于提升软件开发的质量和效率至关重要。

一个编码标准详细列出了在编码过程中必须严格遵循的一系列具体规则，涵盖了变量命名的规范、代码布局的标准以及错误处理规则等。这些规划确保了代码的一致性和可读性，为团队协作提供了坚实基础。除了编码标准，软件公司还制定了一些编码指南。相较于编码标准，编码指南更侧重于提供和编码风格相关的一般性建议，给予工程师在实际操作中一定的灵活度，允许他们根据具体情况灵活应用。编码标准与编码指南的结合，既确保了代码的质量和一致性，又兼顾了工程师的个性和实际需求。

在一个模块编码完成后，通常代码审查人员会进行严格的检查，确保编码符合既定的编码标准，并在测试之前检测出并修正尽可能多的错误。之所以在代码审查和单元测试阶段就致力于发现尽可能多的错误，是因为与在后续整合或系统测试阶段发现错误相比，早期发现并修正错误的成本更低，调试工作也更为简单。在开始深入探讨代码审查技术之前，先介绍一些具有代表性的编码标准和指南。

优秀的软件开发组织通常会基于自身需求和所开发产品的特性，量身打造适合自己的编码标准。因此，本书仅列出一些在众多软件开发组织中广泛采用的编码标准和指南。

1. 有代表性的编码标准

限制使用全局变量的规则。这些规则详细规定了哪些数据类型可以作为全局变量进行声明，哪些则不被允许。

模块文件头的规范。不同模块的文件头所包含的信息应在一个组织内部进行标准化，以确保代码的一致性和可维护性。同时，明确组织文件头信息的具体格式也是至关重要的。以下是一些常见的标准文件头数据，可以作为参考，帮助组织制定适合自身需求的文件头信息格式。通过遵循这些标准，团队成员可以更加高效地协作，减少沟通成本，提高代码质量：

- 模块名

- 模块创建日期
- 作者名
- 修改历史
- 模块大纲
- 支持的不同函数及其输入/输出参数
- 模块访问和修改的全局变量

全局变量、局部变量和常量标识符的命名规范。一种推荐的命名规范如下：全局变量的名称应始终以大写字母起始，以体现其全局作用域的特性；局部变量则应全部采用小写字母，以突出其局部性；常量名称则全部由大写字母组成，以彰显其不可变性。这样的命名规范有助于提高代码的可读性和可维护性，使开发者能够清晰地分辨不同类型的变量，避免潜在的命名冲突。

错误返回规范和异常处理机制。在一个组织中，为确保程序的稳定性和可维护性，不同函数在报告错误状况和处理普通异常情况时，应遵循统一的标准。例如，在遭遇错误状况时，不同函数会统一抛出一个特定类型的异常对象，或者返回一个预定义的错误代码，例如使用枚举类型中的特定值来表示不同的错误类型。这样的统一处理方式有助于团队成员间的协作，并提高代码的可维护性。

2. 有代表性的编码指南

以下是许多软件开发组织推荐的一些具有代表性的编码指南。

避免使用过于晦涩或复杂的编码风格。代码的可读性至关重要。一些缺乏经验的工程师可能会以能编写出晦涩难懂的代码为荣，但这种过度复杂的编码方式往往会掩盖代码的真实意图，导致其他开发者难以理解。此外，这也将给后续的维护工作带来极大的困扰。

避免模糊的副作用。函数调用可能产生多种副作用，包括修改通过参数传递的引用、更改全局变量的状态以及执行 I/O 操作。其中，那些在代码审查中不易察觉的副作用被称为模糊的副作用。这类副作用会降低代码的可读性，导致代码难以理解。例如，如果在一个被调用的函数中，有一个重要的状态变量被悄无声息地更改，或者在不显眼的地方执行了数据库写入操作，而这些变更并未在函数名或注释中明确说明，其他开发者在阅读或维护这段代码时，可能会感到困惑和难以把握其真实意图。这种情况下，代码的可读性和可维护性将大大降低。

不要将一个标识符用于多种用途。程序员在编程过程中，有时会使用相同的标识符来表示多个临时的实体。例如，有些程序员在编写函数时可能会使用同一个变量名来暂存多个中间结果，如在进行一系列计算或处理数据时，重复使用同一个变量来存储不同阶段的值。程序员选择多用途变量往往是出于节省内存空间的考虑，希望通过这种方式提高程序的内存使用效率(例如三个不同变量会占用三个内存位置，而同一个变量以三种不同方式使用则只占用一个内存位置)，但这种方法存在诸多弊端，因此应尽量避免。

将变量用于多种用途可能会导致以下问题：

- 每个变量都应具有描述性的名称，以清晰地表明其用途。若一个标识符被用于多种目的，则无法实现这一要求。将变量用于多种用途会造成混淆，使代码难以阅读和理解。

为了提高代码的可读性和可维护性，应避免将变量用于多种用途，并确保每个变量都有明确的命名和用途。
- 将变量用于多种用途通常会导致未来对其进行优化或改进时变得更加困难。

代码应有良好的注释记录。作为一条经验法则，建议平均每三行源代码配备一个注释行。

任何函数的长度都不应超过 10 行源代码。冗长函数难以理解，因为它执行了多个不同任务，导致维护困难并可能引入过多 bug。为提高代码质量，应拆分函数，使每个函数专注于单一任务，以降低复杂性并减少错误。

避免使用 GOTO 语句。使用 GOTO 语句会破坏程序的结构，导致代码难以阅读和理解。因此，应尽量避免使用 GOTO 语句，以保持代码的清晰性和可维护性。

9.2 测试目的

所有大型软件项目都不可避免地会存在 bug，这是软件工程中存在的事实。我们不仅需要意识到这一点的重要性，还应深入探讨其原因与解决方法。通常，每千行代码中会包含 15~50 个 bug。尽管无法消除所有 bug，至少应"定位"并解决最令用户困扰的问题。将常见 bug 的数量减至用户可承受的范围。如果程序经过精心设计，应具备从错误中恢复的能力，以避免崩溃的发生。

测试就是为了满足用户的需求将结果和目标进行比较的过程。

——James Bach

理想情况下，编写的代码应充分满足客户需求，并完成既定任务。然而，在实际操作中，这往往难以实现。通常只能优先满足客户的部分需求，而非全部。此外，也可能因未妥善处理需求中未明确的情况，导致代码无法在所有场景下正常工作。

这正是测试的意义所在：验证代码块是否满足需求，并确保其能在各种环境中正确运行(即程序能应对各种输入)。

为深入了解代码段的执行细节，可以采用多种测试方法。本书后续章节将介绍其中关键的测试类型。需要明确的是，测试的目的并非完全清除程序中的 bug，而是减少其数量及出现频率，从而最小化对用户的影响。

9.3 bug 产生的原因

简而言之，bug 是程序中存在的某种缺陷。可能导致错误结果或意外行为。虽然 bug 通常都是有害的(尽管有时也会让程序更有趣)，但要彻底消除它们既困难又成本高昂。接下来将探讨开发人员难以从应用程序移除所有 bug 的原因。

1. 收益递减

新软件的开发过程中，初期 bug 相对容易被发现(因此成本比较低)。然而，随着测试时间的延长，bug 的查找变得极为困难。有时，后续 bug 查找的成本甚至超过软件的销售收益。

2. 最后期限

理想情况下，软件准备就绪后应立即发布。但在现实中，公司常受管理、竞争及营销部门设定的期限影响。若存在重大 bug 需要修复，可能导致发布延期；而为了确保及时发布，一些较小的 bug 可能被容忍。

3. 影响

在某些情况下，修复一个 bug 将带来不良影响。例如，假设正在开发一款音乐播放器，它存在一个无法正确同步歌词与播放进度的问题。虽然可以着手修复这个问题，但这将需要改变现有的文件格式，进而要求用户转换他们的音乐库文件。这样的改变无疑会给用户带来不便，甚至可能引发他们的不满。因此，在权衡利弊后，暂时不修复歌词同步问题可能是更好的选择(可以在后续版本中进行修复)。同时，用户也期待后续的主要版本更新能带来显著改进，因此可以在这些更新中再清除这些 bug。

4. 为时尚早

若刚发布程序后就为用户提供修复某个较小 bug 的补丁，则可能为时尚早。频繁发布补丁(如每 3 天一次)，容易引发用户不满。以下是一些重要原则：

- 如果程序中的 bug 涉及安全性能，务必立即发布补丁，即便是刚刚发布过新补丁也应如此。在发布补丁时，应务必包含一个详尽的解释性说明，明确说明此次补丁能够有效保护用户的宝贵数据，以确保用户的安全与信任。若前一个新补丁未能及时解决问题，更应加倍努力，确保此次补丁的效果立竿见影，以免造成不良影响。
- 如果某个 bug 导致用户频繁不满，应尽快发布一个补丁(通常按月进行)，并向用户致以诚恳道歉，以表达诚意和关注。
- 若 bug 让用户感到恼怒，建议在下一个次要版本中进行修复(通常每年两次)，并在其中适度宣传修复成果，如强调如何充分考虑用户需求，从而提升用户满意度。
- 若 bug 实际上是一项有益的新特性或性能改进，建议将其纳入下一个主要版本(每年至多发布一次)，同时说明如何积极响应并满足用户需求，始终将用户置于首位。

过多的版本可能引发用户不满，因此需审慎权衡每个 bug 补丁的利弊。

5. 有用性

用户有时依赖一些特定 bug 来执行一些程序所不允许的操作。即便某些受欢迎的功能源于 bug，一旦将其删除，用户未必会表达感谢。

任何足够先进的 bug 和某个软件功能通常并无区别。

——Bruce Brown

若用户已接受某个 bug，并认为其有益，则应确认该 bug 的存在，并将其纳入用户需求。进一步扩展此 bug，提供更佳功能，从而赢得用户的好评。

6. 过时

随着时间的推移，某些功能可能变得过时。此时，最佳策略是让其自然淘汰，避免浪费资源进行修复。

例如，假设某个办公软件中存在一个影响其文档处理速度的旧版打印机驱动 bug。在当前数字化时代，许多用户已经转向使用云打印或无线打印功能，因此这个 bug 可能不会给大多数用户带来太大困扰。只要基本的文件编辑、保存和分享功能保持正常，用户通常可以通过其他方式完成打印任务。当然，对于那些仍然依赖旧版打印机的用户，提供一个兼容更新或替代方案可能是必要的，但无须过分关注这个特定 bug 的修复。

7. 这并非一个 bug

有时，用户在不了解程序功能时，可能会误认为某些行为是 bug。比如，某些音乐播放器的界面更新后，用户可能会发现之前的播放列表排列方式发生了变化，从而错误地认为这是一个 bug。实际上这只是界面调整导致的变化，并非真正的程序错误。

上述问题反映出用户培训的重要性。有时，文档中可能存在错误或缺失，有时则是用户不愿细读详尽的文档以了解功能。若文档存在不完整或不明确的地方，应视为"文档 bug"，并建议在新版文档发布时进行修复。

8. 没有尽头

若致力于修复所有 bug，则新品发布将变得遥遥无期。

同理，当用户购买新电脑时，往往希望以相同价格购得性能更优越的设备。然而，即便购得外观出众的新设备，总有更先进的款式随即问世。

9. 有总比没有好

正如前文所述，应用程序虽非尽善完美，但总比没有要好。在某些情况下，无法发布任何东西才是最大的遗憾，即便存在重大缺陷。

10. 修复 bug 很危险

修复 bug 时，可能因为操作失误导致问题依旧存在。有时，还可能因此引入新的 bug。

修复代码实际上比编写新代码更容易引入 bug。在编写新代码时，开发者明确知道其功能和预期行为。然而，在后续的修复过程中，可能会丧失当初的理解深度，导致修复操作出错。

为降低问题发生率并重新理解代码,需深入研究其逻辑。编写代码应以人为本,而非仅满足计算机需求。若真正践行此原则,将更易理解代码各部分的功能,从而减少出错的可能。

最终,无论 bug 是否修复得当,代码的其他部分都会依赖这些 bug 的现有行为。因此,对代码进行修改时,很可能破坏那些原本看似正常工作的部分。

11. 修复哪些 bug

尽管不需要修复所有 bug 的理由充分,但 bug 的存在通常是有害的,因此应尽可能消除。那么,如何判断哪些 bug 需立即修复,哪些可以稍后处理?

为确定需要修复的 bug,应该采用一个简化的成本/效益分析,对它们进行分级。对于每一个 bug,应该评估以下因素。

- **严重性**:应评估这些 bug 对用户的影响程度,以及可能带来的资源损失,包括工作、时间和资金等方面。
- **变通方法**:需考虑是否存在变通方法来解决这些 bug 所带来的问题。
- **频率**:需要考虑 bug 的出现频率,即它们多久出现一次。
- **难度**:评估修复 bug 的难度(这仅仅是一个初步的预估)。
- **风险性**:修复 bug 伴随的风险有多大?尤其是当 bug 涉及复杂代码时,修复过程中可能引入新的 bug。

对全部的 bug 进行评估后,即可为其设定优先级。值得注意的是,随时间的推移,这些优先级很有可能会发生变化。若下一版本的推出时间充裕,应优先处理那些无变通方案且影响重大的 bug。若时间紧迫,则可专注于风险较小的 bug,以确保在版本发布前不破坏其他代码部分。

9.4 测试级别

如果能够在早期就发现 bug,修复工作将会更加简单。然而,当 bug 在代码中潜伏一段时间后,可能已经忘记代码的预期功能,从而需要额外的时间进行研究。此外,bug 存在的时间越长,其他代码部分对其的依赖可能性也就越大。因此,拖延得越久,所需修复的内容将更为复杂。

为尽快捕获 bug,可以运用从单元测试(验证最小的代码段)到系统测试和验收测试(针对整个系统)的多种不同级别的测试。

9.4.1 单元测试

单元测试旨在验证特定代码块的正确性,因此应在代码编写完成后立即进行测试。为确保测试的全面性,应尽可能深入地进行测试,因为后续的修复工作将变得更加棘手。

单元测试是针对单个方法的有效测试手段。一旦编写了一个方法,就可以立即运用单元测试来检验其正确性，甚至可以对方法的各个组件进行精细化的测试。这样做的好处在于，可以在 bug 刚刚"萌芽"的初期(几分钟甚至几秒钟内)，迅速地发现并捕获它们。因为此时的 bug 相对"脆弱"，影响范围小，因此更容易被定位并清除。

使用面向对象的编程语言时，对行为异常方法的代码进行测试是确保软件质量和可靠性的关键步骤。例如，必须测试构造函数(创建新对象时执行)、析构函数(销毁对象时执行)、属性访问器(程序获取或设置某个属性值时执行)。此外，以下方面也是测试的重点：确保不同参数类型或数量的重载方法都能正确执行；测试接口实现，检查类是否实现了接口中定义的所有方法且行为符合接口要求；测试异常处理，验证方法在不同错误情况下能否抛出适当的异常并正确处理；若代码涉及多线程或并发操作，还需测试线程安全，以避免死锁和竞态条件。

单元测试作为捕获 bug 的重要环节，对保证代码质量和提高软件可靠性至关重要。尽管程序员可能自信地认为刚编写的代码没有问题，但单元测试能更系统、全面地检查代码的正确性，以便及早发现问题。因此，即使程序员对代码有信心，进行单元测试仍然是十分必要的，它有助于降低 bug 的风险，提升软件的整体质量。

如果在编写方法之前就设计并编写单元测试用例，那么这些测试用例将更为精准和有效。这样做的好处在于，可以在不预先假设代码行为的情况下编写测试用例，从而确保测试更加客观和全面。这种方法有助于更早地发现潜在的问题和缺陷，并在开发过程中提供更有价值的反馈。简单来说，就是先设计测试用例再编写方法，可以在编写代码时更加明确目标，减少假设，提高测试的质量和效果。编写代码后，仍然可以追加更多的测试用例，从而预设一些代码可能处理不当的场景，以加强测试效果。

通常情况下，测试是调用正被测试的代码的另一部分代码并对其结果进行验证的过程。例如，编写一个用于整理"音乐库"的方法，该方法会根据歌曲的类型(如流行、摇滚、古典等)对歌曲进行分类，并按照歌曲的整体评分(基于旋律、歌词、演唱技巧等维度的平均值)进行排序。在进行单元测试时，可以生成一个包含 100 首随机歌曲的音乐库，并将其传递给该方法。测试将验证排序结果是否符合预期，即评分更高的歌曲是否排在前面，并且歌曲是否按照类型正确归类。为了增强测试的可靠性，可以多次执行测试，每次使用不同的随机歌曲库，以确保整理方法在各种情况下都能准确工作。

此外，还可以设计一些模拟用户操作的测试，比如模拟用户打开文档、单击工具栏按钮，或是模拟在界面上拖动元素，以观察系统的响应和行为。这些测试有助于验证系统的交互功能是否符合预期。完成测试用例的编写并验证新代码功能无误后，务必妥善保存测试代码，以备后续复用。

若在代码中检测到某个错误，需再次利用已保存的测试。尽管单元测试在排除许多错误方面颇具成效，遗憾的是，无法确保未来不再出现新的错误。因此，保留这些单元测试至关重要，它们能减少为经常出错的代码段重新编写测试用例的工作。同时，当需要对代码进行修改时，即便当前没有错误，这些已保存的测试也能节省重新编写测试用例的时间和精力。

编写额外的测试代码确实有可能影响代码的整洁性和格式化。为了规避这一问题，可以根据编程环境的特点，将测试代码移至独立的模块中。此外，利用条件编译技术，可以有效避免在发行版中重新编译测试代码，从而防止最终的可执行文件变得过于庞大。这些做法既确保了测试代码的独立性，又维护了主代码的清晰与高效。

9.4.2 集成测试

集成测试的核心目标是验证模块间的接口功能，确保在模块相互调用时，参数传递准确无误。在集成过程中，系统的不同模块需依据整合计划进行有序集成，该计划详细规划了模块组合的步骤与顺序，以构建完整的系统。每当完成一个整合步骤后，局部集成的系统都会接受严格测试，以确保其功能的正确性与稳定性。

模块依赖关系图是制订整合计划的关键指引。结构图(或模块依赖关系图)能够清晰地揭示不同模块间相互调用的顺序。因此，通过仔细审查结构图，能够有效地制订出整合计划。下面任一方法(或其组合)都可以用于开发测试计划。

- 大爆炸集成测试
- 自上而下集成测试
- 自下而上集成测试
- 混合集成测试

1. 大爆炸集成测试

大爆炸集成测试是最简单的集成测试方法之一，它要求将构成系统的所有模块一次性整合并进行测试。简而言之，就是将所有模块放在一起进行测试。然而，这种技术仅适用于规模极小的系统。其主要问题在于，一旦在集成测试中发现错误，由于可能涉及任何一个被整合的模块，定位错误变得异常困难。因此，在大爆炸集成测试中，错误调试的成本极高。

2. 自上而下集成测试

自上而下集成测试以系统中的主要模块以及一个或几个从属模块开始。在顶层的"框架"经过测试后，会逐步将子模块与其整合并进行测试。在此过程中，通常需要使用程序桩来模拟被测模块所调用的低级别模块的功能。纯粹的自上而下集成测试并不需要额外的驱动模块。然而，这种测试方法的一个挑战在于，当低级别模块缺失时，可能难以按预期方式执行顶层模块，因为低级别模块通常负责执行一些基础功能，如输入和输出操作。

3. 自下而上集成测试

在自下而上测试中，每个子系统都会先单独进行测试，随后再整合整个系统进行测试。测试子系统的核心在于确保模块间的接口能够正常运行，这包括控制接口与数据接口。为了全面验证接口的功能，测试用例的选择至关重要，需覆盖所有可能的接口交互场景，包括正常流程与异常情况，以确保在各种条件下接口都能稳定工作。

大型的软件系统通常需要多级的子系统测试，低级别的子系统会被逐步地组合以形成高级别的子系统。自下而上集成测试的一大优势在于能够并行测试多个不关联的子系统，并且在标准测试过程中无须使用桩，仅需测试驱动。自下而上测试的缺点在于，当系统包含众多子系统时，复杂性将显著增加(这与大爆炸集成测试形成鲜明对比)。

4. 混合集成测试

混合(也叫做三明治)集成测试把自上而下和自下而上的测试方法组合起来。在自上而下集成测试中，测试只有在顶级模块被编码及单元测试之后才能开始；而自下而上的测试要求等底层模块准备就绪后才可以开始。混合集成测试克服了这两种方法的局限性。在混合集成测试中，一旦模块可用，就可以立即开始测试。因此，它成为最普遍的集成测试方法。

阶段化与增量集成测试：
- 在增量集成测试中，每次仅将一个新模块加入到部分已测试系统中。
- 在阶段化整合中，每次会添加一组相关的模块到测试中的部分系统中。

与增量整合相比，阶段化整合确实减少了整合步骤的数量。然而，当系统出现故障时，增量测试方法更容易进行调试(因为可以明确地知道错误是由哪个新添加的模块引起的)。实际上，大爆炸集成测试是阶段化集成测试的一种简化或退化形式。

9.4.3 自动化测试

由于时间有限，难以完成所有测试，还需处理其他事务。因此，一个可靠的自动化测试系统显得尤为关键，它能够自动执行测试任务。自动化测试工具不仅可以设定测试内容及其预期结果，还能极大提升测试效率。部分测试工具更具备高级功能，能够记录并重现键盘操作和鼠标动作，使测试过程能与程序的用户界面顺畅交互，从而提升测试的真实性和有效性。

运行测试后，测试工具会即时将结果与预期结果进行对比。为确保准确性，部分工具甚至支持图像对比，以验证测试结果是否符合预期。例如，在测试一个图像处理软件时，可能需要记录图像的裁剪、滤镜应用和色彩调整等操作。之后，通过测试工具重复这些步骤，可以检查最终得到的图像是否和交互式处理的结果一致。

部分测试工具具备执行加载测试的功能，能够模拟高并发场景下的大量用户操作，从而评估软件的性能表现。例如，当软件即将发布时，可以利用这些工具进行加载测试，以判断当众多用户同时尝试访问同一数据库时，系统是否能够稳定、高效地运行，从而避免潜在的性能问题。优秀的测试工具应具备测试日程安排功能，确保在开发人员下班后能够自动执行回归测试，或是在测试运行前进行夜间预运行，从而充分利用非工作时间，提高测试效率。当第二天到来时，可以检查测试的结果，以便及时发现并修复潜在问题，确保在编写新代码之前，系统已经处于稳定状态。

9.4.4 组件接口测试

组件接口测试旨在深入研究组件间的交互情况。虽然它与回归测试在某些方面有相似之处，比如都是将应用程序视为一个整体来查找问题，但组件接口测试的核心焦点在于组件之间的交互作用，与回归测试的测试重点有所区别。

在组件接口测试中，一个普遍的策略是将组件间的交互视为消息传递过程，即一个组件向另一个组件发送请求或响应。同时，每个组件会在特定文件中记录其交互详情，并附上时间戳。为验证组件接口的功能性，可对系统进行全面测试，并随后分析记录的事件时间线，确保所有交互均符合预期，逻辑清晰且有意义。

提前进行组件接口测试对应用程序设计具有重要意义。通过关注组件间传递的可记录信息，能够更好地实现组件间的解耦，确保它们清晰分离。这种分离不仅有助于简化组件的实现过程，还使测试工作更为便捷高效。因此，在应用程序设计的初期阶段便考虑组件接口测试，有助于提升整体的开发和测试效率。

9.4.5 系统测试

系统测试顾名思义是一种端到端(end-to-end)的全面测试，它覆盖整个系统的各个部分。在理想情况下，系统测试旨在尽可能多地检测系统中的潜在缺陷，以确保系统的整体质量和稳定性。

全面的系统测试要求深入探测应用程序的每一条交互路径。然而，即便是最简单的应用程序，其潜在的交互路径也往往数不胜数，这无疑增加了系统测试的复杂性和挑战性。

例如，假设开发一款专为阅读爱好者设计的应用程序，它旨在帮助他们记录和跟踪书籍的信息，如作者、年份和题材等。这款应用界面简洁，主要由一个登录窗口和一个用于展示材料信息的网格窗体构成。接下来，需要尝试以下每个操作：

- 启动应用后，单击登录窗口中的"取消"按钮，验证应用是否能够正确响应并退出登录流程。
- 在登录窗口输入无效的登录信息并单击"确定"按钮，检查是否显示相应的错误提示。随后，单击"取消"按钮，确保应用能够恢复到初始登录状态。
- 输入正确的登录信息并单击"确定"按钮，验证是否能够成功登录并进入应用的主界面。
- 登录后，查看已保存的书籍信息，并正常关闭应用。再次登录时，验证之前查看的信息是否仍然保留。
- 登录后添加新的书籍信息，并关闭应用。重新登录时，检查新添加的信息是否已成功保存并显示在网格窗体中。
- 登录后编辑已有的书籍信息，并退出应用。再次登录时，验证编辑的信息是否已正确更新。
- 登录后删除某个书籍条目，并关闭应用。重新登录后，检查该条目是否已被成功删除，并且网格窗体中的信息是否已相应更新。

尽管这款应用只涉及两个主要界面元素，但测试工作却至关重要。通过执行这些关键的测试场景，能够确保应用在用户操作过程中能够正确处理各种情况，并提供稳定可靠的功能体验。这样，阅读爱好者就能够放心地使用这款应用来跟踪并管理他们所阅读的书籍，从而提升阅读效率和用户体验。

对于更复杂的应用程序，这些组合的数量可能能极为庞大。因此，在测试过程中，需优先关注那些最常见且至关重要的情况，确保它们得到充分的验证。至于某些不太常见或影响较小的组合，则可以选择不进行详尽的测试，以提高整体测试效率。

9.4.6 验收性测试

验收性测试旨在验证最终的应用程序是否满足客户的实际需求。在此过程中，用户或客户代表通常需参与测试，确保所有在需求收集阶段确定的用例均得到完整执行，从而确保应用的实际表现与预期一致，真正达到客户期望的标准。

值得注意的是，在需求阶段之后，客户的需求还可能会发生变化。因此，对于修改后的应用程序，必须进行再次验证，以确保其能够满足这些更新后的需求，从而确保最终交付的产品与客户期望保持一致。

验收性测试看似简单，但根据用例的数量，可能耗时较长。对于一个相对简单的应用程序可能只需要少数几个用例(例如为阅读爱好者设计的应用程序示例可能只需要少数几个用例，以检查能否登录、浏览、添加、编辑以及删除数据)。然而，对于需求详细的大型复杂应用程序，用例的数量可能多达数十甚至数百个，验证过程可能需要耗费数天乃至数周时间。

开发人员常犯的一个错误是在应用程序完成之后才开始进行验收测试。这种做法可能导致问题，尤其是当用户首次接触应用程序时。用户可能会发现他们对某个用例的理解与开发人员存在偏差，或者他们现在所需的功能与需求收集阶段所描述的不符。

在这些情况下，如果条件允许，最好在开发过程中就进行快速验收测试。一旦发现需求需要调整，且开发日程尚有余裕(并非项目临近尾声)，应及时进行修改。这样既能确保软件质量，又能满足客户的实际需求，避免后期出现重大调整导致的延误和成本增加。

9.4.7 其他测试类型

单元测试、集成测试、组件接口测试和系统测试在规模上存在差异，其中单元测试针对最小的功能单位，而系统测试则全面覆盖了整个程序。从测试者的角度来看，验收性测试和系统测试的主要区别在于：系统测试者多由开发人员执行，而验收性测试者则通常由客户代表负责，确保软件满足实际需求。

- **软件适用性测试**：测试应用程序的可访问性，例如，评估是否存在视觉、听觉以及其他方面的障碍。

- **Alpha 测试**：针对所选择的客户或独立的测试者的首轮测试。由于此阶段主要目的是初步评估，因此通常不会全面覆盖所有 bug 和缺陷。因此，经过 Alpha 测试的软件并不适合向大量用户开放，以免影响软件的声誉。
- **Beta 测试**：Alpha 测试后的第二轮测试。通常在应用程序基本成型后才提供 Beta 版，以避免损害软件声誉。Beta 测试也可以作为在用户社区中推广软件的一种手段。
- **兼容性测试**：在测试过程中，应关注应用程序在不同环境中的兼容性。例如，能否在旧操作系统的计算机上正常运行。同时，需要检查应用程序与其他版本的文件、数据库及已保存数据的兼容性，确保用户在不同场景中都能顺畅使用。
- **破坏性测试**：通过故意让应用程序失效，可以在最不利的情况下观察其行为。当然，在进行此类测试时，确保有充分的备份是至关重要的，但该测试可能会暂时影响应用程序的性能。
- **功能性测试**：处理应用程序提供的各项功能，这些功能通常在需求文档中详细列出。
- **安装测试**：确保应用程序能够顺利安装在新计算机上。
- **国际化测试**：测试应用程序在世界不同地区的计算机上的运行情况至关重要。测试人员应对当地的语言环境有一定的熟悉度，以便确保应用在不同地区都能正常运行。
- **非功能性测试**：研究和测试与用户主要功能操作无关的应用程序特性同样重要。非功能性测试将模拟应用程序在面临高并发请求、内存资源紧张或网络连接不稳定的情境下的行为表现。通过这种测试，能够深入了解应用程序的扩展性、容错能力以及资源利用效率，从而确定系统所需的最小化配置，以确保在实际运行环境中能够稳定、高效地为用户提供服务。
- **性能测试**：执行性能测试旨在验证系统是否符合 SRS 文档中所规定的非功能需求。在不同环境下评估应用程序的性能。例如，在正常使用、大量用户负载、资源受限以及特定时间段内的使用情况，详细记录每小时处理的记录数量，以全面评估系统的性能表现。
- **安全性测试**：研究应用程序安全性至关重要，包括登录过程的安全性、通信的加密以及数据的保护。
- **可用性测试**：评估用户接口的直观性和易用性，确保用户能够轻松理解和操作。
- **压力测试**：也称为持久性能测试，旨在评估系统在承受高负荷时的性能表现，属于黑盒测试范畴。该测试通过施加一系列异常甚至非法输入条件，对软件能力形成巨大压力，以全面检验其稳定性和处理能力。
- **容量测试**：检查数据结构(如阵列、队列、堆栈等)是否针对意外情况进行了合理设计至关重要。以编译器为例，测试其在处理大型程序时符号表是否会发生溢出，是确保数据结构健壮性和稳定性的重要环节。
- **配置测试**：旨在评估需求中规定的不同硬件和软件配置下系统的表现。由于系统可能需要适应不同用户的不同配置需求(例如小型系统服务单个用户，而扩展配置则服务更多用户)，需要在每个所需配置中测试系统，以确保其在所有配置中均能正常运作。

- **回归测试**：这是一种独立于单元测试、整合测试或系统测试之外的另一类测试方法。回归测试的目的在于每当系统发生变动或漏洞得到修复后，执行原有的测试集，确保新的变动或修复没有引入新的问题。然而，如果仅有少数语句被修改，则无需运行完整的测试集，只需针对可能受到影响的特定功能执行相应的测试用例即可。这种方式可以更有效地利用资源，提高测试效率。

9.5 测试技术

上文概述了单元测试、集成测试、组件接口测试以及验收性测试等不同级别的测试，并且提到了一些测试方法，涉及多种可能的组合情况。然而，关于实际执行测试的具体技术细节并未详细阐述。

前面的内容并没有涉及测试数据的生成问题。以"电子商务网站购物车"功能为例，可以生成随机的商品和购买行为来测试购物车的组织和管理功能。然而，如何确保这些随机生成的测试数据能够覆盖所有可能的购物场景和用户行为，从而验证购物车功能的正确性，仍然是一个需要仔细考虑的问题。设计全面且有效的测试用例，以覆盖各种可能的输入和边界情况，是确保测试效果的关键。

接下来，将探讨一些设计测试的方法，旨在尽可能多地发现并修复程序中的缺陷，从而确保软件的质量和稳定性。

9.5.1 穷举测试

某些情况下，需要对某个方法进行全面的输入测试。以"井字棋"程序为例，假设有一个方法负责在游戏盘上选择最佳的落子位置。可以通过向该方法传递各种可能的游戏盘位置，来测试其是否能准确选出最佳落子位置。

虽然井字棋仅有 9! = 362 880 种可能的游戏盘位布局，但并非所有布局都是实际游戏中可能出现的。例如，在同一局游戏中，不可能出现三个"○"仅占据第一行或三个"×"仅占据中间行的情况。因此，实际需要测试的布局数量远少于 9 的阶乘。

穷举性测试是验证方法全面性和可靠性的重要手段，旨在确保其在各种情况下均能正常工作。然而，由于许多方法涉及众多的输入参数组合，因此必须对这些组合进行详尽无遗的测试。虽然这种方式的工作量巨大，但它是目前最为全面和准确的测试方式。

以 Maximum 方法为例，该方法用于比较两个 32 位整数，每个整数有约 4.3 亿种可能的取值。因此，比较这两个整数的所有可能组合数量高达惊人的 1.8×10^{19} 次。即使使用一台每秒能进行 10 亿次测试的计算机，完成所有测试仍需耗时超过 570 年。

因为大多数方法具有太多可能的输入，穷举测试在大多数情况下并不切实际。这些情况下，可采用后续章节所介绍的测试方法。

9.5.2 黑盒测试

在黑盒测试中，测试用例的设计主要基于对输入和输出值的验证，无需深入了解内部设计或代码细节。以下是设计黑盒测试用例的两种主要方法：
- 等价类划分
- 边界值分析

1. 等价类划分

在等价类划分方法中，一个程序的输入值域会被划分为一组等价的类。这样划分等价类后，同一等价类内的输入数据在程序中的行为相似，从而简化了测试过程。定义等价类的主要意义在于，属于同一个等价类的输入值在测试时具有相同效果，因此选取任意值进行测试即可代表整个等价类，这样不仅简化了测试过程，也提高了测试效率。在设计软件的等价类时，可同时检验输入和输出数据。下面是设计等价类的一些常见方法：

- 若输入数据有明确的范围，应定义一个有效等价类及两个无效等价类(一个针对低于范围下限的值，另一个针对高于范围上限的值)。
- 如果输入数据来自于某些域的一组独立成员值，那么就应该为有效输入值和无效输入值分别定义一个等价类，以简化测试过程。

例9.1

对于计算0和5000之间整数平方根的软件，需要设计测试用例来覆盖所有可能的输入情况。具体来说，应将输入数据划分为三个等价类：负整数、0和5000之间的整数，以及大于5000的整数。为了确保测试的全面性和有效性，测试用例必须包含来自这三个等价类的代表性值。因此，一个可能的测试用例集合是{-5, 2500, 6000}，其中-5代表负整数等价类，2500代表0和5000之间的整数等价类，而6000则代表大于5000的整数等价类。

2. 边界值分析

在不同等价类的边界处，编程错误往往频发，这主要源于心理因素。对于处于不同等价类边界的输入值，程序员通常容易忽视它们所需的特殊处理。比如，在比较操作中，程序员可能会错误地使用小于号(<)代替小于等于号(<=)。为了有效检测这类错误，边界值分析成为关键，它能生成覆盖不同等价边界的测试用例，从而确保软件的健壮性和准确性。

例9.2

在测试一个用于计算0和5000之间整数平方根的函数时，测试用例应涵盖一系列关键值，包括0、-1、5000以及超出范围的5001。这些值的选择有助于全面验证函数的正确性，确保其能够正确处理边界情况和异常情况。

3. 黑盒测试集设计小结

黑盒测试集设计的简要步骤总结如下。

(1) 检查程序的输入和预期输出值：首先，仔细审查程序的输入与预期输出值，明确其范围、类型及预期结果。

(2) 识别等价类：基于输入数据的特性，识别并划分出不同的等价类。每个等价类内的数据在程序处理时表现出相同的行为。

(3) 挑选和等价类测试及边界值分析相对应的测试用例：针对每个等价类，挑选合适的测试用例，特别是要关注边界值，以确保全面覆盖各种可能情况。

虽然黑盒测试的策略相对直观，但识别等价类是一个关键且需要技巧的步骤。通过不断实践，可以更准确地识别出数据域中的等价类，避免遗漏关键测试点。因此，持续的练习和经验积累对于提升黑盒测试集设计的有效性至关重要。

9.5.3 白盒测试

白盒测试的策略多种多样，其中一些尤为关键。每种测试策略均基于特定的探索方法。若测试策略 A 能够发现测试策略 B 检测到的所有错误类型，并且还能额外发现更多类型的错误，那么策略 A 相对于策略 B 更为强大。而当两种测试策略在检测错误方面至少在某些方面存在差异时，它们便被视为互补策略。图 9-1 展示了更强的测试策略和互补的测试策略。在测试用例的实际测试中，即使某个测试策略相对较强，仍应结合互补的测试策略丰富测试集，以更全面地评估软件质量。

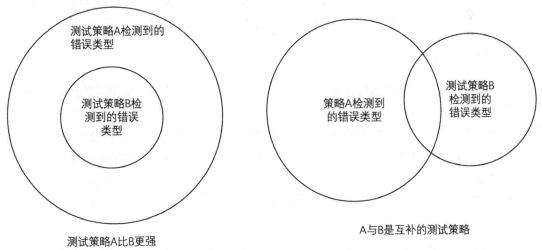

图 9-1　更强的和互补的测试策略

1. 语句覆盖

语句覆盖策略旨在设计一种测试用例，以确保一个程序中的每个语句至少被执行一次。该策略的核心思想是：执行语句是检测其中错误的关键步骤。如果不执行某个语句，就无法确认是否存在错误，也无法明确错误是源于非法内存访问、结果计算失误还是其他因素导致。然而，仅凭对某一语句的单次执行及其对应输入值的观察，无法全面保证其对于所有输入值均能正确运行。

例9.3

考虑如下代码：

```
int compute_ged(int x,int y){
    1     while(x!=y){
    2         if(x>y)    then
    3             x=x-y;
    4         else    y=y-x;
    5     }
    6     return x;
}
```

通过选择测试用例集{(x=3, y=3),(x=4, y=3), (x=3, y=4)}，可以确保所有的语句都能够至少执行一次，从而实现语句覆盖。

2. 分支覆盖

在基于分支覆盖的测试策略中，测试用例旨在确保每个分支条件分别使用真值和假值进行测试。分支测试也称为边缘测试，其核心在于确保程序控制流程图的每个边缘至少被遍历一次，从而全面验证程序的行为。

显然，分支测试确实确保了语句覆盖，因此它相较于基于语句覆盖的测试更为强大。对于例9.3中的程序而言，分支覆盖的测试用例集可以是{(x=3, y=3),(x=3, y=2), (x=4, y=3), (x=3, y=4)}。

3. 条件覆盖

在结构测试中，测试用例旨在确保组合条件表达式的每个组件都分别使用真值和假值进行测试。例如，在条件表达式((c1 AND c2) OR c3)中，c1、c2 和 c3 都应分别接受真值和假值的测试。尽管分支覆盖是一种条件测试策略，但它要求的是出现在不同分支语句中的组合条件使用真值和假值。因此，条件测试比分支测试更为强大，而分支测试又优于基于语句覆盖的测试。对于含有 n 个组件的组合条件表达式，条件覆盖需要 2^n 个测试用例，因此测试用例数量会随着组件数量的增加呈指数增长。因此，条件覆盖在实际应用中通常只适用于条件数量较少的情况，以保证测试效率。

控制流程图(Control Flow Graph，CFG)展示了程序中不同指令的执行顺序，即描述了程序的控制流。要绘制控制流程图，需要对程序中的语句进行编号，每个编号不同的语句作为流程图的一个节点，直观地展现程序的控制结构（如图9-2所示）。如果执行某个代表节点的语句后，控制流能够转移至另一个节点，则在前一节点与后一节点之间存在一条边，这表示了程序执行过程中的控制转移路径。

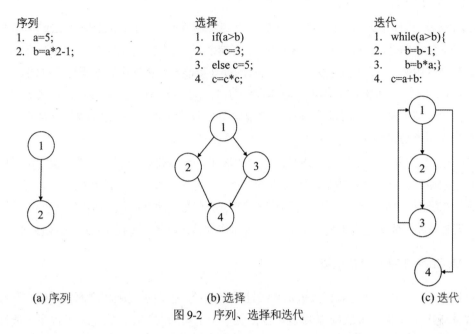

(a) 序列　　　　　　　　(b) 选择　　　　　　　　(c) 迭代

图 9-2　序列、选择和迭代

一旦掌握了在控制流程图(CFG)中表示语句序列、选择和迭代的方法，就能轻松地为任何程序绘制 CFG，因为程序本质上是由这些类型的语句构成的。图 9-2 概括了绘制这三类语句 CFG 的技巧。需要强调的是，对于 while 循环等迭代结构，其迭代特性仅在循环开始时被测试，因此循环的最后一个语句的控制流总是指向循环的顶部。这一特点在绘制 CFG 时尤为重要。使用这些基本思想，上述的 CFG 可以被绘制为如图 9-3 所示。

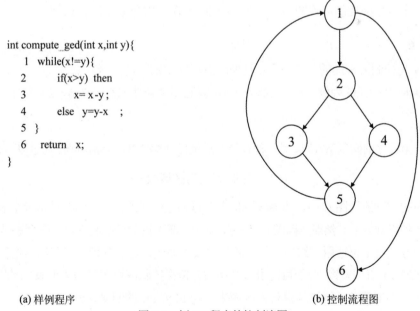

(a) 样例程序　　　　　　　　　　　　　　(b) 控制流程图

图 9-3　例 9.3 程序的控制流图

(1) 路径：程序中的路径指的是从起始节点到终端节点在控制流程图中经过的节点和边的序列。值得注意的是，一个程序可能拥有多个终端节点。然而，为覆盖一个典型程序的所有路径而编写测试用例是不现实的，因为循环结构的存在可能导致程序中存在无穷多的路径。例如，在图9-3中，路径可以是 1-2-3-1-4、1-2-3-1-2-3-1-4、1-2-3-1-2-3-1-2-3-1-4 等，形成无限可能的组合。因此，基于路径覆盖的测试策略并不要求覆盖所有路径，而仅需覆盖线性独立的路径，以避免测试用例数量的无限增长。

(2) 线性独立路径：线性独立路径是指在程序中，至少包含一条其他线性独立路径所未涵盖的新边的路径。值得注意的是，如果某条路径与其他所有线性独立路径相比，拥有一个新节点，那么这条路径便是线性独立的。这是因为新节点的存在自动意味着该路径包含至少一条新边。因此，若某条路径完全包含于另一条路径之中(即作为其子路径)，则它不被视为线性独立。

4. McCabe 的圈复杂性度量

尽管对于简单程序，可以直接识别其线性独立路径，但对于复杂程序而言，确定其独立路径的数量却并非易事。McCabe 的圈复杂性提供了一个实用的方法，它定义了程序中线性独立路径数量的上限，并且计算起来相对简便。虽然 McCabe 的度量并不直接识别出具体的线性独立路径，但能够大致估算需要寻找的路径数量。

McCabe 的圈复杂性也被称作程序的结构复杂性，定义了一个程序中独立路径的数量上限。有三种不同的方法可以估算圈复杂性，并且这些方法的计算结果是一致的。

方法 1

给定一个程序的控制流程图 G，其圈复杂性 $V(G)$ 可以通过以下公式计算：

$$V(G) = E - N + 2$$

其中 N 是控制流程图的节点数，E 是控制流程图中的边的数量。

以图 9-4 中的 CFG 为例，$E = 7$ 而 $N = 6$。因此圈复杂性 $V(G) = 7 - 6 + 2 = 3$。

方法 2

计算一个程序的圈复杂性时，另一种有效方法是仔细检查其控制流程图，通过以下公式计算：

$$V(G) = 控制流图的区域数 + 1$$

在程序的控制流程图 G 中，边界区域是由节点和边围成的任意区域，它是确定 McCabe 圈复杂性的一种直观方法。然而，当图 G 不是平面图，即无论如何绘制都会存在两条或更多边交叉时，这种方法就不再适用。结构化程序通常生成平面图，易于分析，但非结构化程序，尤其是含有 GOTO 语句的程序，由于可能引入交叉边，使得控制流程图变为非平面。因此，对于非结构化程序，不能简单地通过计算边界区域来确定 McCabe 的圈复杂性。

边界区域的数量会随着决定路径和环回的数量增长而增长，因此，McCabe 的度量提供了一种量化的指标来评估测试难度和最终的可靠度。对于图 9-4 中所显示的 CFG 例子而言，通过观察 CFG，可以轻易地确定边界区域的数量为 2。据此，使用这种方法计算的圈复杂性为 2+1=3。这种方法直观且易于应用，只需简单观察 CFG 即可得出结果。然而，另一种计算 CFG 圈复杂性的方法更易于自动化，即可以将其编码进一个程序，用以自动确定任意 CFG 的圈复杂性。

方法 3

通过统计程序中决定语句的数量，可以便捷地估算出该程序的圈复杂性。具体来说，若 N 代表程序中的决定语句总数，则 McCabe 的度量值为 $N+1$。

了解所需测试用例的数量并不会直接简化测试用例的获取过程，它仅仅提供了实现路径覆盖所需的最小测试用例数量。然而，在实际情况中，对于一个包含 20 个节点和 30 个边的简单程序段的 CFG，识别和设计所有线性独立路径及其对应的测试用例可能是一个耗时且复杂的过程，可能需要数小时甚至更长时间。因此，在路径测试中，测试者通常会基于其经验和判断提出一个初始的测试数据集合，而无需事先识别所有的独立路径。随后，利用如动态程序分析器这样的测试工具，可以明确测试用例所涵盖的线性独立路径的百分比。若发现所覆盖的线性独立路径百分比低于 90%，则意味着需要增加更多的测试用例以提升路径覆盖率。然而，值得注意的是，实现 100%的路径覆盖通常是不现实的，因为 McCabe 的度量仅提供了一个上限，并没有给出路径的具体数量。

以下是获得一个程序基于路径覆盖的测试用例所需执行的步骤序列。

(1) 绘制控制流程图。
(2) 确定 $V(G)$，即程序的圈复杂性。
(3) 确定线性独立路径的基础集合。
(4) 准备并执行针对基础集合中每条路径的测试用例。

程序的圈复杂性的另一个重要应用体现在其与代码中错误数量的关系上。实验研究表明，McCabe 度量与代码中的错误数量以及纠正这些错误所需的时间之间存在明确的联系。普遍观点认为，一个程序的圈复杂性能够反映其复杂性或难度级别。因此，从维护的角度来看，将不同模块的圈复杂性控制在合理的范围内是非常重要的。优秀的软件开发组织通常会设定一个最大圈复杂性值(例如 10)，以限制不同函数的复杂度。

5. 基于数据流的测试

基于数据流的测试方法是通过分析程序中不同变量的使用和定义位置来选定测试路径的。对于一个编号 S 的语句，可以定义以下两个集合：

$$\text{DEF}(S) = \{X | \text{statement S contains a definition of } X\}, \text{ and}$$
$$\text{USES}(S) = \{X | \text{statement S contains a use of } X\}$$

对于语句 S：a=b+c，其中，DEF(S)={a}，USES(S)={b, c}。若从语句 S 到语句 S1 存在一条路径，且该路径上未包含变量 X 的任何定义，那么 X 在语句 S 中的定义应位于语句 S1 之前。

变量 X 的定义使用链(DU 链)的形式为[X, S, S1]，其中 S 和 S1 是语句编号(例如 X DEF(S)，X USES(S1))，这表示变量 X 在语句 S 中被定义，并在语句 S1 中被使用。为了确保程序的正确性，一个基本的数据流测试策略要求每个 DU 链至少被覆盖一次。这种策略在选择包含嵌套 IF 和 LOOP 语句的复杂程序的测试路径时特别有用。

6. 变异测试

在变异测试中，将首先使用之前讨论过的各种白盒测试策略所构建的初始测试集来测试软件。接下来进行变异测试。变异测试的核心思想是一次对一个程序做出一些主观的改变。每次程序被修改时，它就会被称为一个变异程序，而所影响的改变就被称为变体。变异程序会接受原程序的所有测试用例进行测试。如果至少有一个测试用例在变体上产生了不正确的结果，那么这个变体就被认为是"死亡"的。若经过所有测试用例后变体仍存活，则表明测试数据不够全面，需要进一步加强以"杀死"该变体。生成和杀死变体的过程能够借助预先定义的一组原始修改实现自动化，这些修改包括算术操作符的替换、常量值的调整以及数据类型的转换等。然而，基于变异的测试方法主要的缺点在于其计算成本高昂，因为程序可以产生大量潜在的变体，这增加了测试工作的复杂性和耗时性。

由于变异测试生成了大量的变体，并且需要利用完整的测试集来检验每个变体，因此手动执行这一过程并不现实。变异测试应当与一些可以自动运行所有测试用例的测试工具结合使用。

9.5.4 灰盒测试

灰盒测试是白盒测试和黑盒测试的组合。在这种测试方法中，测试人员对正在测试代码的部分功能有所了解，但并未掌握全部细节。这种对代码功能的部分了解有助于设计更具针对性和有效性的测试用例。

例如，假设有一个方法用于处理订单，根据订单的金额进行优先级排序。尽管事先并不清楚这个方法的全部实现细节，但知道它使用了某种排序算法来对订单进行排序。此时，如果发现所有的订单金额完全相同，那么可能会怀疑这个方法是否能正确处理这种情况，因为金额相同可能会影响排序算法的行为。由于并未完全了解该方法的内部机制，这就需要进一步探索其内部细节。同时，为了确保该方法的正确性，还需要编写一系列黑盒测试样式的测试用例，以覆盖不同的输入场景和边界条件。

9.6 调试

一旦检测到错误，定位导致该错误的精确程序语句并对其进行修正就显得尤为重要。本节将简要探讨几种关键的错误定位方法。每种方法都有其独特的优势与局限，因此它们在适用的场景下都发挥着重要的作用。此外，还将介绍一些有效的调试建议。

9.6.1 调试方法

下面是程序员通常采用的一些调试方法。

1. 暴力方法

暴力方法虽然广受欢迎,但其效率却不尽如人意。这种方法通常涉及在程序中添加 PRINT 语句来显示中间值,从而试图通过这些输出信息来定位错误发生的语句。然而,暴力方法缺乏系统性,可能会导致信息过载,难以从中找到有价值的线索。相比之下,使用符号调试器(也称为源代码调试器)则更为高效和系统化。通过调试器,可以轻松检查不同变量的值,设置断点和观察点,以便在程序执行过程中观察变量的变化,从而更准确地定位错误。

2. 回溯

回溯是一种相当普遍的方法。该方法从出现错误症状的语句开始,逐步回溯源代码,直到错误不再出现。然而,随着需要回溯的源代码行数增多,潜在的反向路径数量也会迅速增加,可能导致路径变得过于复杂,难以有效管理,从而极大地限制了回溯方法的使用范围。

3. 原因总结方法

在这种方法中,主要通过列出可能导致特定错误症状出现的各种原因,并逐一测试以排除各个潜在原因。根据错误症状识别错误的一个相关技术是软件错误树分析。

4. 程序切片

程序切片和回溯存在相似之处,定义切片可以有效缩减搜索空间。具体来说,针对某一特定语句和变量,程序的切片是指那些在这个语句之前能够影响该变量值的源代码集合。

9.6.2 调试指南

调试工作通常由程序员根据自身情况灵活开展,下面是有效进行调试的一些通用指南:
- 在许多情况下,深入理解程序设计是调试的关键。如果仅凭对系统设计和实现的部分认知进行调试,即便是处理简单问题,也可能需要付出大量努力。
- 调试有些时候可能涉及对系统的全面重新设计。然而,新程序员常犯的一个错误是仅针对表面现象进行修正,而未能从根本上解决问题。

必须认识到,每次错误纠正都可能带来新的错误风险。因此,完成一轮错误修正后,务必进行回归测试,以确保系统的稳定性和可靠性(见本章 9.4.7 节)。

9.7 程序分析工具

程序分析工具通常指的是一种自动化的工具，它接受程序的源代码或可执行代码作为输入，并生成有关该程序的多个重要特征(如规模、复杂性、注释的充分程度以及遵循的编程标准等)的报告。同时，部分程序分析工具还能生成关于测试用例覆盖度的报告。这些工具可以分为两大类：
- 静态分析工具
- 动态分析工具

9.7.1 静态分析工具

静态分析工具在不执行一个软件产品的情况下访问和计算其各种特征。典型的静态分析工具通过分析程序的结构表示，得出一些分析结论，例如特定的结构属性。一般会分析或检查的结构属性包括：
- 是否遵循编码标准。
- 是否存在首字母未大写的变量、实际参数和形式参数之间的不匹配，以及声明过但从未使用的变量等常见编程错误。

静态分析工具的一个主要限制在于处理运行时的记忆参照的动态评估。在高级编程语言中，数组下标和指针变量提供了动态记忆参照，这也是程序中编程错误的主要来源。静态分析器往往无法有效评价指针变量和数组下标的使用情况。

静态分析工具通常会把每个函数的分析结果汇总于一个极区图中，称为 Kiviat 图。这种图形展示方式能直观地反映多项指标，如圈复杂性、源代码行数、注释行百分比以及 Haistead 度量等的分析值。

9.7.2 动态分析工具

动态程序分析技术需要执行程序并记录其实际的行为。动态分析器通常安装代码(如特定的追踪语句)，以收集程序执行过程中的详细数据。在执行程序时，这种经过精心组织好的代码允许不同的测试用例记录软件的行为。在使用完整的测试集对软件进行测试并记录下其行为后，动态分析工具会进一步执行一个深入的分析过程。这个过程会生成详细的报告，描述软件在完整测试集下所实现的结构性覆盖情况。例如，执行后动态分析报告可能会提供关于软件在测试中已实现的语句覆盖、分支覆盖以及路径覆盖的具体数据。

通常，动态分析的结果是以直方图或饼图等可视化形式呈现，以直观地描述该程序的不同模块所实现的结构性覆盖。一个动态分析工具的输出可以很容易地存储和打印，为软件测试提供有力的证据，证明已完成了全面而彻底的测试工作。同时，通过动态分析结果能深入了解以白盒测试模式执行的测试的长度和覆盖范围。如果测试覆盖率未达到预期，则需要针对不足之处设计更多的测试用例,并将其添加到测试集中以增强测试的全面性。另外,动态分析结果还可以从测试集中清除冗余的测试用例,从而提高测试效率并优化测试资源的使用。

9.8 本章小结

本章深入探讨了软件生命周期中的编码与测试。在编码方面,强调了遵循编码标准的重要性。虽然编码指南提供了通用建议,但工程师在应用中需保持灵活性。在测试阶段,指出代码检查相较于测试更能有效地消除错误,因代码检查直接识别错误,而测试仅识别故障,后续还需调试以定位和修正错误。全面测试大型系统往往不切实际,随机选择测试用例的效率也相对低下,因此需设计优化的测试用例集合,以最大化错误发现率。在测试方法方面,介绍了黑盒测试(功能测试)和白盒测试,前者无须了解功能设计与实现,后者则需掌握软件内部结构。此外,讨论了整合和系统测试的关键问题,包括功能测试和性能测试,前者基于功能需求设计,后者基于非功能需求设计。

总体而言,本章提供了编码与测试阶段的综合概述和关键技术,为软件开发的质量保障提供了重要指导。

9.9 思考与练习

1. 关于软件测试的目的,下面观点错误的是(　　)。
   A. 为了发现错误而执行程序的过程
   B. 一个好的测试用例能够发现至今尚未发现的错误
   C. 证明程序是正确、没有错误的
   D. 一个成功的测试用例是发现了至今尚未发现的错误的测试
2. 应该在(　　)阶段制订系统测试计划。
   A. 需求分析　　　　　　　　　B. 概要设计
   C. 详细设计　　　　　　　　　D. 系统测试
3. 下例说法中正确的是(　　)。
   A. 测试用例应由输入数据和预期的输出数据两部分组成
   B. 测试用例只需选用合理的输入数据
   C. 每个程序员最好测试自己的程序
   D. 测试用例只需检查程序是否做了应该做的事
4. 黑盒测试是从(　　)观点的测试,白盒测试是从(　　)观点的测试。
   A. 开发人员、管理人员　　　　B. 用户、管理人员
   C. 用户、开发人员　　　　　　D. 开发人员、用户

5. 软件测试应该划分为几个阶段？各个阶段应重点测试的内容是什么？
6. 什么是黑盒测试？有哪些常用的黑盒测试方法？
7. 什么是白盒测试？有哪些常用的白盒测试方法？
8. 简述白盒测试和黑盒测试的异同。
9. 简述静态测试和动态测试的区别。
10. 什么是集成测试？非增量集成测试与增量集成测试有什么区别？

第 10 章

软件项目管理

本章深入探讨软件开发过程中的关键组成部分——项目管理。在资源有限且时间紧迫的背景下,有效的项目管理对确保软件项目的按时交付、确保质量至关重要。本章详细讨论工作量估算、项目进度规划、质量保证以及实现项目目标的各种策略和技术。

首先,本章介绍项目管理的基础概念,并探讨如何估算项目规模和工作量,包括使用代码行技术和功能点技术等方法。随后,详细解释通过项目评估与审查技术(Program Evaluation and Review Technique,PERT)、关键路径方法和甘特图等工具来管理项目进度的方法。

同时,质量保证是本章的一个重点,讨论如何在项目管理过程中维护和提升软件质量,包括实施 ISO 9000 标准和能力成熟度模型(Capability Maturity Model,CMM)。

通过本章的学习,读者可以掌握一套完整的工具和方法论,以科学地管理软件项目,提高项目成功率,减少失败风险。掌握管理技能不仅能助力项目经理和团队领导更高效地执行项目,还能为项目团队成员提供参与项目并进行改进的机会。

本章的学习目标:
- 掌握项目管理的基本概念
- 了解代码规模估算的相关技术
- 掌握项目进度管理的相关工具
- 了解软件质量管理的相关体系

10.1 项目管理概述

项目是为了创造独特的产品、服务或成果而进行的临时性工作。它具有明确的起始和结束时间点、特定的目标,并通常需要跨职能团队的合作完成。项目是有限的,旨在达成预定目标,完成特定的任务或解决特定问题。

项目主要有六大特征:目标性、相关性、临时性(限定的周期)、独特性、资源约束性和不确定性。

项目通常指那些一次性的、有明确目标和截止期限的活动。例如,开发新软件、建造桥梁或组织大型活动均属于项目的范畴。下面来判断图 10-1 中哪些活动属于项目。

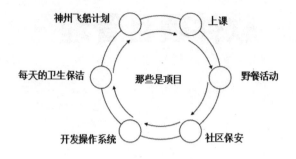

图 10-1　活动和项目

根据图 10-1 所示的例子，可以区分哪些是项目，哪些是日常运作。具体如图 10-2 所示。

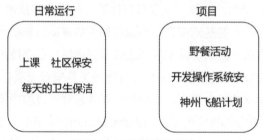

图 10-2　区分活动和项目

基于以上内容，可以进一步梳理项目与日常运作之间的区别。

项目是临时的和独特的努力，旨在创造一个独特的产品或服务。与此相对，日常运作则是组织中持续且重复的活动，如维护、管理和生产操作，这些活动是组织持续运营所必需的。

项目管理是为确保项目能够达到预期结果而对项目各阶段工作进行管理的一系列管理行为。在软件开发领域，项目管理还包括了对软件特有的挑战和需求的处理，这使得软件项目管理在某些方面具有其特殊性。项目管理是应用知识、技能、工具和技术于项目活动以满足项目要求的实践。它包括清晰定义项目目标，制订实现这些目标的计划，动员和利用必要的资源，并通过各种方法和技术来确保项目按计划执行。

软件项目管理面临以下几个独特的挑战。

- 需求的动态变化：软件开发过程中需求的频繁变化是常见现象，这要求项目管理方法能够灵活应对变化。
- 不可见的产品：与传统项目(如建筑工程)中的实体产品不同，软件是不可见的，这增加了管理过程中的复杂性。
- 技术迅速发展：软件技术的快速变化要求项目团队持续学习和适应新技术，以确保项目的技术方案始终处于行业前沿。
- 高度的复杂性和创新性：软件项目常常涉及复杂的系统集成和创新技术的应用，这对项目团队的技术能力和创新能力提出了更高的要求。

项目经理是项目团队中的核心人物，负责从项目的启动到闭环的整个管理过程。理想情况下，项目经理将参与项目的每个阶段，从需求收集到开发、测试，最终到应用程序的部署，有时甚至包括后续版本的管理。

项目经理的职责涵盖以下几个方面。
- 需求定义：与客户和团队合作明确项目的需求和目标。
- 任务跟踪：确保所有项目任务按计划进行，及时调整以应对进度偏差。
- 风险管理：识别潜在的项目风险，制定相应的应对策略。
- 资源协调：管理项目所需的各种资源，包括时间、预算、人员及设备等。
- 质量保证：确保项目输出符合预定的质量标准。
- 沟通桥梁：作为团队与客户之间的主要联络人，处理项目相关的沟通和协调工作。

软件项目管理过程是确保软件项目按照既定目标、时间表和预算顺利完成的重要步骤。这些步骤包括项目的启动、度量、估算、风险分析以及追踪和控制。下面是对这些关键环节的详细说明。

1. 启动

项目的启动阶段是建立项目基础的关键步骤，主要包括以下几个关键活动：
- 定义项目目标和范围；
- 确定关键利益相关者；
- 制定项目章程；
- 组建项目团队。

2. 度量

在软件项目管理中，度量是收集和分析数据以监视项目进度和绩效的重要过程。有效的度量可以帮助项目经理做出基于数据的决策。
- 选择度量标准：确定哪些性能和进度指标对项目成功至关重要。
- 建立基准：在项目开始时设定性能和进度的基准值。
- 持续收集数据：在整个项目周期内定期收集度量数据，以监控项目健康状态。

3. 估算

估算阶段涉及预测项目完成所需的时间、成本和资源。准确的估算是项目成功的关键。
- 估算时间和成本：使用历史数据、专家判断和统计方法估算项目的总时长和总费用。
- 资源估算：确定实现项目目标所需的人员、设备和材料。

4. 风险分析

风险分析是识别、评估和优先排序潜在风险，并为这些风险制定应对策略的过程。
- 风险识别：通过头脑风暴、专家访谈等方法识别可能影响项目的风险。

- 风险评估：评估每个风险发生的可能性及其可能带来的影响。
- 制订风险应对计划：为高优先级风险制定缓解策略，包括风险避免、转移、接受或缓解。

5. 追踪和控制

追踪和控制是确保项目按照计划进行，并在必要时进行调整的持续过程。
- 进度追踪：比较实际进度与计划进度，及时识别并纠正偏差。
- 性能控制：监控项目绩效指标，确保项目符合既定的性能要求。
- 变更管理：处理范围变更请求，确保所有变更都经过妥善审批并纳入文档化管理体系。

10.2 估算软件规模

估算软件规模是项目管理中的关键活动，因为它直接关联到后续的成本、时间和资源需求的评估。准确估计软件的规模有助于更精确地预测项目的工作量和成本，从而为项目的计划和控制提供可靠依据。在软件工程中，主要采用两种技术来估算软件规模：代码行技术和功能点分析。

10.2.1 代码行技术

代码行技术是一种用于定量估算软件项目规模的简单方法。该技术基于对以往开发类似软件的经验和历史数据的分析，以预测实现特定功能所需要的源代码行数。通过将所有功能所需的代码行数累加，可以估算出整个软件项目所需要的总代码行数。

首先将软件项目分解成较小、可管理的功能或模块。根据已完成项目的历史数据，估计每个功能或模块所需的代码行数。邀请多名有经验的软件工程师对每个功能的代码行数进行独立估计，并分别给出最小规模(a)、最可能的规模(m)、和最大规模(b)的估计值。对每个功能的三种规模估计(a、m、b)进行平均，得出每种规模的平均值。使用以下公式计算整个项目的总代码行数估计值：

$$L = \frac{\bar{a} + 4\bar{m} + \bar{b}}{6}$$

其中，$\bar{a}$是最小规模的平均值，$\bar{m}$是最可能的规模的平均值，$\bar{b}$是最大规模的平均值。该公式是三点估计法的一种应用，其中对最可能的规模给予了更高的权重。

代码行技术(Lines of Code，LOC)作为一种估算软件项目规模的方法，具有显著的实用性和操作上的简便性。这种方法充分利用了已完成项目的经验和历史数据，使估算结果更接近实际情况，从而为项目管理者和开发团队提供了一个易于理解和实施的工具。特别是通过结合多位经验丰富的软件工程师的独立估计，LOC方法可以平衡个别估算中的偏差，并通过三点估计法对最可能规模给予较高权重，从而提高整体的估算准确性。这种方法的简单性和直观性使其在许多传统软件开发项目中广受欢迎。

尽管代码行技术具有一定的优势，但它也存在明显的局限性。首先，这种方法的准确性高度依赖于可用的历史数据的质量和相关性。如果历史数据不准确或与当前项目不具可比性，则估算结果可能会产生较大的偏差。此外，对于采用全新技术或方法的创新项目，由于缺乏相应的历史数据，LOC 方法可能不适用。

另外，代码行技术主要关注代码编写的数量，而忽视了项目中同样重要的非编码活动，如需求分析、设计、测试等。这些活动在项目开发过程中占据着至关重要的地位，但在 LOC 估算中往往未被充分考虑，可能导致对项目总工作量的系统性低估。

10.2.2 功能点技术

功能点技术提供了一种综合评估软件规模和复杂性的方法。该技术定义了五个主要的信息域特性，每个特性通过对应的功能点(Function Point，FP)进行度量，从而形成了一种细致且客观的功能点技术框架，对软件项目中各类信息域特性进行深入分析，为项目管理者提供了一个有效的规模估算工具。

1. 信息域特性

功能点技术定义了信息域的以下 5 个特性：
(1) 输入项数：提供给程序的应用数据项的数目。
(2) 输出项数：程序生成并提供给用户或其他系统的数据项数量。
(3) 查询数：软件接收到的请求并提供相应的数据查询数量，这些查询不会改变系统内部的数据状态。
(4) 主文件数：必须由系统创建和维护的逻辑文件或数据库表的数量。
(5) 外部接口数：系统与外部系统共享数据的接口数量。

每个信息域特性根据其复杂性分为简单、中等和复杂三个级别，每个级别有不同的功能点权重。功能点的总和提供了对软件规模的量化估计，这一度量帮助项目管理者在规划、估算和控制项目方面做出更加精确的决策。

功能点技术的应用不仅提高了估算的准确性，还帮助团队理解项目的复杂性和需求，进而优化设计和资源分配。功能点技术的全面性和灵活性使其成为评估大型和中型软件项目规模的理想工具。

2. 估算功能点的步骤

(1) 计算未调整的功能点数(Unadjusted Function Point，UFP)。首先，将软件的每个信息域特性分类为简单级、平均级或复杂级。这些特性包括输入项、输出项、查询、主文件和外部接口。根据每个特性的复杂度等级，为其分配预定的功能点数。

使用以下公式计算未调整的功能点数：

$$UFP = a_1 \times Inp + a_2 \times Out + a_3 \times Inq + a_4 \times Maf + a_5 \times Inf$$

其中，Inp、Out、Inq、Maf 和 Inf 分别是输入项数、输出项数、查询数、主文件数和外部接口数，$a_i (1 \leq i \leq 5)$ 是信息域特性系数，其值由相应特性的复杂级别决定，如表 10-1 所示。

表 10-1 信息域特性系数值

复杂级别	特性系数		
	简单	平均	复杂
输入项数 a_1	3	4	6
输出项数 a_2	4	5	7
查询数 a_3	3	4	6
主文件数 a_4	7	10	15
外部接口书 a_5	5	7	10

(2) 计算技术复杂性因子(Technical Complexity Factor，TCF)。这一步骤旨在识别并度量影响软件规模的 14 种技术因素，包括数据通信、分布式数据处理、性能标准、高负荷硬件、高处理率、联机数据输入、终端用户效率、联机更新、复杂计算、可重用性、安装方便、操作方便、可移植性和可维护性。

根据软件的特点，为每个技术因素分配一个从 0(无影响)到 5(极大影响)的值。

然后，计算所有技术因素的总影响程度，使用以下公式：

$$D_i = \sum_{\mu=1}^{14} F_i$$

其中，$F_i(1 \ll i \ll 14)$ 为技术因素的值。

最后，用以下公式计算技术复杂性因子：

$$TCF = 0.65 + 0.01 \times D_i$$

因为 D_i 的值在 0 到 70 之间，因此 TCF 的值在 0.65 到 1.35 之间。

(3) 计算功能点数(FP)。功能点数的计算公式如下：

$$FP = UFP \times TCF$$

10.3 估算工作量

估算工作量是软件项目管理中至关重要的一环，它涉及对完成项目所需的总时间和资源的预测。正确的工作量估算有助于项目规划、资源分配和风险管理。本节将探讨三种主要的工作量估算模型：静态单变量模型、动态多变量模型以及 COCOMO II(Constructive Cost Model II)模型。

10.3.1 静态单变量模型

静态单变量模型是一种在软件工程中广泛使用的工作量估算方法，其主要特点是依赖单一的度量指标来预测整个项目的工作量。这种模型通常采用代码行技术(LOC)作为估算的基础，但也可以基于其他单一变量，如功能点(FP)。

该模型的基本形式如下：

$$E = A + B \times (ev)^C$$

其中 A、B 和 C 是经验得到的常数，E 代表以人月为单位的工作量，ev 是估算变量(代码行或者功能点)。

10.3.2 动态多变量模型

动态多变量模型也称为软件方程式。是一个先进的估算工具，用于计算软件开发所需的工作量。该模型将工作量视为软件规模、开发时间及其他技术因素的函数，特别适用于大规模软件项目，能够考虑多种影响因素，提供精确的工作量估计。

动态多变量模型通过以下方程式定义工作量 E：

$$E = \left(\frac{\text{LOC} \times B^{0.333}}{P}\right)^3 \times \left(\frac{1}{t}\right)^4$$

其中，E 是以人月或人年为单位的工作量。t 是以月或年为单位的项目持续时间。B 是特殊技术因子，反映技术难度和软件复杂性的影响。P 是生产率参数，体现了团队效率、工具使用、开发环境等因素对生产率的影响。

特殊技术因子 B 是根据项目大小和复杂性设定的，其值反映了技术挑战对工作量的影响：对于较小规模的程序(例如 5KLOC 到 15KLOC)，B 的典型值为 0.16；对于超过 70KLOC，B 的典型值为 0.39。生产率参数 P 是一个关键的度量，反映了多种因素(如团队技能、使用的技术、管理效率及工具支持等)对生产率的综合影响。该参数需要基于历史数据或行业标准进行调整，以适应特定项目的环境。

使用动态多变量模型时，首先要准确估计或测量项目的代码行数。接下来，根据项目的技术复杂性选择合适的 B 值，评估团队的生产率参数 P，并设定项目预期持续时间 t。这些参数共同决定了项目所需的工作量 E，从而帮助项目经理进行资源配置和时间管理。

该模型的优点在于能够考虑多个变量，提供相对全面和精确的工作量估算，尤其适合技术复杂或规模较大的项目。然而，它也存在一些局限，例如对数据精度的高要求，以及模型参数设置的复杂性，这可能需要较高的专业知识和经验来进行适当调整。此外，模型的成功应用依赖于准确的历史数据和对项目特性的深入理解。

10.3.3 COCOMO II 模型

COCOMO II 是一种复杂的软件工程工具，用于估算大型和复杂软件项目的开发成本和时间。它是原始 COCOMO 模型的扩展和更新版本，更适用于当前的软件开发环境和技术。

COCOMO II 模型包括三个层次，分别适用于不同的开发阶段和精度需求。

(1) 应用组合模型(Application Composition model)：该模型适用于初期的快速应用开发，依赖于对已有软件组件的重用和自动生成代码的技术。

(2) 早期设计模型(Early Design model)：适用于项目的概念设计阶段，当详细的项目信息尚不完整时使用。

(3) 后期详细设计模型(Post-architecture model)：在项目的架构和设计已经确定后使用，提供最精确的估算。

COCOMO II 模型估算的基本公式是：

$$E = a \times \text{KLOC}^b \times \sum_{i=1}^{17} f_i$$

其中，E 是开发工作量(以人月为单位)。a 是一个经验常数，通常值为 2.94。KLOC 表示软件规模，通常用千行代码(KLOC)或功能点(FP)来衡量。b 是一个根据项目特点调整的指数，反映项目的复杂性和开发难度。$f_i(i = 1 \sim 17)$ 是成本因素，反映了如开发环境、团队能力、软件可靠性需求等多种因素的影响。

COCOMO II 模型系统地考虑了多种影响软件开发工作量的成本因素，并将这些因素分为四大类：产品因素、平台因素、人员因素和项目因素。这些成本因素对任何一个项目的开发工作量都有影响，即使不使用 COCOMO II 模型估算工作量，也应该重视这些因素。

(1) 产品因素：包括软件要求的可靠性、数据库大小、产品的复杂度、要求的可重用性以及所需的文档量。

(2) 平台因素：涵盖执行时间约束、主存储约束和平台的变化性。

(3) 人员因素：包括分析员能力、程序员能力、应用领域经验、平台经验、语言和工具经验、以及团队的稳定性。

(4) 项目因素：涉及使用的软件工具、多地点开发的协调，以及要求的开发进度。

COCOMO II 模型采用一个精细的分级模型来确定工作量方程中模型指数 b。该模型包括五个分级因素，每个因素都划分成从非常低($W_i = 5$)到非常高($W_i = 0$)的六个级别。这些因素具体包括项目的先例性、开发的灵活性、风险的排除程度、团队的凝聚力和过程的成熟度。b 的数值计算公式如下：

$$b = 1.01 + 0.01 \times \sum_{i=1}^{5} W_i$$

因此，b 的取值范围为 1.01 到 1.26。

10.4 进度管理

在软件项目管理中,精确的进度安排至关重要。这不仅包括定义和监控项目任务集合,还涉及识别和跟踪关键任务,以确保项目按计划推进。为实现这些目标,项目管理者的主要职责是确保所有关键任务按时完成,并及时解决可能导致延误的问题。

软件项目的进度安排通过将工作量分配给特定的软件工程任务,并设置每项任务的开始和结束日期,来优化资源使用和项目执行流程。为此,制定一个详细的进度表至关重要,它不仅有助于监控任务进度,也是控制项目节奏的重要工具。

10.4.1 PERT 图

PERT 图是一种流行的项目管理工具,主要用于展示项目中各任务之间的先后关系和逻辑顺序。它通过节点(圆形或矩形框)和连线(箭头)来表示任务和事件,帮助项目管理者可视化整个项目的时间线和任务依赖。

PERT 图最初于 1950 年代由美国海军开发,用于管理复杂的军事项目。该技术最早是为了优化潜艇导弹系统的开发进度而设计的。PERT 图主要有以下两种形式。

(1) 双代号网络:活动在箭头上(Activity On Arrow,AOA),其中的箭头代表任务,节点代表重要事件,每个箭头的长度可以表示任务的持续时间,节点则表示任务的开始和结束。

(2) 单代号网络:活动在节点上(Active On the Node,AON),其中的节点表示任务,箭头表示任务之间的逻辑关系和顺序,相比于 AOA 图,AON 图更为简单和直观。

AON 图创建起来相对简单,且易于理解。因此,本书将重点介绍 AON 图。创建 AON PERT 图的过程如下。

首先详细列出项目中必须执行的所有任务、每个任务的前驱任务及其预期持续时间,若需要更详尽的风险管理,可以为每个任务设定最佳时间和最坏的完成时间。需要注意的是,只需标明直接的前驱关系,无需包含间接前驱,以简化图的复杂度。例如,如果任务 C 依赖于任务 B,而任务 B 依赖于任务 A。这种情况下,任务 C 必定依赖任务 A,但不需要在表中包含这种关系。只需明确 C 依赖于 B 和 B 依赖于 A,就足以表示这种关系。为使任务的重新安排更加容易,可以使用一张索引卡或便签来记录每个任务。在每张卡上写下任务名称、前驱任务和预计持续时间。这种物理表示方法有助于任务的动态调整和重新排列。

接下来,可以按以下步骤创建 PERT 图。

步骤 1:准备阶段

- 预备桩(Ready Pile):在该区域放置"开始任务",作为项目的起点,它没有任何前驱任务。
- 待处理桩(Pending Pile):放置所有其他的项目任务。这些是尚未开始排列的任务,等待确定它们的先后顺序。

步骤 2：放置任务

从预备桩中取出"开始任务"并放置在已放置的任意任务的右侧，这个位置将成为接下来放置其他任务的起点。

步骤 3：安排依赖关系

检查放在预备桩上的任务，找出可以直接接续"开始任务"的任务，即直接依赖于它的任务。每放置一个任务，就查看这个任务是否是其他待处理任务的前驱。如果是，并且这是其最后一个前驱任务，那么这些待处理任务就可以移动到预备桩上，准备被放置。

步骤 4：迭代过程

重复步骤 2 和步骤 3，从预备桩中持续取出任务并按逻辑顺序放置它们。每放置一个任务，都需要更新预备桩和待处理桩的状态，以确保所有的依赖关系都被妥善处理。

在放置完所有卡片以后，可以绘制表示前驱关系的箭头。

示例：创建 PERT 图

通过创建一个简化的 PERT 图来说明上述过程，在这个示例中将建设一个地堡防止"病毒"入侵。首先创建一张表，列出所有任务，它们的前驱任务以及各个任务预计的持续时间，如表 10-2 所示。

表 10-2　地堡建设任务

任务	时间(天数)	前驱
A. 分等级和浇注地基	5	—
B. 构建地堡外表面	5	A
C. 完成内部装修	3	B
D. 储存物资	2	C
E. 安装家庭影院系统	1	C
F. 创建外部防御墙	4	—
G. 在屋顶和墙壁上安装铁丝网	2	B, I
H. 安装地雷(可选)	3	—
I. 安装监控摄像头	2	B, F

建立任务表之后，可以为每一项任务创建一张索引卡，图 10-3 所示为任务 I 的卡片形式。

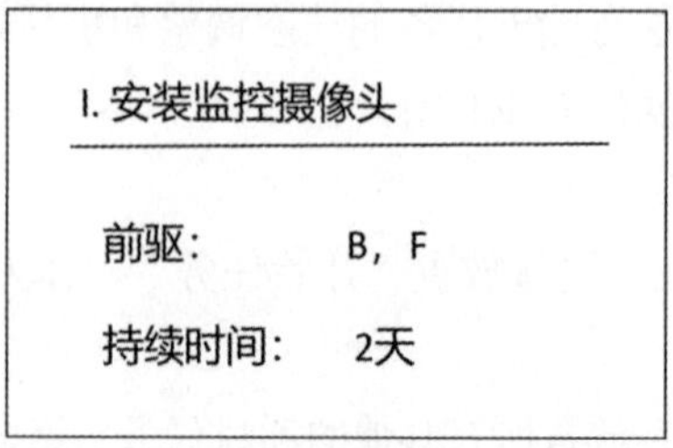

```
I. 安装监控摄像头
─────────────────
前驱:      B, F

持续时间:   2天
```

图 10-3　每个任务卡片应包含名称、持续时间以和前驱，后续将填写总时间

接下来，将按照前面介绍的四个步骤布置卡片。

(1) 准备阶段。将"开始任务"放置在预备桩上，将其他任务放置在就绪桩上。图 10-4 所示显示了卡片的初始位置。

(2) 放置任务。从预备桩中取出"开始任务"并放置在已放置任务的右侧。

(3) 安排依赖关系。检查放在预备桩上的任务，找出可以接续"开始任务"的任务，即直接依赖于它的任务。每放置一个任务，就查看这个任务是否是其他待处理任务的前驱。如果是，并且这是其最后一个前驱任务，那么这些待处理任务就可以移动到预备桩，准备进行放置。

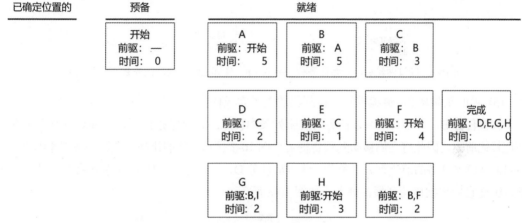

图 10-4　初始时预备桩仅包含开始任务

参考图 10-4，可以发现任务 A、F 以及任务 H 都以开始任务为前驱。事实上，开始任务是这些任务唯一的前驱。因此，当移除掉开始任务后，任务 A、F、H 被移至预备桩上。图 10-5 显示的是新的排列。

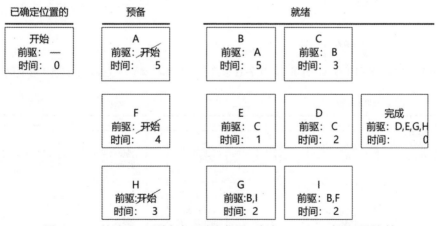

图 10-5　一轮过后，开始任务已确定位置，任务 A、F、H 都处于预备桩

(4) 迭代过程。重复步骤 2 和步骤 3，直到结束任务已确定位置。

首先，放置任务 A、F 和 H，因为它们在预备桩上。然后将它们划掉，因为就绪桩上的仍有其他任务。当划掉这些任务后，任务 B 就失去了最后的前驱，因此应该将其移动到预备桩上。

图 10-6 显示了新的排列。

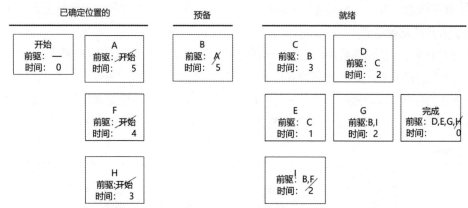

图 10-6 经过两轮后，开始任务和任务 A、F、H 都已经就位，任务 B 在预备桩上

(5) 返回至步骤 2，继续重复，直到已放置了完成任务。

放置任务 B，并将其从剩下任务的前驱列表中移除。划掉任务 B 后，任务 C 和任务 I 将不再有其他前驱，因此将它们移动到预备桩上。图 10-7 显示了新的排列，置放任务 C 和任务 I，将它们从就绪任务的前驱列表中移除，这将从任务 D、任务 E 以及任务 G 中移除这些最后的前驱，因此它们也被移动到预备桩上，如图 10-8 所示。

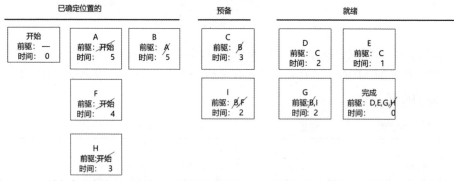

图 10-7 开始任务和任务 A、任务 F、任务 H 以及任务 B 都已就位，任务 C 和任务 I 位于预备桩

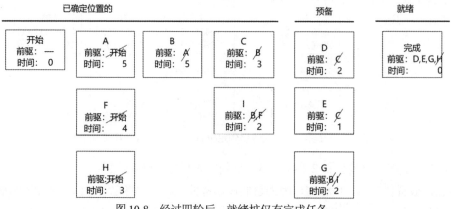

图 10-8 经过四轮后，就绪桩仅有完成任务

在下一轮中，将任务 D、任务 E 和任务 G 放置到指定位置，同时将完成的任务移动到预备桩上。最后一轮中，确定结束任务的位置。接着绘制表示任务之间先后关系的箭头，为了使这些箭头看起来更美观，可能需要调整任务的间距和垂直对齐方式。图 10-9 所示显示了最终结果。

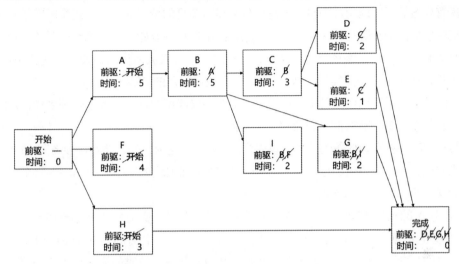

图 10-9　PERT 图显示的是项目任务的执行路径

10.4.2　关键路径

关键路径方法是一种在项目管理中用于确定任务时间安排和项目完工时间的重要技术。它首次出现于 20 世纪 50 年代，与 PERT 图紧密相关，用于在项目的任务网络中识别影响项目总时间的关键任务序列。

关键路径是指在项目的任务网络中可能存在的最长路径。该路径上的任务总持续时间最长，从而决定了项目的最短完成时间。值得注意的是，可能存在不止一条长度相同的最长路径，因此可能会有多个关键路径。

例如，参考图 10-9 所示的 PERT 网络。路径"开始→H→完成"的总时间为 3 天。类似地，路径"开始→F→I→G→完成的总时间为 0+4+2+2+0 = 8 天"。仔细观察图 10-9，就能判断出在这个网络中，只有一条最长的路径"开始→A→B→C→D→完成"，其总长度为 0+5+5+3+2+0 = 15 天。由于这条路径是最长的，所以它就是关键路径。如果关键路径上的任何一个任务延迟，整个项目的完成时间也将相应延迟。例如，如果任务 C "完成内部装修"用了五天时间，那么这个工程就从原来的 15 天延长至 17 天。

对这种简单的项目来说，寻找关键路径是比较容易的。如果一个项目中有几百个或几千个任务，会变得困难很多。幸运的是，关键路径的查找有相对的简单方法。

查找关键路径的步骤如下。

(1) 项目的开始任务标记为时间 "0"，因为它不需要任何前置条件即可开始。

(2) 从左至右逐列处理每个任务。对于每个任务，其开始时间是前驱任务完成时间的最大值。这确保了所有必要的前置任务都已完成。

(3) 对于具有多个前驱任务的任务，记录下所有前驱任务。如果多个前驱路径导致相同的最长时间，需要将这些路径都标记出来。

在所有任务处理完成后，项目的最终任务会显示项目的总完成时间。这个时间是基于所有必须完成的任务的最长路径计算得出的。从项目的结束任务开始，沿着标记的最长路径向后追溯到项目的起始点。这条路径就是关键路径，反映了项目完成所需的最长连续任务序列。

以下是查找关键路径的实例："防病毒入侵"地堡项目的 PERT 图分析。

在"防病毒入侵"地堡项目中，使用 PERT 图不仅能可视化任务的依赖关系和持续时间，还可以计算每个任务的总时间并最终确定关键路径。

项目开始时，将开始任务的总时间设置为 0，因为它是项目的起始点。参考图 10-9 可以发现接下来的任务中，任务 A、任务 F 以及任务 H 的预期时间分别为 5、4 和 3。每个任务仅有开始作为其前驱，其总时间均为 0，具体如下：

- 任务 A 的预计持续时间为 5 天，开始为其前驱任务，总时间为 0+5=0+5=5 天。
- 任务 F 的预计持续时间为 4 天，开始为其前驱任务，总时间为 0+4=0+4=4 天。
- 任务 H 的预计持续时间为 3 天，开始为其前驱任务，总时间为 0+3=0+3=3 天。

接下来的一列仅包含任务 B。它的预计时间为 5，前驱任务 A 的总时间为 5 天，因此任务 B 的总时间为 5+5=10 天。图 10-10 所示显示了此时的 PERT 网络。新计算的总时间以及被选定的连接采用的是加粗强调的显示方式。

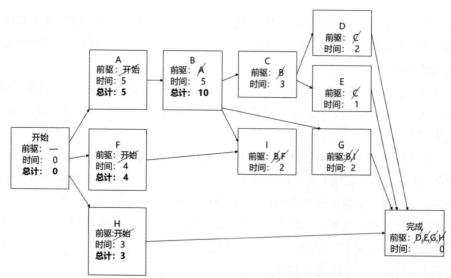

图 10-10　每个任务的总时间是其预期时间加上值最大的前驱任务总时间

接下来的一列包含任务 C 和任务 I。任务 C 的预计时间为 3 天，前驱任务 B 的总时间为 10 天，因此任务 C 的总时间为 10+3=13 天。

任务 I 的预计时间为 2 天。它有两个前驱任务 B 和任务 F 的总时间分别为 10 天和 4 天，取较大者，因此任务 I 的总时间为 10+2=12 天。图 10-11 所示显示了更新后的 PERT 网络。

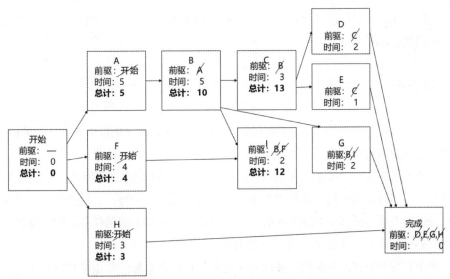

图 10-11　任务 I 时间最长的前驱是任务 B，因此任务 I 的总时间为 2+10=12 天

下一列任务包含任务 D、任务 E 以及任务 G：

- 任务 D 的预计时间为 2 天，前驱任务 C 的总时间为 13 天，因此任务 D 的总时间为 13+2=15 天。
- 任务 E 的预计时间为 1 天，它的前驱任务 C 的总时间同样为 13 天，因此任务 E 的总时间为 13+1=14 天。
- 任务 G 的预计时间为 2 天。它有两个前驱任务，任务 B 的总时间为 10 天，任务 I 的总时间为 12 天。因此，任务 G 的总时间为 12+2=14 天。

最后一列仅包含完成任务，其预计时间为 0，因此其总时间和最长前驱任务的总时间相同，即为 15 天(任务 D)。图 10-12 所示显示了最终的网络。

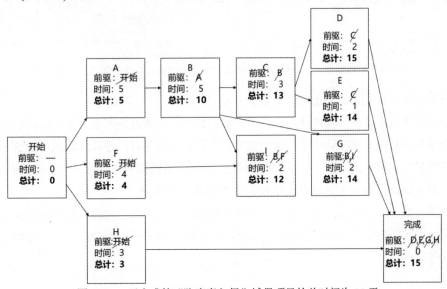

图 10-12　已完成的"防病毒入侵"城堡项目的总时间为 15 天

通过这种方式，可以明确项目的时间要求和关键任务，确保资源的有效分配，并实现对项目进度的精确监控和管理。

10.4.3 甘特图

甘特图是一种条形图，广泛应用于项目管理，用于可视化展示项目中各个任务的时间安排。至今，它仍是项目管理中极为流行的工具。

甘特图通过水平条表示单个任务的持续时间和进度。条形的长度代表任务的持续时间。为了显示任务的开始和完成时间，这些水平条放置在日程表上。此外，甘特图还可以用箭头显示任务之间的依赖关系，类似于 PERT 图的功能。这些箭头有助于阐明任务之间的逻辑顺序，例如，某个任务必须在另一个任务完成后才能开始。

对于 PERT 图中的列，从左向右置放每个矩形，让每个矩形的左边缘和最右边的前驱矩形的右边缘保持对齐。例如，在图 10-13 中，任务 G 的左边缘和任务 I 的右边缘对齐。

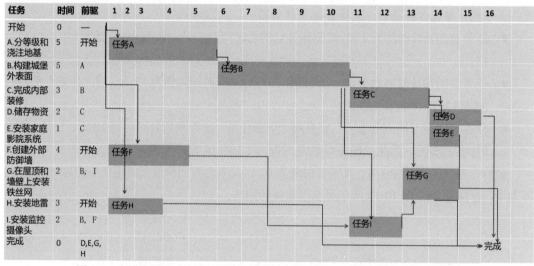

图 10-13　甘特图显示的是任务的持续时间、启动时间、完成时间以及依赖关系

在放置完所有矩形后，添加显示先后关系的箭头。

甘特图的优点主要在于其直观性和易于理解的特性，它通过使用水平条形图清晰地展示项目中每个任务的时间安排和持续期。这种视觉表示形式使得项目经理和团队成员能够迅速把握任务的开始和结束时间，以及整个项目的时间线。此外，甘特图可以显示任务之间的依赖关系，有助于识别关键路径和潜在的瓶颈，这使得项目管理更为高效。

甘特图也是一个极佳的沟通工具，它帮助确保所有项目参与者对进度和时间表有共同的理解，从而促进团队协作和决策。因此，甘特图在项目管理中是不可或缺的工具，特别是在需要详细时间管理的项目中。

10.4.4 软件日程安排

软件日程安排是在软件开发项目管理中制定和维护项目的详细工作时间表。它涉及将项目分解成具体的任务和活动，并为每个任务分配起始和结束日期，以确保所有项目活动按时完成。

有效的日程安排允许项目团队优化资源使用、遵循时间限制，并实现项目里程碑和最终交付目标。此外，它还有助于识别项目的关键路径，即影响项目总工期的最长连续任务链。通过识别和跟踪这些关键任务，团队可以优先处理并确保在必要时分配足够的资源，以避免延误。

创建软件日程安排通常包括以下步骤。

(1) 任务分解。将整个项目分解成更小的、可管理的任务和子任务。这一步骤通过工作分解结构(Work Breakdown Structure，WBS)来完成，它详细描述了项目的各个阶段和活动。

(2) 依赖关系定义。确定任务之间的逻辑关系，包括哪些任务必须优先完成，哪些任务可以并行处理。这些依赖关系有助于制定实际可行的时间表。

(3) 资源分配。为每个任务指定必要的资源，包括人员、技术和其他物理资源。资源的有效分配是确保任务按时完成的关键。

(4) 时间估计。为每个任务估计所需的时间长度(通常基于历史数据、专家意见和项目团队的经验)。

(5) 时间表编制。使用甘特图等工具或软件(如 Microsoft Project)可视化整个项目的时间表。这些工具不仅展示了每个任务的持续时间和顺序，还可以更新进度和调整时间表以适应项目变更。

(6) 监控和调整。在项目实施期间，持续监控进度，并与实际发生的情况进行比较。根据项目进展和出现的任何问题，及时调整日程安排，确保项目目标的达成。

10.4.5 估算时间

估算项目中各个任务的持续时间是软件工程中最具挑战性的方面之一，主要是因为在不同项目中很少有完全相同的任务重复出现。即使某些任务在不同项目中看似相似，它们的具体细节和执行上的差异往往导致实际工作量和持续时间有很大的不确定性。

因此，准确的时间估算对于使用 PERT 图、关键路径方法和甘特图等项目管理工具至关重要。虽然这些工具功能强大，能够帮助规划和跟踪项目进度，但如果输入的时间估算不准确，那么输出的结果也将是误导性的，这就是所谓的"垃圾进，垃圾出"现象。例如，如果项目中的某个任务以前已经执行过，可能会被误认为直接复制以前的代码或解决方案就足够了，但由于每个项目的具体情况和要求各不相同，这种假设往往不成立，仍需要对过去的解决方案进行适当的修改和调整。

如果以前没有开发过这种类型的应用程序，那么可能很难预测该项目将持续多长时间。但在创建应用程序之后，就不需要再进行重复建设。

在进行时间估算时，如果假定某个任务的时间估计分为两种情况：(1)短且众所周知，(2)长且高度未知，那么应该如何进行有效的时间估算？面临巨大的不确定性，为降低任务风险，可以采取多种措施。以下是几种降低任务风险的措施。

1. 积累经验

积累经验是提升时间估算准确性的有效策略之一，它通过将未知转化为已知来实现。当面对与先前项目相似的任务时，向具有相关经验的人士寻求指导是一种非常有价值的做法。在小型项目中，尽管不可能从公司的其他部门调动人员，但有时可以利用他们的空闲时间获取帮助。经验丰富的同事不仅能提供更准确的时间估计，还能为团队成员提供宝贵的技术指导。对于长期性的复杂任务，拥有经验丰富的团队成员变得尤为关键。在大型项目中，聘请熟练的专业人员处理复杂问题是明智的选择。例如，在一个算法开发项目中，聘请了一位算法专家。这位专家不仅极大地提高了项目的技术能力，同时还是团队中唯一完全理解代码运作的专家。

项目成功很大程度上依赖于团队成员的经验。实际上，利用经验丰富的团队成员来提高时间估算的准确性，已经成为软件工程领域的一项最佳实践。

2. 拆分未知的复杂任务

将复杂任务拆分为更简单的、更易于管理的部分是详细设计和概要设计的核心。这种方法有助于将一个大型复杂项目转化为一系列较小、可控的子任务。

3. 寻找相似处

在面对新任务时，尽管我们可能从未曾直接执行过，但这些任务往往与我们以往的经验存在一定的相似性。通过信息的积累和反思，我们可以更准确地评估任务所需的时间和资源。

4. 预料意外情况

在项目实施过程中，尽管无法预见所有可能出现的问题，但某些延迟确实可以通过合理的预测加以规避。在任何大型项目中，团队成员可能因生病、休假或处理紧急个人事务而导致工作时间的损失。

针对这种"时间损失"，一种有效的处理策略是将每个任务的时间估计值延长一些。例如，考虑到每年平均会有2.6周的休假和病假，可以将每项任务的时间增加5%。然而，这种方法的一个缺点是团队成员往往会完全使用掉这些额外分配的时间。例如，假定一个任务原本需要20个工作日的时间完成，增加了1天时间来补偿潜在的时间损失。但如果没有发生意外情况，本应在20天内完成的工作往往会被延长至21天，实际上并没有为不可预见的事件留下有效的缓冲。

另一种方法是在项目中添加特定任务来标记这些"丢失的"时间。如果团队成员能够提前安排假期，这些时间可以明确纳入项目计划中。

此外，尽管无法准确预测病假的具体时间，但可以将假期安排明确纳入计划中。同时，也可以在日程表的末尾预留一些病假任务。例如，如果某人倾向于在周五请病假，则可以将这段时间从"病假时间"调整为具体任务的延期时间。

此外，经常会遇到因日程安排冲突而导致的"丢失时间"，特别是在节假日等特殊时段，等待高层审批时。尽管项目计划可能已经非常详细,但项目进展可能会因为等待必要的审批而暂停。例如,如果在 5 月 20 日为开发人员订购电脑,不应期望在 5 月 21 日就能全面开展工作。接收和设置电脑、启动网络、测试邮件系统以及安装软件都需要一定的时间。

为规避这些问题,需要审慎地安排审批、订单交货日期以及程序安装等事项。在处理这些事务时,也可以将它们作为任务来对待,将其纳入项目计划中。

5. 跟踪进度

即便对某类任务拥有丰富的经验,并且已经将大任务细分为更小的部分,同时为意外事件预留了缓冲时间,实际的任务持续时间仍可能远超预期。因此,持续跟踪任务进展,并在发现偏差时及时采取措施,这对于确保项目成功至关重要。

例如,假设某个任务计划 20 天完成。在任务开始 5 天后,应询问负责该任务的开发人员完成进度的情况,并估计剩余 15 天完成任务是否可行。

在任务初期,虽然看似一切顺利,但随着截止日期的临近,开发人员可能会意识到还有大量工作未完成。这种情况很常见,不应引起恐慌,但确实应该引起注意。这时,需要进行深入了解开发人员是否能够按时完成任务,或者是否需要对计划进行调整。

实际上,开发人员在估计进度时,只是在依据自己的最佳判断。如果他以前没有处理过类似的任务,那么这些判断可能并不完全准确。在上述例子中,前两周的估计很可能过于乐观,实际上一周后可能只完成了该任务的 20%,而在两周后仅完成 40%。如果情况是这样,那么开发人员很可能还需要两周(而不是计划中的一周)才能完成任务,前提是第三次估计的 60% 是准确的,但实际情况往往并非如此。

开发人员往往天生乐观,通常认为可以通过加班来弥补延误的时间,但这种方法往往并不可行。虽然偶尔加班可能行得通,但频繁加班会导致团队成员过度疲劳。维持一个可持续的工作节奏是敏捷开发的核心原则之一。

如果这位开发人员能够按计划重新投入工作,那当然是最理想的情况,但应该特别注意最后 60% 的进度估计是否准确,或实际情况是否比预期更差。一个常见的错误是忽视这些迹象,寄希望于未来能够追赶上进度。除非有充分的理由相信可以赶上进度,否则更有可能是面临进一步的延误。如果任务持续推迟,即使最后采取措施也可能难以挽回局面。

另一个常见错误是在项目落后时增加更多开发人员,以期望加快进度。正如 Fred Brooks 在其著名《人月神话》中指出的那样:"向一个进度落后的软件项目中增加人手,只会使进度更落后。"虽然增加经验丰富的人力有时可以带来帮助,但新成员的融入并熟悉项目同样需要时间。因此,不应期望仅通过增加人手就能解决所有问题。

10.5 质量保证

本节将探讨软件开发中保证质量的重要性和实施方法。内容主要分为两个主要部分:软件质量和软件质量管理体系的构建与实施。通过这些内容，读者将了解如何在项目中有效地实施高效的质量保证体系。

10.5.1 软件质量

在定义优质产品时，传统观点通常依据产品是否适合其既定目的来评判。这意味着优质产品应当严格按照用户的要求运行。对于物理产品如汽车、冰箱或电视机，"目的适应度"能够较好地定义它们的质量。然而，对于软件产品，这一定义并不能完全涵盖其质量的多个关键方面。例如，假设一个软件产品在功能上完全符合SRS文档中的所有要求，但如果它的用户界面极其不友好，使得用户难以操作，那么尽管在功能上无可挑剔，这样的软件也难以被认为是优质的。因此，现代对优质软件的认知已经超越了仅仅考虑"目的适应度"，而是将软件产品的质量与以下几个关键因素相联系。

- 可移动性：软件能够在一个环境到另一个环境中迁移的能力。这包括适应不同的操作系统、硬件环境或其他操作环境的能力。
- 可用性：软件的易用性以及用户学习和操作的便利性。高可用性的软件能够减少用户的学习成本，提高操作的直观性和满意度。
- 可复用性：如果软件产品的某些组件能够在其他项目中轻松复用以开发新产品，则该产品就有良好的可复用性。
- 正确性：如果SRS文档中所规约的不同需求被正确地实施，那么该软件产品就是正确的。
- 可维护性：软件在需要修复缺陷或进行更新时的便利性。良好的可维护性意味着软件易于分析、修改和扩展。

通过对以上质量因素的综合考量，能够更全面地评估软件产品的质量。确保软件在这些关键方面达到高标准，是实现真正高质量软件产品的基础。

10.5.2 软件质量管理体系

质量管理体系是组织为确保他们所开发的软件质量能满足需要而实施的一整套方法和程序。一个完整的质量体系包含以下内容。

- 管理结构和个人责任：质量体系是组织层面的责任，但许多组织设有专门的质量部门来负责相关活动。确保质量管理体系获得组织最高层的支持，是其成功的关键。
- 质量体系活动：包括项目审查、质量体系的复审、制定和开发相关标准、流程和指导方针。这些活动还包括向组织高层报告，概述质量体系在组织内的执行情况和有效性。

优秀的质量体系必须有详细的记录。适当的记录不仅保证了质量控制和过程应用的一致性，还能有效减少产品之间质量的波动。未记录的质量体系可能会给员工传递出组织对质量不重视的错误信息。ISO 9000等国际标准为如何组织质量管理体系提供了参考指南。质量体系的演变是一个反映了不断变化的管理理念和实践的历史进程。从最初的产品检查到现代的全面质量管理，质量体系经历了多个发展阶段，每个阶段都着重于提高产品和服务的质量以及客户满意度。以下是这些阶段的简要概述。

(1) 产品检查。在20世纪初，质量管理主要依赖于完成产品后的检查和筛选，以剔除不符合标准的产品。这种方法侧重于发现问题而不是预防问题。

(2) 质量控制(Quality Control，QC)。在第二次世界大战期间，质量控制开始获得重视。这个阶段不仅关注产品的最终检验，还包括了生产过程中的各种检查，以及分析和解决质量问题的原因。目的是减少缺陷产生的可能性，并提前预防问题的出现。

(3) 质量保证(Quality Assurance，QA)。随着复杂系统的开发，尤其是在航空航天和防务领域，质量保证成为重点。在这一阶段，组织开始更多地侧重于过程和系统的设计，以确保这些过程能够持续地产出高质量的产品。这标志着从产品质量向过程质量的转变。

(4) 全面质量管理(Total Quality Management，TQM)。TQM是一种更为综合的方法，不仅涉及质量部门，而且需要组织的每一个成员都积极参与。TQM强调将持续改进和顾客满意度作为评估质量的核心指标。

TQM在质量保障的基础上迈进了一步，其目标是实现连续的过程改进。这不仅仅是对过程的记录，更是通过重新设计实现优化。从上述概述可以看出，经过多年发展，质量范式已经从产品保证转向了过程保证(如图10-14所示)。

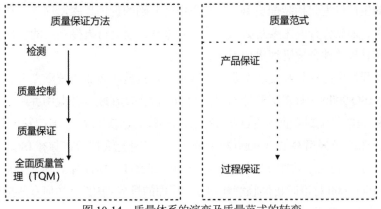

图10-14 质量体系的演变及质量范式的转变

10.6 ISO 9000

国际标准化组织(International Organization for Standardization，ISO)是由63个国家联合成立的组织，其主要任务是制定和推动标准化。1987年，ISO发布了其9000系列标准。

10.6.1 什么是ISO 9000认证

ISO 9000认证是基于一系列国际标准的质量管理和质量保证体系，旨在帮助组织确保其提供的产品和服务持续满足客户以及法律法规要求，同时增强客户满意度。这些标准提供了一套详细的指导方针，涵盖了组织的各个方面，包括责任、过程管理、持续改进、以及效果的监测和评估。

ISO 9000 系列中包括几种不同的标准，主要有 ISO 9001、ISO 9002 和 ISO 9003，具体如下：

- ISO 9001 是应用最广泛的标准，涵盖了商品设计、开发、生产以及服务。这一标准适用于几乎所有类型的组织和行业，包括绝大多数软件开发公司。
- ISO 9002 专注于生产和安装阶段，适用于不参与产品设计但参与生产过程的组织。由于其不涉及设计活动，因此 ISO 9002 并不适合软件开发公司。
- ISO 9003 专注于产品的最终检验和测试，适用于仅负责产品安装和最终测试的组织。

10.6.2 软件行业的 ISO 9000

ISO 9000 是一套广泛适用的国际标准，其适用范围涵盖了多种企业类型。因此，ISO 9000 文档中很多条款采用通用术语，难以在软件开发组织的特定语境中进行有效解释。出现这种情况的主要原因有以下两个。

- 软件是无形的：与物理产品不同，软件无法直观感知和控制。例如，在汽车制造中，产品的生产过程包括装配引擎、安装车门等明确的物理步骤，这些步骤易于监控进度和质量。而软件开发主要是数据的操作和处理，缺乏可直接观察的物理实体，这使得控制和管理软件开发进程更加困难。
- 在软件开发中：软件开发的主要"原材料"是数据，而非传统意义上的物理原材料。因此，ISO 9000 中许多关于原材料控制的标准条款在软件开发中并不完全适用。

鉴于软件开发与传统制造业在核心方面的显著差异，ISO 在 1991 年专门发布了 ISO 9000-3，这是一个专门为软件开发解释 ISO 9000 标准的文档。该补充文档旨在弥补 ISO 9000 标准与软件行业之间的差异，提供了软件开发特定环境下的标准解读。尽管有了 ISO 9000-3 的辅助，软件行业在应用 ISO 9000 标准时仍面临解释和操作层面的挑战。因此，如何有效指导软件开发中标准的实施仍然十分重要。

10.6.3 为什么要获得 ISO 9000 认证

获得到 ISO 9000 认证能够为组织带来诸多好处，这使得软件开发行业内对此认正的争夺相当激烈。获得 ISO 认证的组织将享有以下优势。

- 提高客户信任和满意度：ISO 9000 认证显示一个组织已经承诺遵循国际认可的质量管理标准。这种认证可以提高客户对产品和服务质量的信心，从而提升客户的满意度和忠诚度。
- 增强市场竞争力：在全球市场上，ISO 9000 认证常被视为质量的象征。拥有此认证的组织在招标和合同竞争中可能会得到优先考虑，特别是在与国际客户和大型企业合作时。

- 改善过程和效率：ISO 9000 标准强调过程的优化和持续改进。通过实施这些标准，组织可以更有效地识别流程中的缺陷和瓶颈，从而提高操作效率和生产力。
- 提升内部管理：ISO 9000 的实施有助于建立更清晰的管理流程和职责分配，提高内部沟通，确保每个部门和员工都能为组织的质量目标作出贡献。

减少浪费和成本：通过改善过程和增强质量控制，组织可以减少错误和缺陷，从而减少修复成本和浪费，提高整体成本效益。

10.6.4　如何获得 ISO 9000 认证

获得 ISO 9000 认证是一个包含多个阶段的过程，涉及详细的准备和评估工作。ISO 9000 注册流程包含以下几个阶段。

(1) 申请登记。组织在决定追求 ISO 9000 认证后，需要向认证机构提交正式申请，以此作为启动整个认证流程的起点。

(2) 预评估。认证机构对申请组织进行初步评估，这通常是一个概括性的检查，旨在了解组织的当前状态和准备认证所需的大致工作量。

(3) 文档复审和适应性审计。在这一阶段中，认证机构详细审查组织提交的质量管理体系文档。审核员将评估这些文档是否符合 ISO 9000 标准，并提出改进建议，以确保组织的系统设计能够满足标准要求。

(4) 合规性审计。组织需要根据审计过程中提出的建议进行相应的调整。随后，认证机构将进行合规性审计，以验证组织是否有效实施了这些建议，并确保其运行的质量管理体系符合 ISO 9000 标准。

(5) 登记。如果组织成功通过合规性审计，认证机构将颁发 ISO 9000 认证，这标志着组织已经达到了国际认可的质量管理标准。

(6) 继续监视。认证机构会继续监视组织，以确保其质量管理体系的持续有效和符合性。

值得注意的是，虽然 ISO 9000 认证证明了组织的质量管理体系符合国际标准，但认证本身仅适用于组织的管理流程，而非具体产品。因此，组织不应将 ISO 9000 认证用于产品广告，以免违反规定，从而面临认证被撤销的风险。

10.6.5　ISO 9001 需求的显著特征

ISO 9001 标准的显著特征包括：
- 与软件产品开发相关的所有文档都应被正确地管理、授权和控制。这要求建立一个随时可用的配置管理体系。
- 制订专门的计划并监控这些计划的实施进程。
- 重要的文档应独立接受检查和复审，以确保其有效性和准确性。

- 产品应根据相关规约进行测试。
- 多个组织的各个方面也应予以关注，例如质量小组向管理层提交的报告。

10.6.6　ISO 9000 认证的缺点

尽管 ISO 9000 标准旨在帮助组织建立有效的质量体系，但其实施过程存在几个明显的缺点：

(1) 质量不保证。ISO 9000 要求遵循一个软件生产流程，但并不保证该流程的质量。标准并未提供关于如何定义合适流程的具体指导，只确保组织遵循了某种程序。

(2) 认证标准存在差异。由于没有统一的国际认证机构，不同认证和登记机构在颁发 ISO 9000 认证时有不同的标准。这可能导致认证的质量和严格程度在全球范围内存在差异。

(3) 忽视行业专长：获得 ISO 9000 认证的组织可能会过分依赖流程，从而忽略需要特定行业知识和专业技能的任务。在这种情况下，组织可能错误地认为，只要流程得当，任何工程师都能有效执行与软件开发相关的任务。然而，软件开发是高度专业化的领域，依赖于工程师个体的技术专长和经验。

这些缺点意味着，虽然 ISO 9000 可以作为建立质量管理体系的有用工具，但组织在实施过程中应保持批判性思维，确保其实施方式既符合标准，又符合组织的具体需求，从而真正提升质量和效率。同时，应认识到 ISO 9000 更侧重于流程的合规性，而非直接提升产品质量或创新能力。

10.7　能力成熟度模型

能力成熟度模型(CMM)是一种系统化的描述，旨在帮助软件组织在软件过程的定义、实施、度量、控制和改进方面实现成熟和进步。CMM 的核心理念是将软件开发视为一个可控和改进的过程，并提供了一系列的实践和标准，以促进软件工程过程的科学化和标准化，从而更有效地支持商业目标的实现。

CMM 最初由美国国防部资助的软件工程研究所(Software Engineering Institute，SEI)于 20 世纪 80 年代末开发，旨在评估软件承包能力并协助其改善软件质量。该模型重点关注软件开发过程的管理及工程能力的提高与评估。核心理念是，通过不断建立和完善软件工程的基础结构，执行有效的管理实践和过程改进，企业可以逐步克服软件生产过程中的各种挑战。CMM 作为国际上广泛认可的软件过程改进标准，已被全球多个国家和重要的软件行业组织广泛采用。

CMM 为软件企业的过程能力提供了一个阶梯式的改进框架，它基于过去所有软件工程过程改进的成果，吸取了以往软件工程的经验教训，并提供了一个基于过程改进的模型。通过采用 CMM，软件企业可以明确在软件开发过程中需要关注的主要活动，明确这些活动之间的关系，并确定它们应遵循的改进顺序，从而推动整个组织的成熟和发展。

CMM 的核心理念在于，软件过程管理的方式直接影响项目的生产率和成本效益，而单纯引入新的软件技术并不能自动提升这些指标。因此，CMM 旨在帮助组织建立一个规范化和成熟的软件开发过程，通过改进这些过程，最终实现生产更高质量的软件，并减少项目超时和超支的风险。

软件过程涉及制造软件所需的一系列活动、技术和用于生产软件的工具。因此，它实际上包括了软件生产的技术和管理两个方面。CMM 策略旨在优化软件过程的管理层面，认为技术的提升将作为对管理改进的自然反馈。

改善软件过程是一个长期且逐步的任务，不可能一蹴而就。CMM 明确地定义了五个不同的"成熟度"等级(如图 10-15 所示)，组织可按一系列小的改进步骤向更高的成熟度等级前进。

CMM 的五个等级分别为：初始的、可重复的、被定义的、被管理的和优化的。

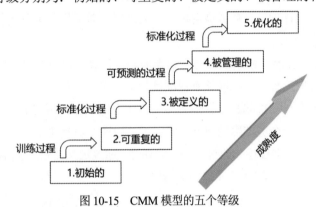

图 10-15　CMM 模型的五个等级

(1) 成熟度等级 1：初始的。处于这一最基础的级别的组织通常缺乏成熟的软件工程管理制度，项目的执行往往依赖于临时拼凑的方法。在这种情况下，如果一个特定的工程碰巧由一个有能力的管理员和一个优秀的软件开发团队负责，则该项目可能会取得成功。然而，更常见的情况是，因为缺少系统的管理和详细计划，项目的时间和预算很容易超标，大部分活动都是在应对紧急情况，而非按照预先设定的计划执行。处于成熟度等级 1 的组织，软件过程极度依赖于具体的人员，因此存在高度的不确定性。这种不确定性意味着很难精确预测关键的项目指标，如开发的时间和成本。

(2) 成熟度等级 2：可重复的。处于这一阶段，有些基本的软件项目的管理行为、设计和管理技术是基于相似产品中的经验，故称为"可重复"。组织在这一等级采取了一定措施，这些措施帮助组织开始建立一个完整的过程框架，包括对成本和进度的严格跟踪。这一点与成熟度等级 1 不同，管理人员可以在问题成为危机之前发现并纠正它们，从而有效防止问题进一步升级。通过这些措施，组织能为未来的项目更好地制订时间和预算计划。

(3) 成熟度等级 3：被定义的。在这一阶段，软件开发过程已经形成了完整的文档，并且过程的管理和技术实践都被明确定义，并按需要不断改进。通过质量评审机制，组织能够确保软件的质量。此外，组织可以利用 CASE 工具来提高产品质量和生产效率。

(4) 成熟度等级 4：被管理的。处于这一阶段的组织为每个项目设定了具体的质量和生产目标，并持续监测这些指标。当这些指标出现偏差时，组织会采取措施进行调整。通过使用统计质量控制方法(例如每千行代码的错误率等)，管理层能够区分哪些是随机的偏差，哪些是需要关注的质量或生产目标偏差。

(5) 成熟度等级5：优化级的。在这个最高级别，组织致力于持续改进软件过程。这类组织利用统计质量和过程控制技术作为指导，将从每个项目中获得的知识应用于未来的工作。通过这种正反馈循环，组织能够逐步提高生产效率和软件质量。企业在达到此阶段时会主动优化和细化软件开发过程，不断探索过程中的优势和弱点，以预防潜在的缺陷。此外，企业将会评估相关过程的效率，对新技术进行成本效益分析，并提出必要的过程改进建议。处于此成熟度等级的公司具备自我完善的能力，能够主动进行持续改进，有效预防相同错误的重复发生。

实施CMM对于软件开发组织来说至关重要，因为它能显著提高软件过程能力，并降低软件开发的风险。许多软件项目失败或遭遇挑战常因过程管理不善和缺乏效率，而CMM正是为了解决这些问题而设计的。

首先，CMM的实施能够帮助组织建立和维护一个有效的软件工程管理实践基础。通过持续改进和优化软件开发流程，组织能够确保项目的持续成功，而不再依赖于特定个人的努力。这种系统的方法不仅提升了过程的可预测性和效率，还增强了整个组织的生产力和质量保障能力。

此外，软件质量是一个多维度的概念，涵盖了易用性、功能性、可靠性和维护性等多个方面。实施CMM能够科学地描述和改进这些质量属性。通过定义清晰的质量目标和标准，CMM帮助组织系统地管理和改进软件产品的各个方面。

CMM还涉及广泛的软件工程领域，包括需求工程、软件复用、软件度量、软件可靠性和维护性等。这些领域的探索和应用都是通过CMM的框架进行，可以确保各项技术和方法有效整合并应用于实际项目中。

总的来说，实施CMM能够为软件开发组织提供一个全面的改进策略，不仅涵盖当前的技术和管理问题，还包括通过不断优化过程以应对未来挑战的能力。这种全方位的过程改进方法，是任何希望在竞争激烈的市场中长期生存和发展的软件开发组织不可或缺的策略。

10.8 本章小结

本章对软件项目管理进行了全面的探讨，强调了项目管理在确保软件开发项目成功执行中的关键作用。章节内容涵盖了从项目启动到完成的全过程管理策略，包括估算工作量、进度管理、质量保证等多个方面。

在估算工作量方面，本章介绍了多种技术，包括静态单变量模型、动态多变量模型和COCOMO II模型等，这些技术能够帮助项目经理更准确地预测所需资源和时间。进度管理部分通过介绍PERT图、关键路径方法、甘特图等工具，展示了如何有效规划和监控项目进度。

此外，质量保证部分深入讨论了如何通过实施ISO 9000标准和CMM来提高软件产品和服务的质量。这些内容不仅增强了项目的可控性，也提升了最终产品的客户满意度。

总之，本章为软件开发团队提供了一套综合的框架和工具，以便科学地管理复杂的软件项目。其目标是通过精确的管理措施降低风险，确保项目按时、按预算完成，从而提升团队的整体项目管理能力和效果。

10.9 思考与练习

1. 描述软件项目管理的主要目标是什么？
2. 动态多变量模型与静态单变量模型有什么不同？
3. 举例说明什么是 COCOMO II 模型。
4. 解释动态多变量模型如何通过综合考虑多个因素来提高估算的准确性。
5. 讨论 COCOMO II 模型在估算大型软件项目成本时的优势和局限性。
6. 分析软件项目经理为何需要同时掌握 PERT 图和甘特图。
7. 讨论软件项目中质量保证与质量控制的区别。
8. 质量保证活动在软件项目管理中的作用是什么？
9. 如何通过使用 PERT 图和甘特图改进项目进度管理？
10. 解释为什么 ISO 9000 认证对软件企业至关重要。
11. 解释 CMM 实施在提升软件开发可持续性和质量方面的重要性。

参考文献

[1] Mall R 等. 软件工程导论[M]. 2 版. 北京:清华大学出版社,2008.
[2] Stephens Rod. 软件工程入门经典[M]. 北京:清华大学出版社,2016.
[3] 福克斯,韩毅,罗颖. 软件工程设计导论——方法、原理与模式(UML 2 版)[M]. 北京:清华大学出版社,2007.
[4] 张海藩,牟永敏. 软件工程导论学习辅导[M]. 6 版. 北京:清华大学出版社,2013.
[5] 鄂大伟. 软件工程[M]. 北京:清华大学出版社,2010.
[6] IvarJacobson,GradyBooch,JamesRumbaugh. 统一软件开发过程[M]. 北京:机械工业出版社,2002.